FÍSICA Y QUÍMICA 1º Bachillerato

Jaime Ruiz-Mateos

amazon

ÍNDICE

PRÓLOGO

Este es un libro de texto completo de Física y Química de 1º Bachillerato. Es un texto actualizado. Se ha prescindido de lo superfluo y de las repeticiones excesivas, se han evitado los rodeos y se ha ido directamente al grano. El resultado es una obra somera pero exhaustiva y con rigor científico. Tiene abundantes problemas con sus soluciones y cuestiones. Realizado por un profesor con más de 30 años de experiencia. Precio muy asequible pero contenido riguroso y ajustado a la normativa. Contiene 338 problemas propuestos con sus soluciones, 152 cuestiones y 242 ejercicios de formulación.

CONTACTO

* Página web: para ver otros títulos de la colección:

librosdefq.com

* Correo electrónico de contacto: para hacer sugerencias e informar sobre errores:

librosdefq@gmail.com

* Canal de experimentos de Youtube en español:

EXPERIMENTOS DE FÍSICA Y QUÍMICA

Subscríbase.

* Canal de experimentos de Youtube en inglés:

PHYSICS AND CHEMISTRY EXPERIMENTS

Subscribe.

* Amazon: para hacer valoraciones y comentarios sobre esta obra, a ser posible, positivos:

Amazon.es

Gracias.

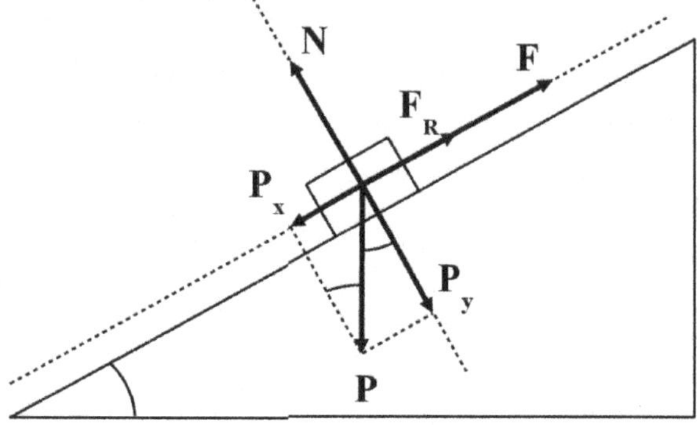

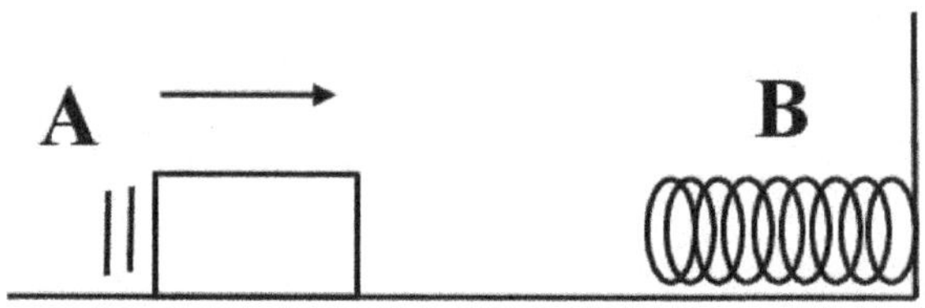

FÍSICA

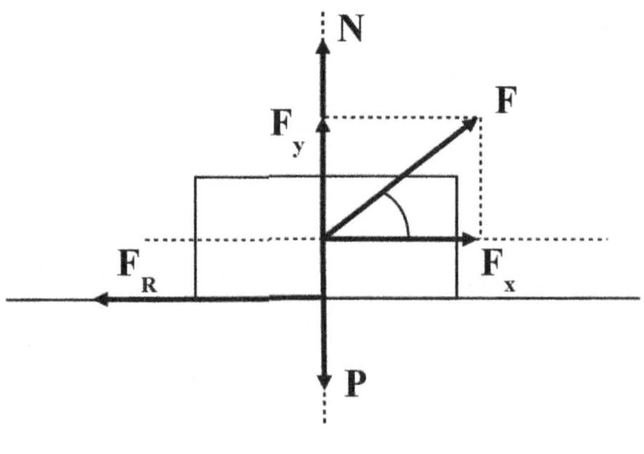

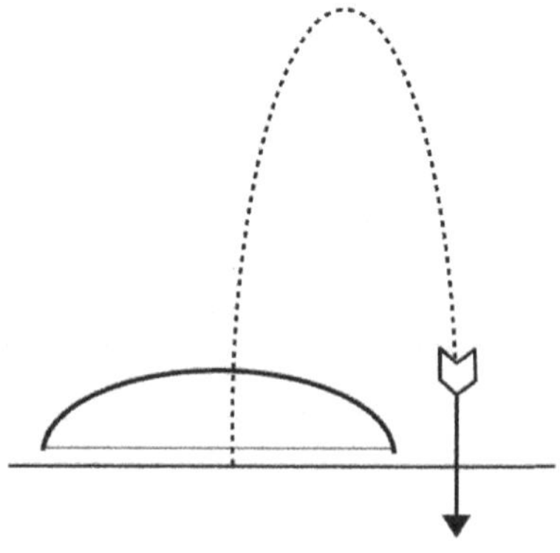

TEMA 1: INTRODUCCIÓN Y VECTORES

Esquema

1. Fases del método científico
2. Unidades del Sistema Internacional
3. Análisis dimensional
4. Errores
5. Notación científica y cifras significativas
6. Gráficas
7. Vectores
    7.1. Concepto
    7.2. Operaciones con vectores
8. Formulario

1. Fases del método científico

a) Observar el fenómeno.
b) Pensar en hipótesis que expliquen el fenómeno.
c) Experimentar en el laboratorio: para averiguar qué hipótesis era la correcta.
d) Analizar los resultados.
e) Presentar las conclusiones.

2. Unidades del SI (Sistema Internacional)

- Las magnitudes fundamentales son aquellas que no se pueden descomponer en otras más elementales. Las magnitudes derivadas son aquellas que se pueden poner en función de las fundamentales.

- Algunas unidades del Sistema Internacional son:

	Magnitud	**Unidad**
Magnitudes fundamentales	Longitud, l	Metro, m
	Masa, m	Kilogramo, kg
	Tiempo, t	Segundo, s
	Temperatura, T	Kelvin, K
	Cantidad de sustancia, n	Mol
	Intensidad de corriente, I	Amperio, A
Magnitudes derivadas	Área o superficie, A, S	m^2
	Volumen o capacidad, V	m^3
	Velocidad, v	$\frac{m}{s}$
	Aceleración, a	$\frac{m}{s^2}$
	Fuerza, F	Newton, N
	Trabajo, W	Julio, J
	Energía, E	Julio, J
	Calor, Q	Julio, J
	Potencia, P	Vatio, W
	Presión, P	Pascal, Pa
	Densidad, d, ρ	$\frac{kg}{m^3}$

- Prefijos que se utilizan para el m, el g, el s y el L:

Prefijo	**Equivalencia**	**Símbolo**
Tera	10^{12}	T
Giga	10^{9}	G
Mega	10^{6}	M
Kilo	$10^{3} = 1000$	k
Hecto	$10^{2} = 100$	h
Deca	10	da
	m, g, s, L	
Deci	$10^{-1} = 0'1$	d
Centi	$10^{-2} = 0'01$	c
Mili	$10^{-3} = 0'001$	m
Micro	10^{-6}	μ
Nano	10^{-9}	n
Pico	10^{-12}	p

- Para transformar unas unidades en otras, es obligatorio hacerlo por factores de conversión.

Ejemplo 1: transforma: 40 $\frac{kg}{cm^2}$ en $\frac{g}{m^2}$

$$40 \ \frac{kg}{cm^2} \cdot \frac{1000\,g}{1\,kg} \cdot \frac{10^4\,cm^2}{1\,m^2} = 40 \cdot 1000 \cdot 10^4 = 4 \cdot 10^8 \ \frac{g}{m^2}$$

Ejercicio 1: transforma: 80 $\frac{pg}{cm^3}$ en $\frac{Tg}{Kl}$. Solución: $8 \cdot 10^{-17}$ $\frac{Tg}{Kl}$.

3. Análisis dimensional

- Es el estudio de las magnitudes de una fórmula.
- Sirve para tres propósitos:

a) Comprobar que una fórmula es homogénea desde el punto de vista de las unidades, es decir, las unidades del primer miembro son iguales a las del segundo.

b) Determinar las unidades de una magnitud o de una constante.

c) Averiguar la fórmula que relaciona dos magnitudes a partir de sus unidades.

- Se hace de esta forma:

a) La fórmula vuelve a escribirse con las magnitudes entre corchetes.

b) Las sumas y las restas se transforman en el signo igual (=).

c) Cada magnitud se sustituye por su equivalente magnitud fundamental: L (longitud), M (masa) o T (tiempo), según esta tabla:

Magnitud	**Fórmula dimensional**	**Magnitud**	**Fórmula dimensional**
Área, A	L^2	Volumen, V	L^3
Densidad, d	$M\cdot L^{-3}$	Velocidad, v	$L\cdot T^{-1}$
Aceleración, a	$L\cdot T^{-2}$	Fuerza, F	$M\cdot L\cdot T^{-2}$
Trabajo, W	$M\cdot L^2\cdot T^{-2}$	Energía, E	$M\cdot L^2\cdot T^{-2}$
Potencia, P	$M\cdot L^2\cdot T^{-3}$	Presión, P	$M\cdot L^{-1}\cdot T^{-2}$

Ejemplo 2: demuestra que esta ecuación es homogénea: F = m·a

$$[F] = [m]\cdot[a] \rightarrow \frac{M \cdot L}{T^2} = M\cdot \frac{L}{T^2}$$

> Ejercicio 2: demuestra que esta ecuación es homogénea: $E = F_R\cdot e$

Ejemplo 3: averigua las unidades de g en el SI sabiendo que: F = m·g

$$g = \frac{F}{m} \rightarrow [g] = \frac{[F]}{[m]} = \frac{\frac{M \cdot L}{T^2}}{M} = \frac{L}{T^2} \rightarrow \frac{m}{s^2}$$

> Ejercicio 3: averigua las unidades de j sabiendo que: $Pot\cdot e = \frac{j \cdot v}{W}$. Solución: $\frac{kg^2 \cdot m^4}{s^4}$.

Ejemplo 4: averigua la fórmula que relaciona la presión y la fuerza.

$$[P] = \frac{M}{L \cdot T^2} \quad ; \quad [F] = \frac{M \cdot L}{T^2} \quad \rightarrow \quad \frac{[P]}{[F]} = \frac{\frac{M}{L \cdot T^2}}{\frac{M \cdot L}{T^2}} = \frac{1}{L^2} \quad \rightarrow$$

$$\rightarrow \quad [P] = \frac{[F]}{L^2} \quad \rightarrow \quad P = \frac{F}{A}$$

Ejercicio 4: averigua la fórmula que relaciona la potencia y la fuerza. Solución: Pot = F·v

4. Errores

- El error experimental es la desviación entre el valor medido de una magnitud física y el valor verdadero. El error sistemático es aquel que es constante a lo largo de todo el proceso de medida y que afecta por igual a todas las medidas. Tipos de errores sistemáticos: errores instrumentales, errores personales y errores del método de medida.
- Una medida es exacta si está muy cercana al valor real. Una medida es precisa si está cerca de las demás medidas realizadas.
- Una medida se expresa así: $\bar{x} \pm \delta$, siendo $\bar{x}$ el valor medio de las medidas y δ el valor medio de los errores absolutos.

Ejemplo 5: calcula el error relativo de la segunda medida: 20'7, 20'8 y 20'5. ¿Cómo se expresa la medida?

$$\bar{x} = \frac{20'7 + 20'8 + 20'5}{3} = 20'7 \quad ; \quad \epsilon_{a2} = |20'8 - 20'7| = 0'1$$

$$\epsilon_{r2} = \frac{\epsilon_{a2} \cdot 100}{\bar{x}} = \frac{0'1 \cdot 100}{20'7} = 0'483\ \%$$

$$\epsilon_{a1} = |20'7 - 20'7| = 0 \quad ; \quad \epsilon_{a3} = |20'7 - 20'5| = 0'2$$

$$\delta = \frac{\epsilon_{a1} + \epsilon_{a2} + \epsilon_{a3}}{3} = \frac{0 + 0'1 + 0'2}{3} = 0'1$$

Expresión de la medida: $\bar{x} \pm \delta = 20'7 \pm 0'1$

Ejercicio 5: calcula los errores absoluto y relativo de la segunda medida: 3'74, 3'76, 3'72, 3'75. ¿Cómo se expresa la medida? Solución: 0'02, 0'535 %.

5. Notación científica y cifras significativas

- La notación científica es la forma de escribir cómodamente los números muy grandes o muy pequeños. Ejemplo: $2'47 \cdot 10^9$.
- Las cifras significativas son las cifras más importantes de una medida y que aparecen en cualquier forma de escribir el número. Ejemplo: en el número 34500, las cifras 345 son significativas ya que: $34500 = 3'45 \cdot 10^4$
- Son cifras significativas:
a) Los números del 1 al 9.
b) Los ceros entre números distintos de cero. Ejemplo: 109.
c) Los ceros después de la coma. Ejemplo: 2'30
- No son cifras significativas:
a) Los ceros a la izquierda. Ejemplo: 0'0003
b) Los ceros a la derecha antes de la coma. Ejemplo: 23000

Ejemplo 6: escribe estos números en notación científica y aproxímalos a tres cifras significativas: a) 0'00000643748. b) 67543856.

a) $0'00000643748 = 6'43748 \cdot 10^{-6} = 6'44 \cdot 10^{-6}$

b) $67543856 = 6'7543856 \cdot 10^7 = 6'75 \cdot 10^7$

Ejercicio 6: escribe en notación científica y aproxima a tres cifras significativas:
a) 5359874625. b) $0'000063652878932 \cdot 10^{-31}$.

- Cuando se opera con números con distintas cifras significativas, el resultado tiene que tener tantas cifras significativas como el que menos tenga.

Ejemplo 7: calcula: 6'24 + 8'3

$$6'24 + 8'3 = 14'54 \approx 14'5$$

Ejercicio 7: calcula: $\dfrac{34'6 \cdot 5643'4}{8956}$

6. Gráficas

- Las medidas experimentales se pueden expresar de tres formas:

<table>
<tr>
<td>
<table>
<tr><th>Tiempo (s)</th><th>Altura (m)</th></tr>
<tr><td>0</td><td>0</td></tr>
<tr><td>1</td><td>5</td></tr>
<tr><td>2</td><td>20</td></tr>
<tr><td>3</td><td>45</td></tr>
<tr><td>4</td><td>80</td></tr>
</table>
</td>
<td>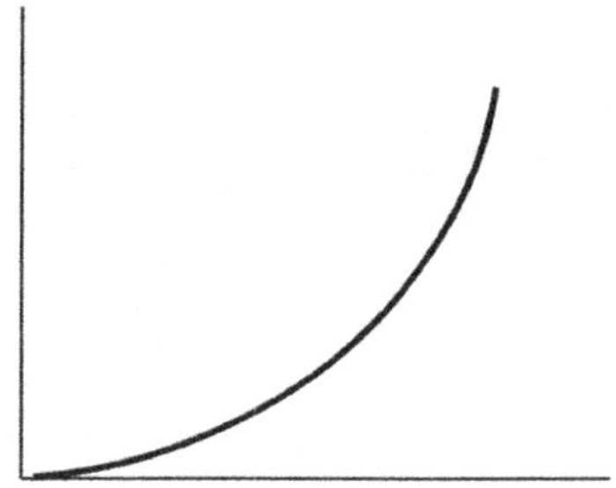
</td>
<td>$h = 5 \cdot t^2$</td>
</tr>
<tr><td>Tabla de valores</td><td>Gráfica</td><td>Fórmula</td></tr>
</table>

- Nos interesan tres tipos de gráficas:

<table>
<tr><th>Nombre</th><th>Recta</th><th>Parábola</th><th>Hipérbola</th></tr>
<tr><td>Gráfica</td>
<td>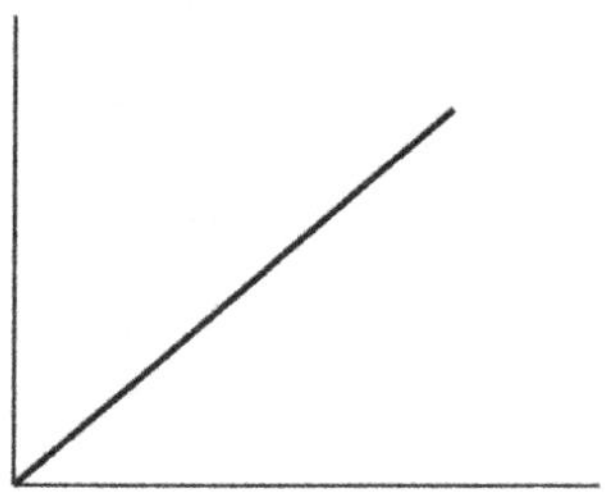
</td>
<td>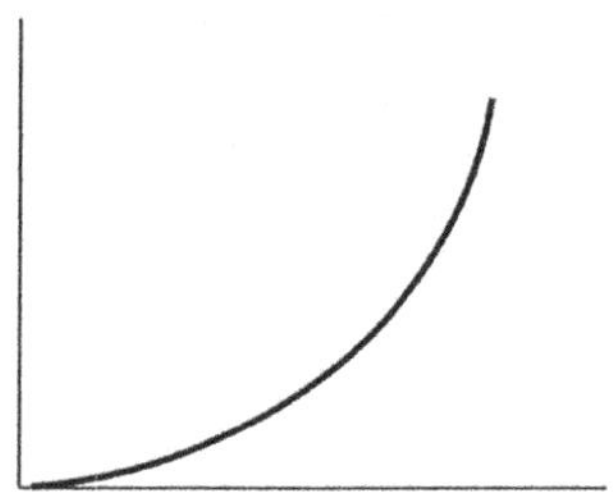
</td>
<td>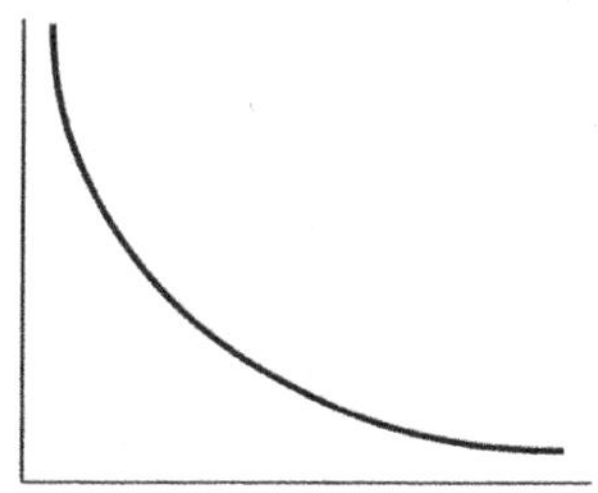
</td></tr>
<tr><td>Ecuación</td><td>$y = m \cdot x + n$</td><td>$y = a \cdot x^2$</td><td>$y = \frac{k}{x}$</td></tr>
<tr><td>Ejemplo</td><td>$y = 3 \cdot x + 2$</td><td>$y = 6 \cdot x^2$</td><td>$y = \frac{10}{x}$</td></tr>
</table>

Ejemplo 8: a partir de la siguiente gráfica, halla su ecuación:

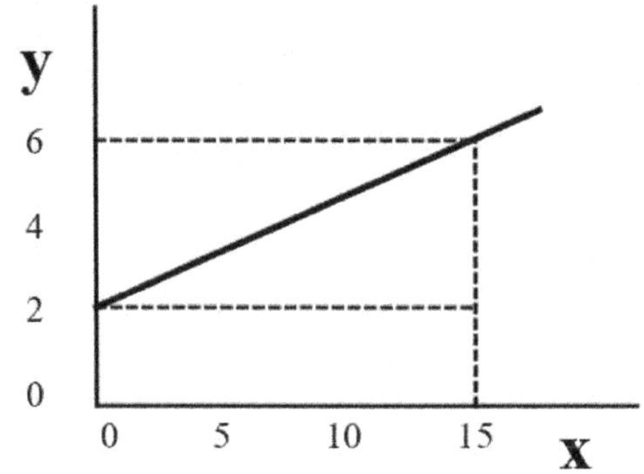

$$y = m \cdot x + n \quad ; \quad n = 2 \quad ; \quad m = \frac{\Delta y}{\Delta x} = \frac{6-2}{15-0} = \frac{4}{15} = 0'267$$

$$y = 0'267 \cdot x + 2$$

Ejercicio 8: determina la ecuación de esta gráfica:

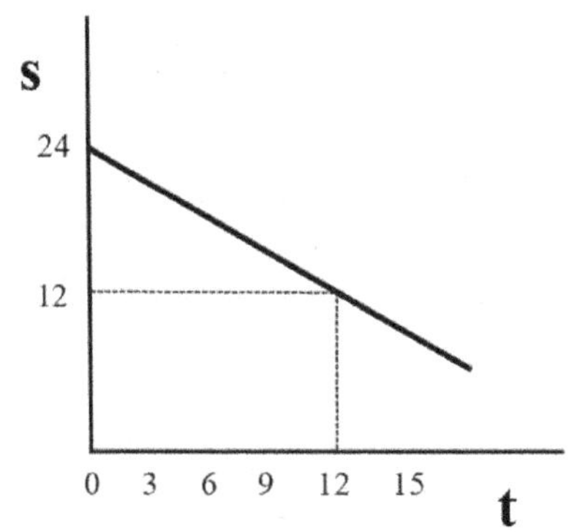

7. Vectores

7.1. Concepto

- Un vector es una magnitud dirigida. Sus componentes son:

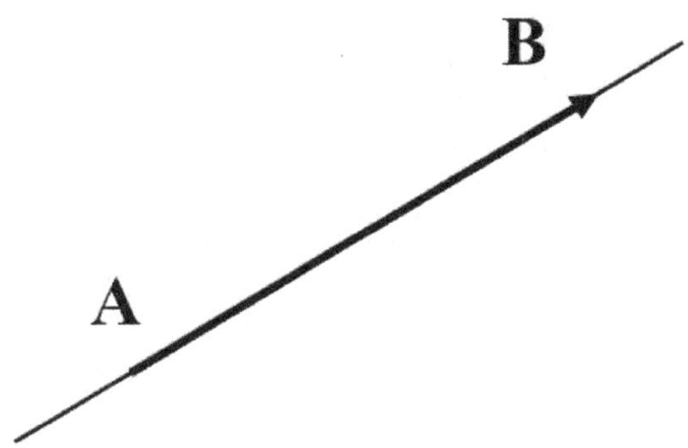

Vector

a) Origen o punto de aplicación: es el punto del que parte. Es el punto A.
b) Extremo: es el punto opuesto al origen. Es el B.
c) Módulo o intensidad: es el valor de la magnitud del vector. Es el valor del segmento AB.
d) Dirección: es la recta en la que está contenido el vector.
e) Sentido: es el lado de la recta hacia el que se dirige el vector. Es el indicado por la flecha.
- Dependiendo del punto de aplicación, los vectores pueden ser: fijos, libres o deslizantes.
- Un vector fijo es aquel cuyo origen es un punto determinado y sólo ese.
- Un vector libre es aquel cuyo punto de aplicación es cualquier punto del cuerpo.
- Un vector deslizante es aquel cuyo punto de aplicación está en cualquier punto de su línea de acción, de su dirección.
- Los vectores se representan con una letra mayúscula o minúscula y con una flechita encima o bien en negrita. Ejemplos: $\vec{a}$, $\vec{A}$, $\boldsymbol{a}$, $\boldsymbol{A}$.
- Los vectores unitarios son aquellos cuyo módulo vale 1. Para cada eje coordenado existe un vector unitario. El vector unitario del eje x se llama $\vec{i}$, el del eje y se llama $\vec{j}$ y el del eje z se llama $\vec{k}$.
- Componentes de un vector:

a) En una dimensión: $\vec{A}=\vec{A}_x=A_x\cdot\vec{i}$

b) En dos dimensiones: $\vec{A}=\vec{A}_x+\vec{A}_y=A_x\cdot\vec{i}+A_y\cdot\vec{j}=(A_x, A_y)$

c) En tres dimensiones: $\vec{A}=\vec{A}_x+\vec{A}_y+\vec{A}_z=A_x\cdot\vec{i}+A_y\cdot\vec{j}+A_z\cdot\vec{k}=(A_x, A_y, A_z)$

7.2. Operaciones con vectores

* Vector en dos dimensiones en función del ángulo α que forma con el eje x:

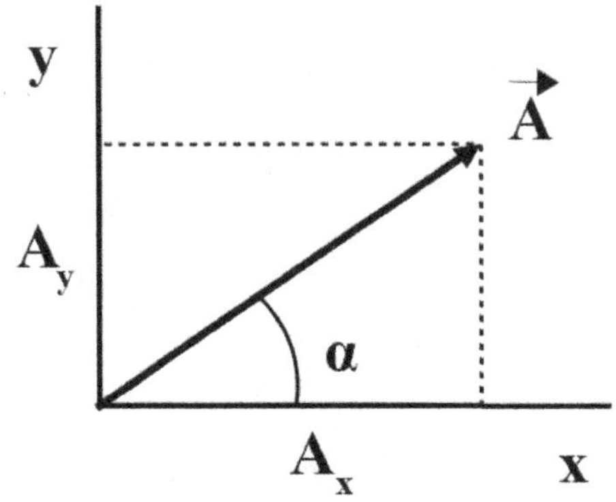

Vector en dos dimensiones

$$\vec{A}=\vec{A}_x+\vec{A}_y=A_x\cdot\vec{i}+A_y\cdot\vec{j}=A\cdot\cos\alpha\cdot\vec{i}+A\cdot sen\,\alpha\cdot\vec{j}$$

Ejemplo 9: representa estos vectores: a) $\vec{A}=3\cdot\vec{i}-5\cdot\vec{j}$. b) $\vec{B}=4\cdot\vec{i}+5\cdot\vec{j}+6\cdot\vec{k}$.

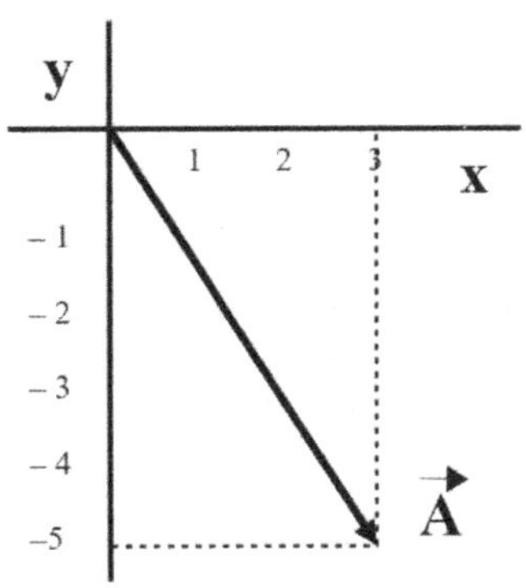

Vector $\vec{A}$

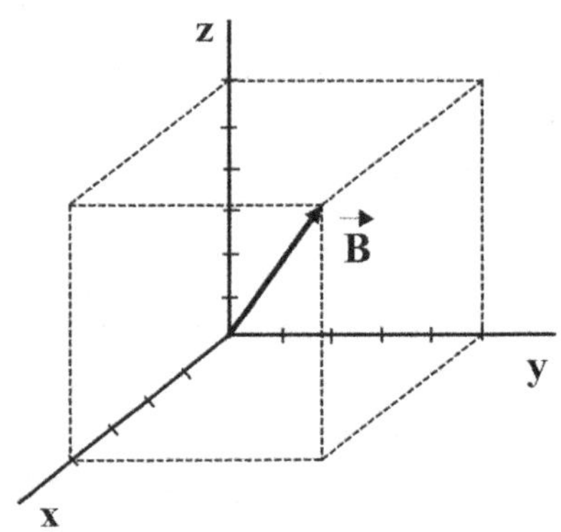

Vector $\vec{B}$

Ejercicio 9: representa estos vectores: a) $\vec{C}=-6\cdot\vec{i}-4\cdot\vec{j}$. b) $\vec{D}=8\cdot\vec{i}-6\cdot\vec{j}+4\cdot\vec{k}$

* Módulo de un vector, A: $A = |A| = \sqrt{A_x^2 + A_y^2 + A_z^2}$

Ejemplo 10: calcula el módulo de este vector: $\vec{A} = -3\cdot\vec{i} + 6\cdot\vec{j}$

$$A = \sqrt{(A_x^2 + A_y^2)} = \sqrt{((-3)^2 + 6^2)} = 6'71$$

Ejercicio 10: calcula el módulo de este vector: $\vec{A} = 2\cdot\vec{i} + 6\cdot\vec{j} - 5\cdot\vec{k}$. Solución: 8'06.

* Cosenos directores: son los cosenos de los ángulos que forma el vector con los tres ejes:

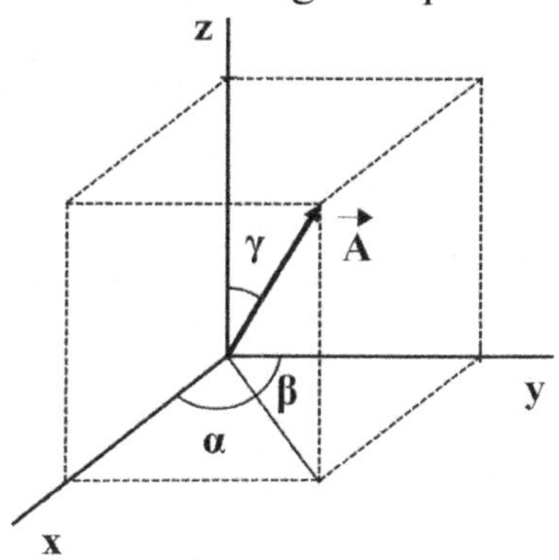

Ángulos de un vector

$$\cos\alpha = \frac{A_x}{A} \quad ; \quad \cos\beta = \frac{A_y}{A} \quad ; \quad \cos\gamma = \frac{A_z}{A}$$

Ejemplo 11: averigua los cosenos directores de este vector: $\vec{A} = 3\cdot\vec{i} + 3\cdot\vec{j} - 4\cdot\vec{k}$ y los ángulos con los ejes.

$$A = \sqrt{(A_x^2 + A_y^2 + A_z^2)} = \sqrt{(3^2 + 3^2 + (-4)^2)} = 5'83$$

$$\cos\alpha = \frac{A_x}{A} = \frac{3}{5'83} = 0'515 \rightarrow \alpha = 59^o$$

$$\cos\beta = \frac{A_y}{A} = \frac{3}{5'83} = 0'515 \rightarrow \beta = 59^o$$

$$\cos\gamma = \frac{A_z}{A} = \frac{-4}{5'83} = -0'686 \rightarrow \gamma = 133^o$$

Ejercicio 11: averigua los cosenos directores de este vector: $\vec{A} = 2\cdot\vec{i} - 5\cdot\vec{j} - 4\cdot\vec{k}$ y los ángulos con los ejes coordenados. Solución: 0'298, – 0'745, – 0'596, 72'7º, 138º, 127º.

* Opuesto de un vector, $-\vec{A}$: es un vector con la misma dirección y el mismo módulo pero de sentido opuesto.

Opuesto de un vector

$$-\vec{A}=-\vec{A}_x-\vec{A}_y=-A_x\cdot\vec{i}-A_y\cdot\vec{j}=(-A_x,-A_y)$$

Ejemplo 12: averigua el vector opuesto a: $\vec{A}=-3\cdot\vec{i}+6\cdot\vec{j}$

$$-\vec{A}=+3\cdot\vec{i}-6\cdot\vec{j}$$

Ejercicio 12: averigua el vector opuesto a la suma de estos dos: $\vec{A}=-3\cdot\vec{i}+6\cdot\vec{j}$ y $\vec{B}=4\cdot\vec{i}+7\cdot\vec{j}$

* Producto de un vector por un escalar, $k\cdot\vec{A}$:

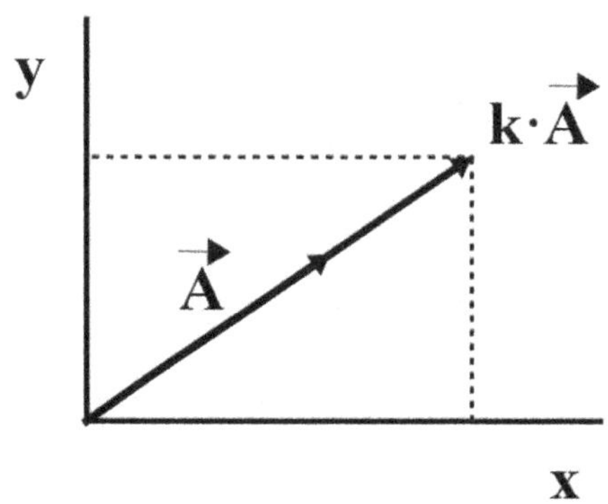

Producto de un vector por un escalar

$$k\cdot\vec{A}=k\cdot\vec{A}_x+k\cdot\vec{A}_y=k\cdot A_x\cdot\vec{i}+k\cdot A_y\cdot\vec{j}=(k\cdot A_x,k\cdot A_y)$$

Ejemplo 13: multiplica este vector por 3: $\vec{A}=-3\cdot\vec{i}+6\cdot\vec{j}$

$$3\cdot\vec{A}=-9\cdot\vec{i}+18\cdot\vec{j}$$

Ejercicio 13: multiplica este vector por – 4: $\vec{A}=3\cdot\vec{i}-6\cdot\vec{j}$

* Vector unitario de un vector, $\vec{u}_A$:

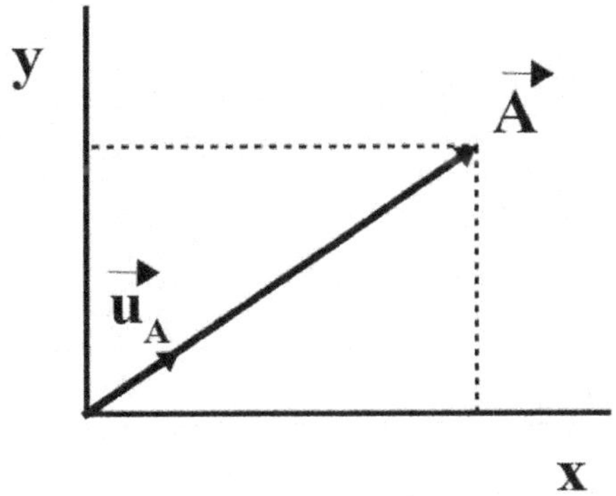

Vector unitario de un vector $\vec{A}$

$$\vec{u}_A = \frac{\vec{A}}{A}$$

Ejemplo 14: averigua el vector unitario con la misma dirección y el mismo sentido que este:

$$\vec{A} = -3 \cdot \vec{i} + 6 \cdot \vec{j}$$

$$A = \sqrt{(A_x^2 + A_y^2)} = \sqrt{((-3)^2 + 6^2)} = 6'71$$

$$\vec{u}_A = \frac{\vec{A}}{A} = \frac{-3 \cdot \vec{i} + 6 \cdot \vec{j}}{6'71} = -0'447 \cdot \vec{i} + 0'894 \cdot \vec{j}$$

Ejercicio 14: averigua el vector unitario con la misma dirección y el mismo sentido que este: $\vec{A} = -3 \cdot \vec{i} + 6 \cdot \vec{j} + 8 \cdot \vec{k}$. Solución: $\vec{u}_A = -0'289 \cdot \vec{i} + 0'577 \cdot \vec{j} + 0'769 \cdot \vec{k}$.

* Vector que une dos puntos:

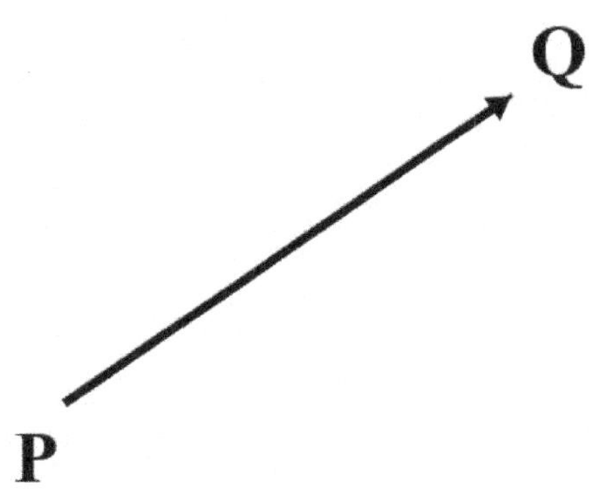

Vector que une dos puntos

$$\vec{PQ}=(Q_x-P_x)\cdot\vec{i}+(Q_y-P_y)\cdot\vec{j}$$

siendo los puntos: P (P_x, P_y) y Q (Q_x, Q_y)

Ejemplo 15: averigua el vector que une estos puntos: P(-3, 5) y Q(8,-4).

$$\vec{PQ}=(8+3,-4-5)=(11,-9)$$

Ejercicio 15: averigua el vector que une estos puntos: P(3, -5) y Q(6,- 3). Solución: (3,2).

* Suma de vectores, $\vec{S}$:

$$\vec{S}=\vec{A}+\vec{B}=(A_x+B_x)\cdot\vec{i}+(A_y+B_y)\cdot\vec{j}+(A_z+B_z)\cdot\vec{k}$$

Ejemplo 16: suma estos vectores: $\vec{A}=-3\cdot\vec{i}+6\cdot\vec{j}$ y $\vec{B}=4\cdot\vec{i}+7\cdot\vec{j}$

$$\vec{A}+\vec{B}=(-3+4)\cdot\vec{i}+(6+7)\cdot\vec{j}=\vec{i}+13\cdot\vec{j}$$

Ejercicio 16: suma estos vectores: $\vec{A}=-2\cdot\vec{i}+7\cdot\vec{j}-9\cdot\vec{k}$ y $\vec{B}=4\cdot\vec{i}+7\cdot\vec{j}+5\cdot\vec{k}$. Solución: $\vec{S}=2\cdot\vec{i}+14\cdot\vec{j}-4\cdot\vec{k}$.

- Los vectores se suman gráficamente por el método del paralelogramo y por el método del polígono:

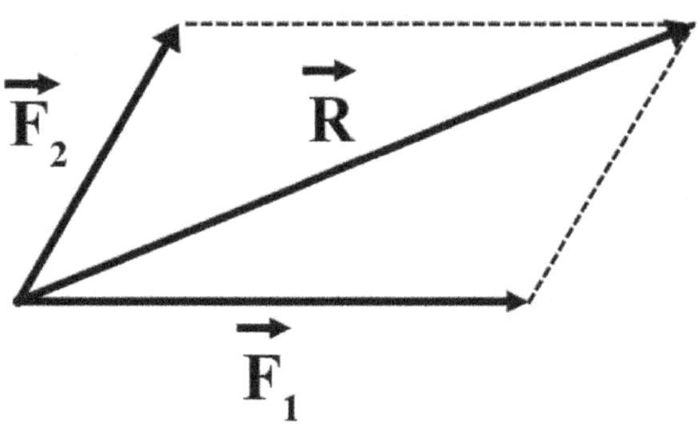

Método del paralelogramo

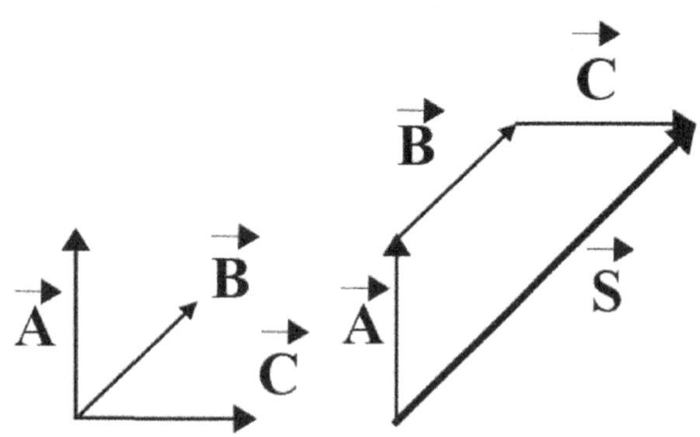

Método del polígono

* Resta o diferencia de vectores, $\vec{D}$:

$$\vec{D}=\vec{A}-\vec{B}=(A_x-B_x)\cdot\vec{i}+(A_y-B_y)\cdot\vec{j}+(A_z-B_z)\cdot\vec{k}$$

Ejemplo 17: calcula $\vec{B}-\vec{A}$: $\vec{A}=-3\cdot\vec{i}+6\cdot\vec{j}$ y $\vec{B}=4\cdot\vec{i}+7\cdot\vec{j}$

$$\vec{B}-\vec{A}=(4+3)\cdot\vec{i}+(7-6)\cdot\vec{j}=7\cdot\vec{i}+\vec{j}$$

Ejercicio 17: calcula $\vec{B}-\vec{A}$: $\vec{A}=-2\cdot\vec{i}+7\cdot\vec{j}-9\cdot\vec{k}$ y $\vec{B}=4\cdot\vec{i}+7\cdot\vec{j}+5\cdot\vec{k}$.

Solución: $\vec{B}-\vec{A}=6\cdot\vec{i}+14\cdot\vec{k}$.

* Producto escalar de dos vectores, $\vec{A}\cdot\vec{B}$:

$$\vec{A}\cdot\vec{B}=A_x\cdot B_x+A_y\cdot B_y+A_z\cdot B_z=A\cdot B\cdot\cos\alpha=A\cdot proy_{BA}=B\cdot proy_{AB}$$

- La proyección de un vector es la longitud de un vector cuyo extremo se proyecta perpendicularmente sobre el otro vector.

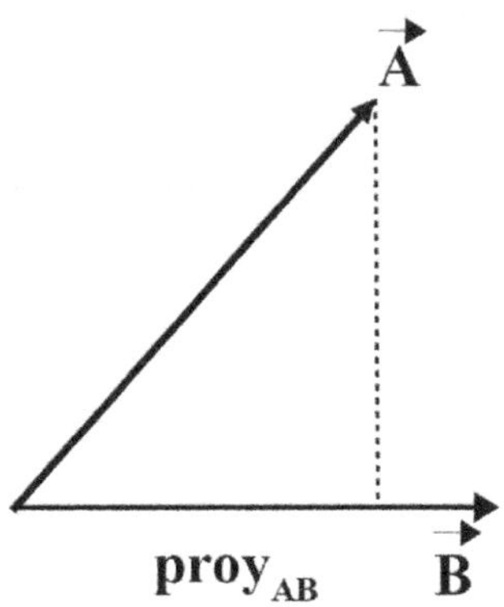

Proyección de $\vec{A}\,sobre\,\vec{B}$

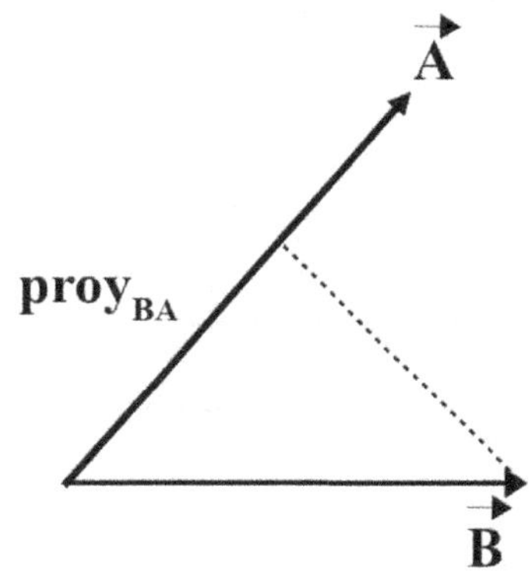

Proyección de $\vec{B}\,sobre\,\vec{A}$

Ejemplo 18: calcula el producto escalar de estos vectores y sus proyecciones:

$$\vec{A}=-3\cdot\vec{i}+6\cdot\vec{j} \quad y \quad \vec{B}=4\cdot\vec{i}+7\cdot\vec{j}$$

$$\vec{A}\cdot\vec{B}=A_x\cdot B_x+A_y\cdot B_y = (-3)\cdot 4+6\cdot 7=-12+42=30$$

$$A=\sqrt{(-3)^2+6^2}=6'71 \quad ; \quad B=\sqrt{4^2+7^2}=8'06$$

$$proy_{BA}=\frac{\vec{A}\cdot\vec{B}}{A}=\frac{30}{6'71}=4'47 \quad ; \quad proy_{AB}=\frac{\vec{A}\cdot\vec{B}}{B}=\frac{30}{8'06}=3'72$$

Ejercicio 18: calcula el producto escalar de estos vectores y sus proyecciones: $\vec{A}=-2\cdot\vec{i}+7\cdot\vec{j}-9\cdot\vec{k}$ y $\vec{B}=4\cdot\vec{i}+7\cdot\vec{j}+5\cdot\vec{k}$. Solución: – 4, 0'345, 0'422.

* Ángulo que forman dos vectores, α : $\cos\alpha = \dfrac{\vec{A}\cdot\vec{B}}{A\cdot B}$

Ejemplo 19: averigua el ángulo que forman estos vectores:

$$\vec{A}=-3\cdot\vec{i}+6\cdot\vec{j} \quad \text{y} \quad \vec{B}=4\cdot\vec{i}+7\cdot\vec{j}$$

$$A= \sqrt{(A_x^2+A_y^2)} = \sqrt{((-3)^2+6^2)} = 6'71 \ ; \ B= \sqrt{(B_x^2+B_y^2)} = \sqrt{(4^2+7^2)} = 8'06$$

$$\vec{A}\cdot\vec{B}=A_x\cdot B_x+A_y\cdot B_y = (-3)\cdot 4 + 6\cdot 7 = -12 + 42 = 30$$

$$\cos\alpha = \frac{\vec{A}\cdot\vec{B}}{A\cdot B} = \frac{30}{6'71\cdot 8'06} = 0'555 \ \longrightarrow \ \alpha = 56'3^{\circ}$$

Ejercicio 19: averigua el ángulo que forman estos vectores: $\vec{A}=-2\cdot\vec{i}+7\cdot\vec{j}-9\cdot\vec{k}$ y $\vec{B}=4\cdot\vec{i}+7\cdot\vec{j}+5\cdot\vec{k}$. Solución: 92'1º.

* Condición de perpendicularidad de dos vectores:

$$\vec{A}\cdot\vec{B}=0$$

Ejemplo 20: averigua el coeficiente A_x para que estos vectores sean perpendiculares:

$$\vec{A}(A_x,3) \quad \text{y} \quad \vec{B}(8,-4)$$

$$\vec{A}\cdot\vec{B}=A_x\cdot B_x+A_y\cdot B_y = A_x\cdot 8 + 3\cdot(-4) = 8\cdot A_x - 12 = 0 \ \longrightarrow \ A_x = \frac{12}{8} = \frac{3}{2}$$

Ejercicio 20: averigua el coeficiente B_y para que estos vectores sean perpendiculares: $\vec{A}=-3\cdot\vec{i}+6\cdot\vec{j}$ y $\vec{B}=4\cdot\vec{i}+B_y\cdot\vec{j}$. Solución: 2.

* Condición de paralelismo de dos vectores:

$$\frac{A_x}{B_x}=\frac{A_y}{B_y}$$

Ejemplo 21: averigua el coeficiente A_x para que estos vectores sean paralelos:

$$\vec{A}(A_x, 3) \quad \text{y} \quad \vec{B}(8, -4)$$

$$\frac{A_x}{B_x} = \frac{A_y}{B_y} \rightarrow \frac{A_x}{8} = \frac{3}{-4} \rightarrow A_x = \frac{3 \cdot 8}{-4} = \frac{24}{-4} = -6$$

> Ejercicio 21: averigua el coeficiente B_y para que estos vectores sean paralelos: $\vec{A} = -3 \cdot \vec{i} + 6 \cdot \vec{j}$ y $\vec{B} = 4 \cdot \vec{i} + B_y \cdot \vec{j}$. Solución: – 8.

* Producto vectorial de dos vectores: dos vectores se pueden multiplicar escalarmente o vectorialmente. El producto escalar de dos vectores es un escalar y el producto vectorial es un vector.

- Propiedades del producto vectorial:
    * Es otro vector.
    * Su origen es el de los dos vectores que se multiplican.
    * Su dirección es perpendicular al plano formado por los vectores $\vec{A}\, y\, \vec{B}$.
    * Su módulo es: $|\ \vec{A}\, x\, \vec{B}\ | = A \cdot B \cdot \text{sen}\ \alpha$
    * Su sentido viene dado por la regla del tornillo.
    * Propiedad anticonmutativa: $\vec{A}\, x\, \vec{B} = -\vec{B}\, x\, \vec{A}$

- El producto vectorial de dos vectores es un vector perpendicular a los otros dos, con el sentido dado por la regla del tornillo:

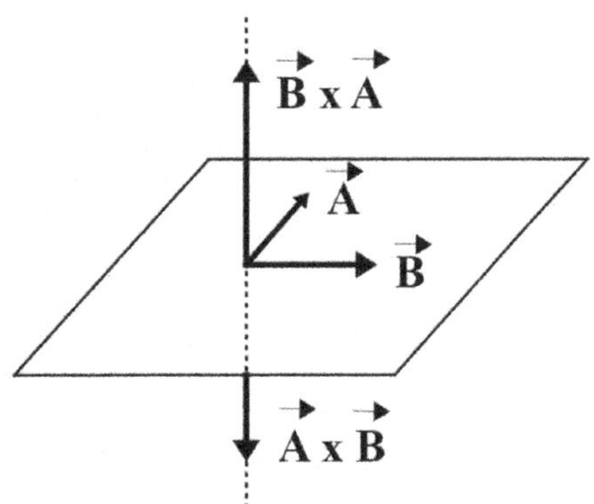

Producto vectorial de dos vectores

- Se calcula así:

$$\vec{A} \, x \, \vec{B} = \begin{vmatrix} \vec{i} & \vec{j} & \vec{k} \\ A_x & A_y & A_z \\ B_x & B_y & B_z \end{vmatrix} =$$

$$= \vec{i} \cdot \begin{vmatrix} A_y & A_z \\ B_y & B_z \end{vmatrix} + \vec{j} \cdot \begin{vmatrix} A_z & A_x \\ B_z & B_x \end{vmatrix} + \vec{k} \cdot \begin{vmatrix} A_x & A_y \\ B_x & B_y \end{vmatrix} =$$

$$= (A_y \cdot B_z - A_z \cdot B_y) \cdot \vec{i} + (A_z \cdot B_x - A_x \cdot B_z) \cdot \vec{j} + (A_x \cdot B_y - A_y \cdot B_x) \cdot \vec{k}$$

- Se cumple que:

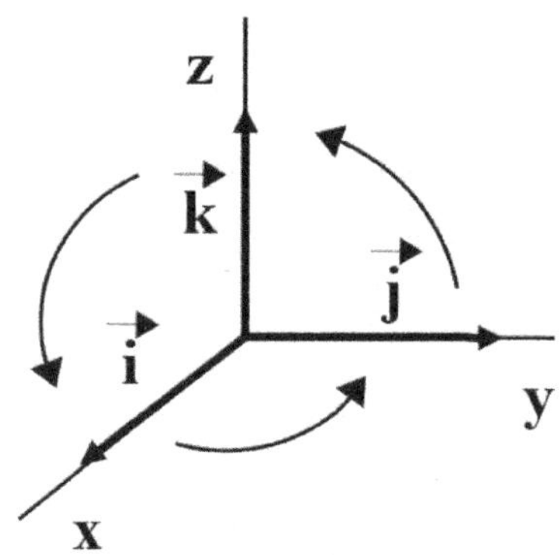

Vectores unitarios

$\vec{i} \, x \, \vec{i} = 0$	$\vec{j} \, x \, \vec{j} = 0$	$\vec{k} \, x \, \vec{k} = 0$
$\vec{i} \, x \, \vec{j} = \vec{k}$	$\vec{j} \, x \, \vec{k} = \vec{i}$	$\vec{k} \, x \, \vec{i} = \vec{j}$
$\vec{j} \, x \, \vec{i} = -\vec{k}$	$\vec{k} \, x \, \vec{j} = -\vec{i}$	$\vec{i} \, x \, \vec{k} = -\vec{j}$

Ejemplo 22: calcula el producto vectorial de:

$\vec{A}=-3\cdot\vec{i}+6\cdot\vec{j}+4\cdot\vec{k}$ y $\vec{B}=4\cdot\vec{i}+3\cdot\vec{j}-7\cdot\vec{k}$

$$\vec{A}\,x\,\vec{B} = \begin{vmatrix} \vec{i} & \vec{j} & \vec{k} \\ -3 & 6 & 4 \\ 4 & 3 & -7 \end{vmatrix} = (-42-12)\cdot\vec{i}+(16-21)\cdot\vec{j}+(-9-24)\cdot\vec{k} =$$

$$= -54\cdot\vec{i}-5\cdot\vec{j}-33\cdot\vec{k}$$

Ejercicio 22: calcula el producto vectorial de:
$\vec{A}=5\cdot\vec{i}-3\cdot\vec{j}+4\cdot\vec{k}$ y $\vec{B}=2\cdot\vec{i}-5\cdot\vec{j}+2\cdot\vec{k}$. Solución: $\vec{A}\,x\,\vec{B}=14\cdot\vec{i}-2\cdot\vec{j}-19\cdot\vec{k}$.

Ejemplo 23: calcula el módulo del producto vectorial de estos vectores:

$$\vec{A}=-3\cdot\vec{i}+6\cdot\vec{j} \text{ y } \vec{B}=4\cdot\vec{i}+7\cdot\vec{j}$$

$$|\ \vec{A}\,x\,\vec{B}\ | = A\cdot B\cdot \text{sen}\ \alpha = 6'71\cdot 8'06\cdot \text{sen}\ 56'3^{o} = 45$$

Ejercicio 23: calcula el módulo del producto vectorial de estos vectores:
$\vec{A}=-2\cdot\vec{i}+7\cdot\vec{j}-9\cdot\vec{k}$ y $\vec{B}=4\cdot\vec{i}+7\cdot\vec{j}+5\cdot\vec{k}$. Solución: 110.

8. Formulario

* Valor medio, $\bar{x}$: $\bar{x} = \dfrac{suma\ de\ las\ medidas}{número\ de\ medidas} = \dfrac{x_1 + x_2 + ... + x_n}{n}$

* Error absoluto, ε_a : ε_a = | Valor medio – valor de la medida | = $| \bar{x} - x_i |$

* Error relativo, ε_r : $\varepsilon_r = \dfrac{\epsilon_a \cdot 100}{\bar{x}}$

* Expresión de una medida: $\bar{x} \pm \delta$

* Componentes de un vector:

a) En una dimensión: $\vec{A} = \vec{A}_x = A_x \cdot \vec{i}$

b) En dos dimensiones: $\vec{A} = \vec{A}_x + \vec{A}_y = A_x \cdot \vec{i} + A_y \cdot \vec{j} = (A_x, A_y)$

c) En tres dimensiones: $\vec{A} = \vec{A}_x + \vec{A}_y + \vec{A}_z = A_x \cdot \vec{i} + A_y \cdot \vec{j} + A_z \cdot \vec{k} = (A_x, A_y, A_z)$

* Vector en dos dimensiones en función del ángulo α que forma con el eje x:

$$\vec{A} = \vec{A}_x + \vec{A}_y = A_x \cdot \vec{i} + A_y \cdot \vec{j} = A \cdot \cos\alpha \cdot \vec{i} + A \cdot sen\,\alpha \cdot \vec{j}$$

* Módulo de un vector, A: $A = |A| = \sqrt{A_x^2 + A_y^2 + A_z^2}$

* Cosenos directores:

$$\cos\alpha = \frac{A_x}{A} \quad ; \quad \cos\beta = \frac{A_y}{A} \quad ; \quad \cos\gamma = \frac{A_z}{A}$$

* Opuesto de un vector, $-\vec{A}$:

$$-\vec{A} = -\vec{A}_x - \vec{A}_y = -A_x \cdot \vec{i} - A_y \cdot \vec{j} = (-A_x, -A_y)$$

* Producto de un vector por un escalar, $k \cdot \vec{A}$:

$$k \cdot \vec{A} = k \cdot \vec{A}_x + k \cdot \vec{A}_y = k \cdot A_x \cdot \vec{i} + k \cdot A_y \cdot \vec{j} = (k \cdot A_x, k \cdot A_y)$$

* Vector unitario de un vector $\vec{A}$, $\vec{u}_A$:

$$\vec{u}_A = \frac{\vec{A}}{A}$$

* Vector que une dos puntos, $\vec{PQ}$:

$$\vec{PQ} = (Q_x - P_x) \cdot \vec{i} + (Q_y - P_y) \cdot \vec{j}$$

* Suma de vectores, $\vec{S}$:

$$\vec{S} = \vec{A} + \vec{B} = (A_x + B_x) \cdot \vec{i} + (A_y + B_y) \cdot \vec{j} + (A_z + B_z) \cdot \vec{k}$$

* Resta o diferencia de vectores, $\vec{D}$:

$$\vec{D} = \vec{A} - \vec{B} = (A_x - B_x) \cdot \vec{i} + (A_y - B_y) \cdot \vec{j} + (A_z - B_z) \cdot \vec{k}$$

* Producto escalar de dos vectores, $\vec{A} \cdot \vec{B}$ **:**

$$\vec{A} \cdot \vec{B} = A_x \cdot B_x + A_y \cdot B_y + A_z \cdot B_z = A \cdot B \cdot \cos\alpha = A \cdot proy_{BA} = B \cdot proy_{AB}$$

* Ángulo que forman dos vectores, α :

$$\cos \alpha = \frac{\vec{A} \cdot \vec{B}}{A \cdot B}$$

* Condición de perpendicularidad de dos vectores:

$$\vec{A} \cdot \vec{B} = 0$$

* Condición de paralelismo de dos vectores:

$$\frac{A_x}{B_x} = \frac{A_y}{B_y}$$

* Producto vectorial de dos vectores, $\vec{A} \, x \, \vec{B}$:

$$\vec{A} \, x \, \vec{B} = \begin{vmatrix} \vec{i} & \vec{j} & \vec{k} \\ A_x & A_y & A_z \\ B_x & B_y & B_z \end{vmatrix} =$$

$$= \vec{i} \cdot \begin{vmatrix} A_y & A_z \\ B_y & B_z \end{vmatrix} + \vec{j} \cdot \begin{vmatrix} A_z & A_x \\ B_z & B_x \end{vmatrix} + \vec{k} \cdot \begin{vmatrix} A_x & A_y \\ B_x & B_y \end{vmatrix} =$$

$$= (A_y \cdot B_z - A_z \cdot B_y) \cdot \vec{i} + (A_z \cdot B_x - A_x \cdot B_z) \cdot \vec{j} + (A_x \cdot B_y - A_y \cdot B_x) \cdot \vec{k}$$

* Módulo del producto vectorial: $| \vec{A} \, x \, \vec{B} | = A \cdot B \cdot \text{sen}\, \alpha$

PROBLEMAS Y CUESTIONES PROPUESTOS

Problemas

Transformación de unidades

1) Transforma mediante factores de conversión:
a) 300 dm en km. b) 400 cg^2 en dag^2. c) 40 km/h en m/s
Solución: a) 0'03 km. b) $4\cdot 10^{-4}$ dag^2. c) 11'1 m/s.

2) Transforma mediante factores de conversión: a) 8 h en ms. b) 50 ml en dam^3.
Solución: a) $2'88\cdot 10^7$ ms. b) $5\cdot 10^{-8}$ dam^3.

3) Transforma: a) 5 mg en Gg. b) 400 km^2 en cm^2. c) 800 cm^3 en dam^3.
Solución: a) $5\cdot 10^{-12}$ Gg. b) $4\cdot 10^{12}$ cm^2. c) $8\cdot 10^{-7}$ dam^3.

4) Transforma: a) 200 ml en hm^3. b) 9000 Tm^3 en cl.
Solución: a) $2\cdot 10^{-10}$ hm^3. b) $9\cdot 10^{44}$ cl.

5) Transforma: a) 1 año en s. b) 1 año-luz en km.
Solución: a) $3'15\cdot 10^7$ s. b) $9'46\cdot 10^{12}$ km.

6) Transforma: a) 500 $\frac{kg^2}{cm\cdot s^3}$ en $\frac{mg^2}{dam\cdot h^3}$. b) 6 $\frac{mm^2}{kg\cdot min^4}$ en $\frac{km^2}{\mu g\cdot s^4}$.

Solución: a) $2'33\cdot 10^{28}$ $\frac{mg^2}{dam\cdot h^3}$. b) $4'63\cdot 10^{-28}$ $\frac{km^2}{\mu g\cdot s^4}$

7) Transforma:
a) 20 $\frac{\mu L^2}{km\cdot ms^2}$ en $\frac{cL^2}{dam\cdot min^2}$. b) 12 $\frac{cm^3}{pg\cdot s^4}$ en $\frac{m^3}{\mu g\cdot s^4}$.

a) 7'2 $\frac{cL^2}{dam\cdot min^2}$. b) 12 $\frac{m^3}{\mu g\cdot s^4}$

Análisis dimensional

8) Averigua las unidades SI de la viscosidad, μ: $F = \mu \cdot A \cdot \frac{v}{h}$

Solución: $\frac{kg}{m \cdot s}$.

9) Demuestra que esta ecuación es homogénea: $E = \frac{1}{2} \cdot m \cdot v^2 + m \cdot g \cdot h$

10) Averigua las dimensiones y las unidades de G: $F = G \cdot \frac{M \cdot m}{r^2}$

Solución: $\frac{L^3}{M \cdot T^2}$, $\frac{m^3}{kg \cdot s^2}$

11) Averigua la relación entre la aceleración y la potencia.
Solución: Pot = m·v·a

12) Averigua la relación entre la fuerza y la potencia.
Solución: Pot = F·v

Errores

13) Calcula el error relativo de la tercera medida: 10'15, 10'17, 10'18 y 10'17.
Solución: 0'0983 %.

14) Expresa correctamente estas medidas: 1'23, 1'28, 1'29, 1'35 y 1'27 s.
Solución: 1'28 ± 0'03.

15) Calcula el error absoluto de la tercera medida: 4'56, 4'57, 4'52, 4'58, 4'59 y 4'55.
Solución: 0'04.

16) Calcula el error relativo de la segunda medida: 24, 23, 26, 25, 22, 23 y 28.
Solución: 4'17 %.

17) Expresa correctamente estas medidas: 67'23, 67'31, 67'42, 67'38, 67'62 y 67'56.
Solución: 67'42 ± 0'11.

18) ¿Cuál de estas dos medidas es más precisa: 2'1 ± 0'5 cm o 1'80 ± 0'1 m?
Solución: la segunda.

19) ¿Qué porcentaje de error se comete al tomar la aceleración de la gravedad como 10 en lugar de 9'8 m/s^2?
Solución: 2'04 %.

Notación científica y cifras significativas

20) Escribe en notación científica: a) 0'0004346789. b) 8635'475.
Solución: a) $4'346789 \cdot 10^{-4}$. b) $8'635475 \cdot 10^{3}$.

21) Escribe en notación científica y aproxima a tres cifras significativas:
a) 0'00882394. b) 654567.
Solución: a) $8'82 \cdot 10^{-3}$. b) $6'55 \cdot 10^{5}$.

22) Opera teniendo en cuenta las cifras significativas: a) 3'27 + 8'4. b) $\frac{6'243 \cdot 8'57}{45'5623}$.
Solución: a) 12. b) 1'17.

Gráficas

23) Representa gŕaficamente: $y = 3 \cdot x + 6$

24) Representa gráficamente: $y = x^2 + 2 \cdot x - 8$

25) Representa la siguiente ecuación: $y = 3 \cdot x^2 + 5 \cdot x - 4$

26) Averigua la ecuación de esta recta:

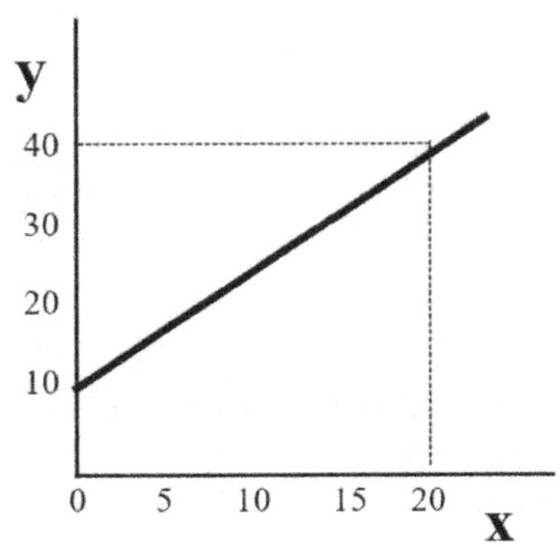

Solución: $y = 1'5 \cdot x + 10$

27) Averigua la ecuación de esta recta:

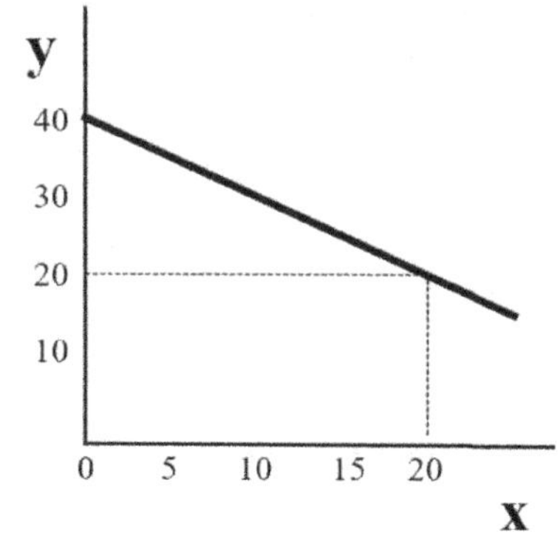

Solución: y = – x + 40

Vectores

28) Sea este vector: $\vec{A}=2\cdot\vec{i}+3\cdot\vec{j}-4\cdot\vec{k}$. Calcula: a) Su módulo. b) El ángulo que forma con el eje x. c) El que forma con el eje y. d) Su vector unitario.
Solución: a) 5'39. b) 68'2º. c) 56'2º. d) $\vec{u}_A=0'371\cdot\vec{i}+0'557\cdot\vec{j}-0'742\cdot\vec{k}$.

29) Sean estos dos vectores: $\vec{r}=2\cdot\vec{i}+3\cdot\vec{j}-4\cdot\vec{k}$ y $\vec{v}=-4\cdot\vec{i}+6\cdot\vec{j}-2\cdot\vec{k}$.

Calcula: a) $\vec{r}+\vec{v}$. b) $\vec{r}-\vec{v}$. c) $\vec{v}-\vec{r}$. d) El ángulo que forman.

Solución: a) $-2\cdot\vec{i}+9\cdot\vec{j}-6\cdot\vec{k}$. b) $6\cdot\vec{i}-3\cdot\vec{j}-2\cdot\vec{k}$. c) $-6\cdot\vec{i}+3\cdot\vec{j}+2\cdot\vec{k}$. d) 63'5º

30) Calcula las componentes de un vector de módulo 10 sabiendo que forma 30º con el eje X.
Solución: $\vec{r}=8'66\cdot\vec{i}+5\cdot\vec{j}$

31) Dado un vector $\vec{A}$, situado en el plano XY, de módulo 12 y que su componente en el eje X vale 8, calcula la otra componente y represéntalo gráficamente.
Solución: 8'95.

32) Calcula las componentes de un vector unitario de la misma dirección y sentido que el vector con origen en P (3,5,5) y el extremo en Q (5,– 4,1).
Solución: $\vec{u}=0'2\cdot\vec{i}-0'9\cdot\vec{j}-0'4\cdot\vec{k}$

33) Dados los vectores: $\vec{A}(5,-4,7)$ y $\vec{B}(3,6,-4)$, calcula el vector unitario en la dirección y sentido del vector diferencia $\vec{D}=\vec{A}-\vec{B}$.
Solución: $\vec{u}=0'133\cdot\vec{i}-0'667\cdot\vec{j}+0'733\cdot\vec{k}$

34) Determina las componentes de un vector de módulo 5 y de igual dirección y sentido que el vector $\vec{A}(8,-4,-2)$.
Solución: $\vec{B}=4'36\cdot\vec{i}-2'18\cdot\vec{j}-1'09\cdot\vec{k}$

35) Averigua un vector de módulo 12 y con la misma dirección y sentido que B (3,4,– 5).
Solución: $\vec{A}=5'09\cdot\vec{i}+6'79\cdot\vec{j}-8'48\cdot\vec{k}$

36) Sean estos vectores: $\vec{A}(A_x,-3)$ y $\vec{B}(2,8)$. Calcula A_x para que estos vectores: a) Sean perpendiculares. b) Sean paralelos.
Solución: a) 12. b) $-\frac{3}{4}$.

37) Sean los vectores: $\vec{A}(4,-5)$ y $\vec{B}(3,B_y)$. Averigua B_y para que estos vectores: a) Sean perpendiculares. b) Sean paralelos.
Solución: a) $\frac{12}{5}$. b) $-\frac{15}{4}$.

38) Dos vectores tienen el origen común O (-1, 3, 0) y sus extremos están uno en A (-3, 2, 1) y el otro en B (5, -3, 2). Calcula el producto escalar.
Solución: – 4.

39) Averigua el producto escalar de estos vectores, el ángulo que forman y sus proyecciones: $\vec{A}(3,-2,4)$ y $\vec{B}(-8,6,-1)$.
Solución: – 40, 138º, 7'43, 4.

40) Calcula la resultante del siguiente sistema de vectores:

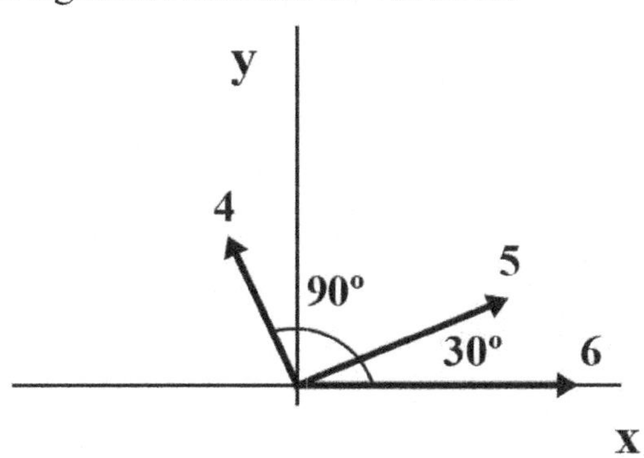

Solución: $\vec{R}=8'33\cdot\vec{i}+5'96\cdot\vec{j}$

41) Averigua el vector $\vec{C}$ que anule a los siguientes:

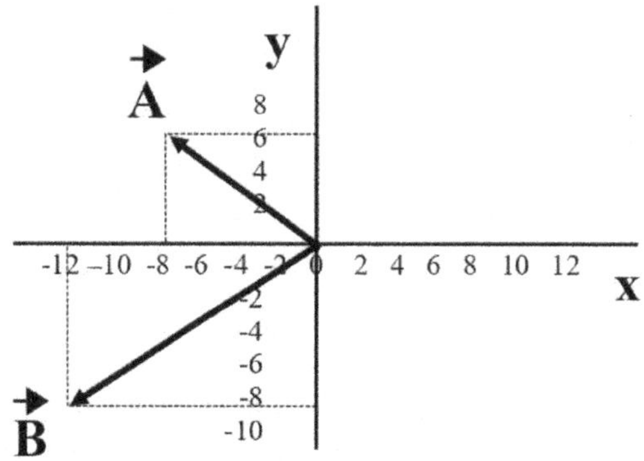

Solución: $\vec{C}=20\cdot\vec{i}+2\cdot\vec{j}$

42) Dado el vector $\vec{A}=5\cdot\vec{i}-8\cdot\vec{j}$, averigua: a) Un vector unitario perpendicular al $\vec{A}$. b) Un vector perpendicular al $\vec{A}$ cuya primera componente sea 12.
Solución: a) $\vec{u}=0'848\cdot\vec{i}+0'53\cdot\vec{j}$. b) $\vec{B}=12\cdot\vec{i}+7'53\cdot\vec{j}$

43) Dado el vector: $\vec{A}=5\cdot\vec{i}-3\cdot\vec{j}$, calcula un vector $\vec{B}$ que sea perpendicular a $\vec{A}$ y que sea unitario.
Solución: $\vec{u}=0'515\cdot\vec{i}+0'858\cdot\vec{j}$

44) Calcula la resultante de estos vectores:

Solución: $\vec{A}=-6'34\cdot\vec{i}-3\cdot\vec{j}$

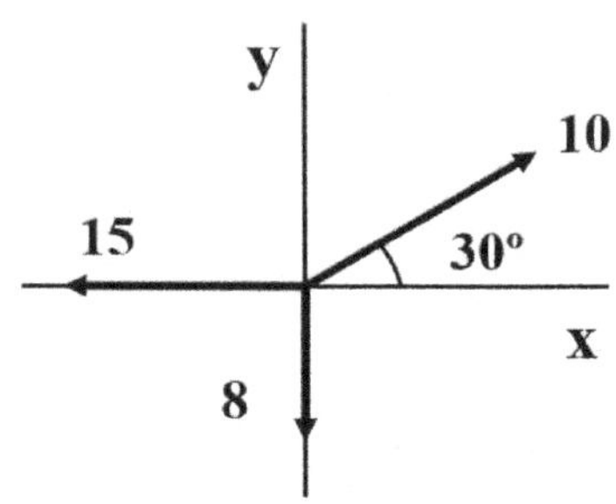

45) Calcula la resultante de estos vectores:

Solución: $\vec{A}=-14\cdot\vec{i}-11'6\cdot\vec{j}$

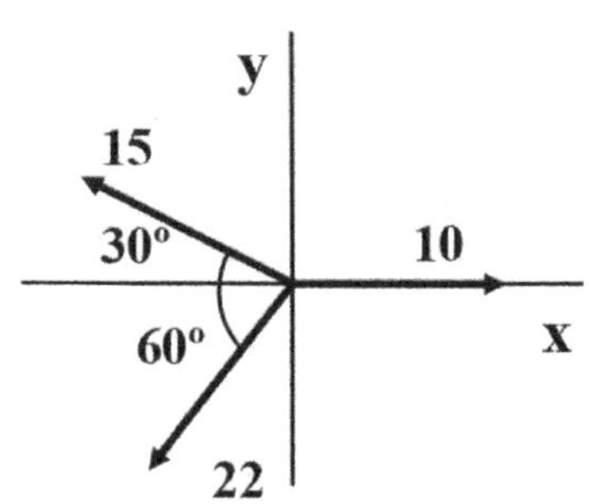

46) Sea el vector: $\vec{A}=(3,-2,6)$. Calcula: a) Su módulo. b) El ángulo que forma con el eje x. c) El que forma con el eje y. d) El ángulo con el eje z. e) Su vector unitario.
Solución: a) 7. b) 64'6º. c) 107º. d) 31º. e) $\vec{u}=0'429\cdot\vec{i}-0'286\cdot\vec{j}+0'857\cdot\vec{k}$

47) Sean los vectores: $\vec{A}=(3,-2,6)$ y $\vec{B}=(-4,4,8)$.
Calcula: a) $\vec{A}+\vec{B}$. b) $\vec{B}-\vec{A}$. c) $2\cdot\vec{A}-3\cdot\vec{B}$. d) $|\ 2\cdot\vec{A}-3\cdot\vec{B}\ |$ e) $|\ \vec{A}\,x\,\vec{B}\ |$
Solución: a) (– 1, 2, 14). b) (– 7 , 6, 2). c) (18, – 16, – 12). d) 26'9. e) 62'6.

48) Representa estos vectores: a) $\vec{A}=-5\cdot\vec{i}-3\cdot\vec{j}$. b) $\vec{B}=5\cdot\vec{i}-3\cdot\vec{j}-4\cdot\vec{k}$.

49) Un vector tiene de módulo 46 y forma 33º con el eje OY. Averígualo.
Solución: $\vec{A}=25'1\cdot\vec{i}+38'6\cdot\vec{j}$.

50) Dados los vectores: $\vec{A}=\vec{i}+\vec{j}$ y $\vec{B}=m\cdot\vec{i}+3\cdot\vec{j}$.
Halla el valor de m para que $2\cdot\vec{A}-\vec{B}$ sea unitario.
Solución: m = 2.

51) Dados los vectores $\vec{A}=3\cdot\vec{i}-7\cdot\vec{j}-2\cdot\vec{k}$ y $\vec{B}=5\cdot\vec{i}+4\cdot\vec{j}+2\cdot\vec{k}$, calcula el producto escalar siguiente: $(\vec{A}-3\cdot\vec{B})\cdot(2\cdot\vec{A}-4\cdot\vec{B})$.
Solución: 834.

52) Calcula el producto vectorial de estos vectores:

a) $\vec{A}=(3,-2,6)$ y $\vec{B}=(-4,4,8)$.

b) $\vec{A}(5,-4,7)$ y $\vec{B}(3,6,-4)$.

Solución: a) $\vec{A}\,x\,\vec{B}=-40\cdot\vec{i}-48\cdot\vec{j}+4\cdot\vec{k}$. b) $\vec{A}\,x\,\vec{B}=-26\cdot\vec{i}+41\cdot\vec{j}+42\cdot\vec{k}$

53) Averigua las expresiones de estos vectores:

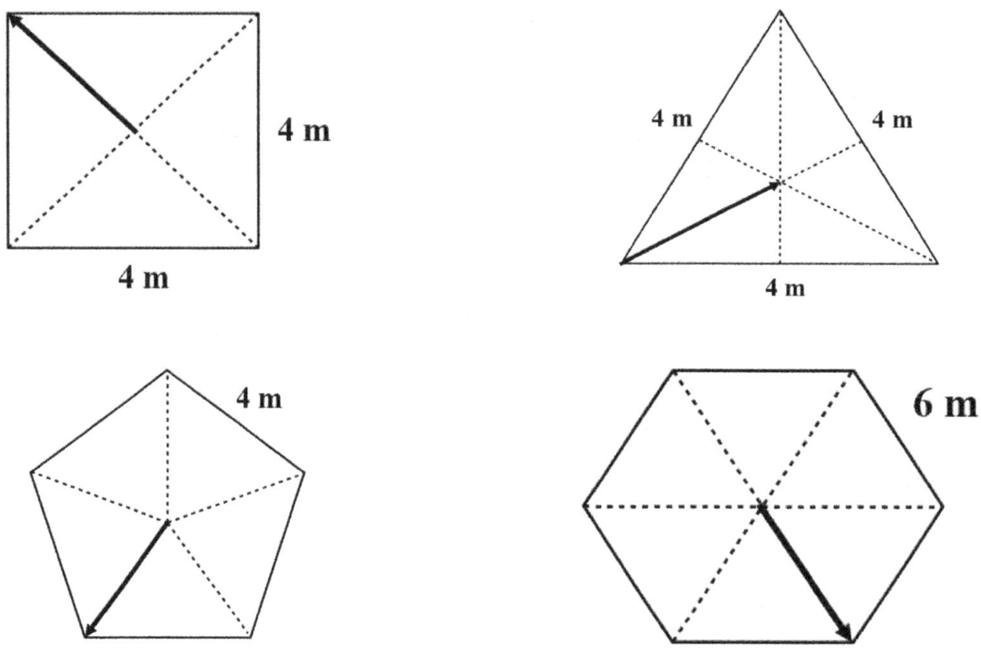

Solución:

$\vec{A} = -2 \cdot i + 2 \cdot j$

$\vec{B} = 2 \cdot i + 1'16 \cdot \vec{j}$

$\vec{C} = -2 \cdot \vec{i} - 2'75 \cdot \vec{j}$

$\vec{D} = 3 \cdot \vec{i} - 5'2 \cdot \vec{j}$

Cuestiones

1) ¿Verdadero o falso?
a) La sensibilidad de un aparato es el error más pequeño que puede detectar.
b) Un vector deslizante es aquel cuyo punto de aplicación es indiferente de su línea de acción.
c) El máximo valor de un producto escalar se consigue con vectores perpendiculares.
d) Dos vectores paralelos, del mismo módulo y del mismo sentido son iguales.

2) ¿Verdadero o falso?
a) La suma de tres vectores del mismo módulo y origen nunca puede ser cero.
b) El módulo de un vector puede ser positivo o negativo.
c) El módulo de cualquier magnitud es siempre positivo.
d) El producto escalar sigue la regla del tornillo.

3) Indica cuáles de estas magnitudes son escalares y cuáles vectoriales:
producto escalar, producto vectorial, módulo, suma de vectores, resta de vectores, un vector entre un escalar, un vector por un escalar, la derivada de un vector, la integral de un vector, la longitud, la velocidad, el área, el volumen, la aceleración, la fuerza, la densidad, la presión, el calor, el trabajo y la potencia.

TEMA 2: CINEMÁTICA

Esquema

1. Conceptos básicos
2. Movimientos simples
3. Derivadas
4. Magnitudes del movimiento. Tratamiento escalar
5. Magnitudes del movimiento. Tratamiento vectorial
6. El vector de posición
7. Composición de movimientos
8. Relatividad del movimiento
9. Formulario

1. Conceptos básicos

- La Mecánica es la parte de la Física que estudia el movimiento. La Mecánica se divide en Cinemática y Dinámica. La Cinemática es la parte de la Física que estudia el movimiento sin tener en cuenta las fuerzas. La Dinámica es la rama de la Física que estudia el movimiento teniendo en cuenta las fuerzas.
- Un cuerpo se mueve cuando su posición cambia con el tiempo con respecto a un sistema o punto de referencia. Los movimientos son siempre relativos, es decir, dependen del punto de vista, dependen del sistema de referencia.
- El sistema de referencia son los ejes coordenados X e Y con respecto a los cuales se describe el movimiento.
- La trayectoria es la línea real o imaginaria que describe el cuerpo en su movimiento.
- Los sistemas de referencia pueden ser inerciales o no inerciales.
- Un sistema de referencia inercial (SRI) es un sistema que no se mueve o que se mueve con velocidad constante. En él aparece la inercia.
- Un sistema de referencia no inercial (SRNI) es un sistema que se mueve con aceleración constante. En él no existe la inercia, sino la fuerza centrífuga.
- La posición, s: es la distancia medida sobre la trayectoria desde el lugar del que partió el móvil hasta el lugar donde está el móvil en un momento determinado.

- El espacio recorrido o desplazamiento, Δs: es el espacio recorrido por el móvil entre dos tiempos t_1 y t_2.

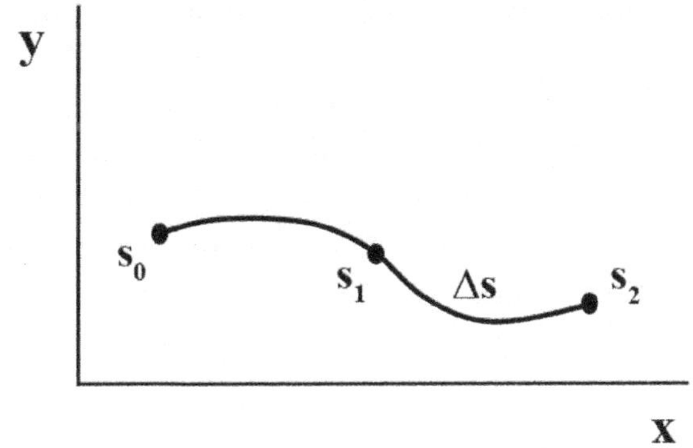

Espacio recorrido

- El vector de posición, $\vec{r}$: es el vector que va desde el origen hasta el punto en el que se halle el móvil en un momento determinado.

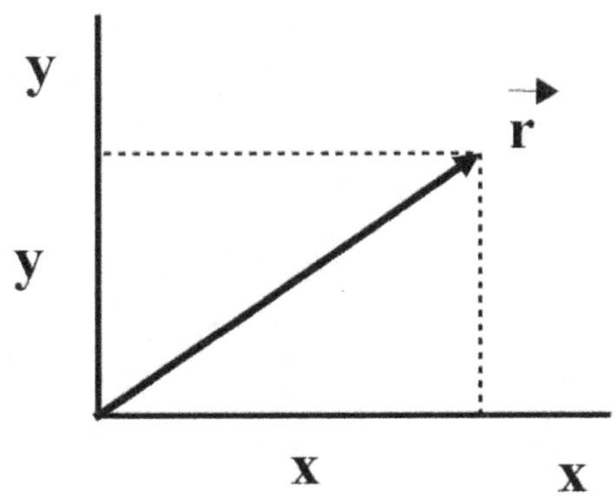

Vector de posición

- El vector desplazamiento, $\Delta\vec{r}$: es la diferencia vectorial entre dos vectores de posición.

$$\Delta\vec{r}=\vec{r}_2-\vec{r}_1$$

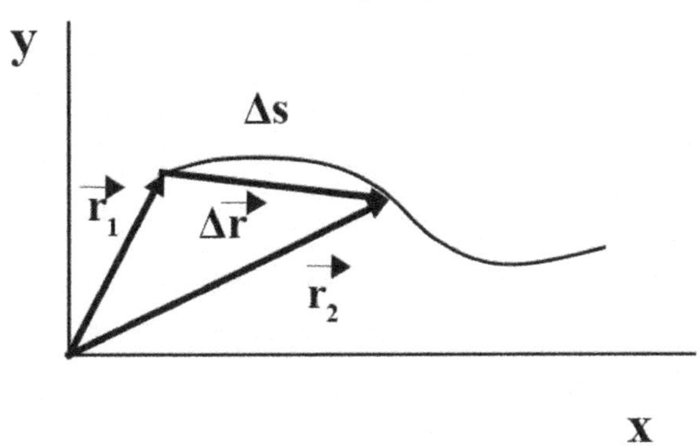

Vector desplazamiento

- La velocidad es el cambio de distancia recorrida por unidad de tiempo. La aceleración es el cambio de velocidad por unidad de tiempo.
- La velocidad puede ser media o instantánea. La aceleración puede ser media o instantánea, también.
- La velocidad y la aceleración medias se refieren a un intervalo de tiempo.
- La velocidad y la aceleración instantáneas se refieren a un tiempo determinado.
- Las componentes intrínsecas de la aceleración son aquellas que están en los ejes intrínsecos del movimiento. Los ejes intrínsecos son tangencial y perpendicular a la trayectoria.
- La aceleración tangencial es la responsable del cambio en el módulo de la velocidad.
- La aceleración normal o centrípeta es la responsable de que la trayectoria sea curvilínea.

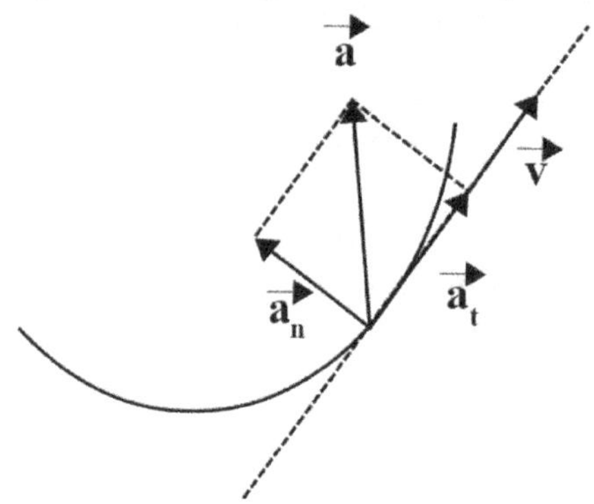

Componentes intrínsecas de la aceleración

- La celeridad es la distancia recorrida por unidad de tiempo. Es un escalar, a diferencia de la velocidad.
- Los problemas de cinemática pueden tener un tratamiento escalar o un tratamiento vectorial, según el caso.

2. Movimientos simples

- Los tipos básicos de movimientos son:
a) MRU: movimiento rectilíneo uniforme.
b) MRUA: movimiento rectilíneo uniformemente acelerado.
c) MRUR: movimiento rectilíneo uniformemente retardado. Es un término antiguo. Se prefiere decir movimiento rectilíneo desacelerado.
d) MCU: movimiento circular uniforme.
e) MCUA: movimiento circular uniformemente acelerado.
f) MCUR: movimiento circular uniformemente retardado o desacelerado.
g) MAS: movimiento armónico simple.

- Velocidades y aceleraciones de algunos movimientos:

Movimiento	**Velocidad**	**Aceleración**	**Aceleración tangencial**	**Aceleración normal**
MRU	Constante	0	0	0
MRUA	En aumento	Constante	Constante	0
MRUR	Disminuyendo	Constante	Constante	0
MCU	Contante	Constante	0	Constante
MCUA	En aumento	Constante	Constante	Constante

- Para el MRU, las gráficas son:

	Velocidad-tiempo	**Posición-tiempo (Se aleja del origen)**	**Posición-tiempo (Se acerca al origen)**
Gráfica	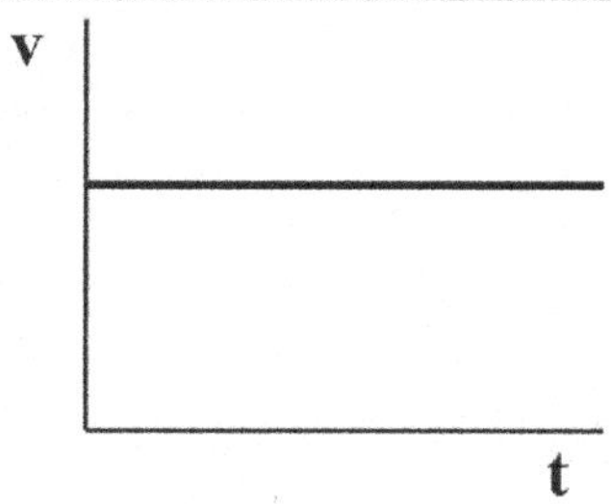	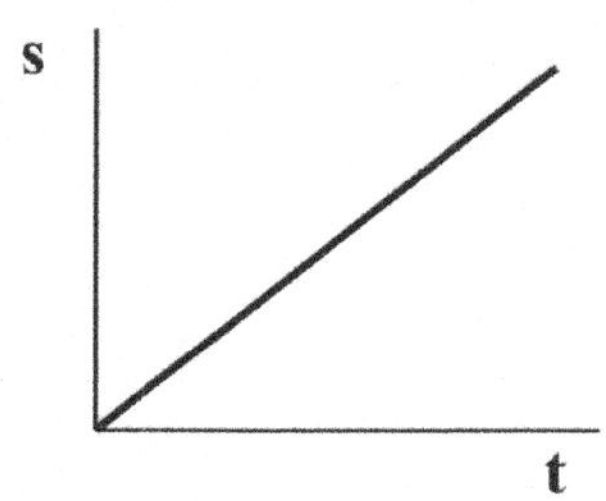	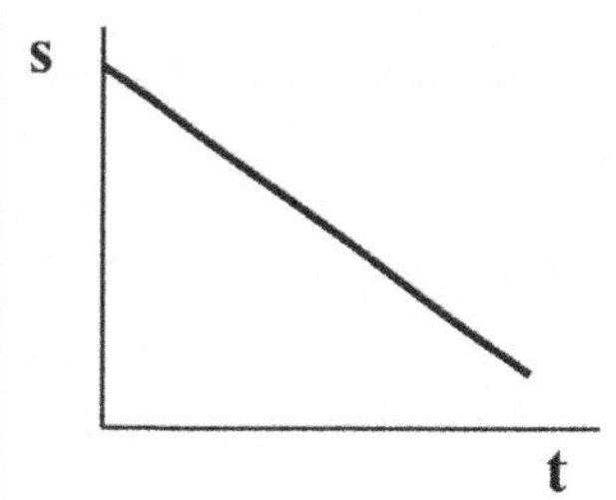
Ecuación	$v = \text{constante}$	$s = v \cdot t + s_o$	$s = -v \cdot t + s_0$
Ejemplo	$v = 3$	$s = 3 \cdot t + 8$	$s = -3 \cdot t + 8$

- Para los movimientos acelerados, las gráficas son:

	a – t	v – t	s – t (se aleja)	s – t (se acerca)
MRUA	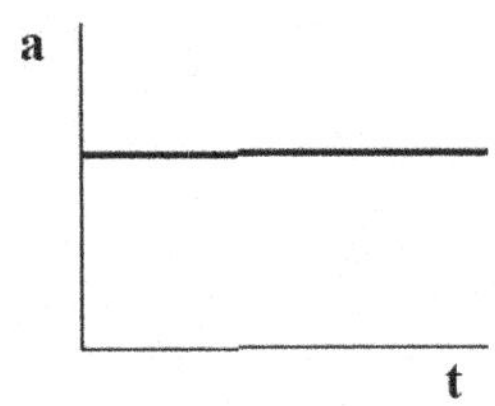	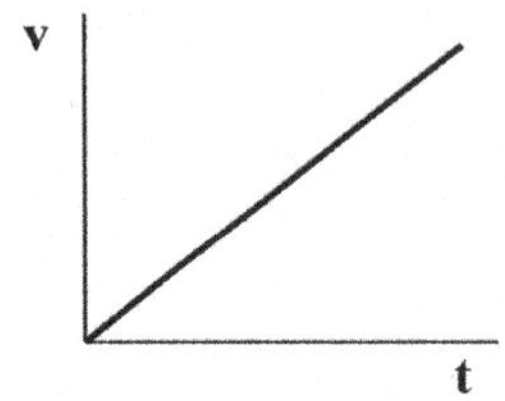	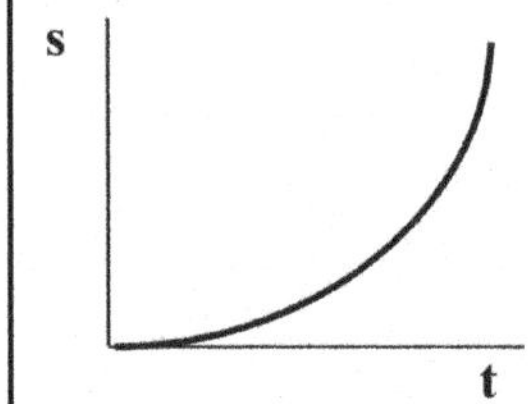	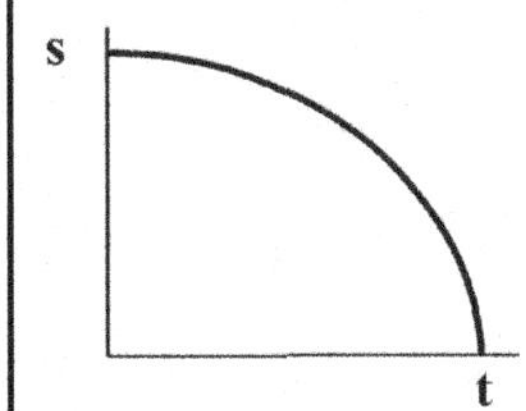
MRUR	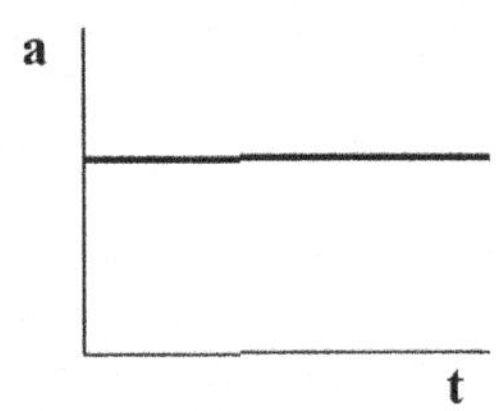	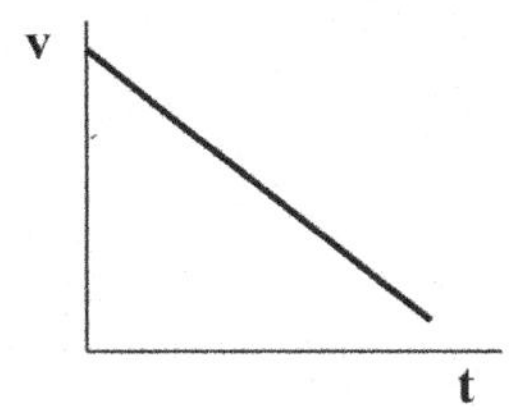	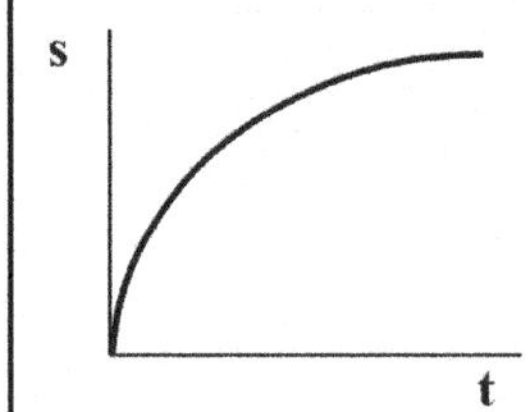	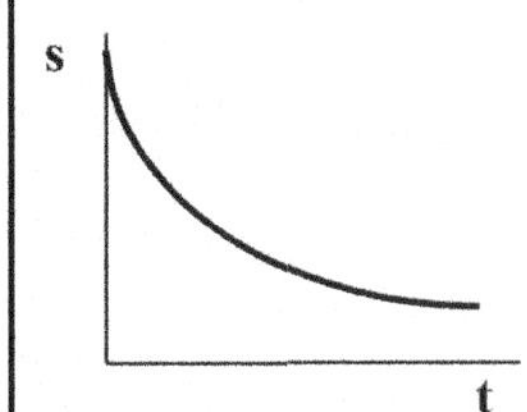

3. Derivadas

- La derivada de una función es otra función que representa la pendiente de la función en ese punto:

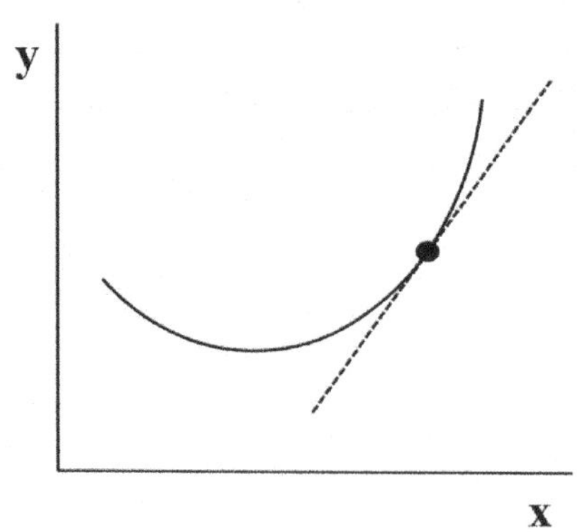

Derivada de una función en un punto

– Para el cálculo de derivadas, hay que conocer las derivadas de las funciones más comunes:

Función, y	**Derivada, y' =** $\frac{dy}{dx}$	**Ejemplo**	
$y = k$	$y' = 0$	$y = 8$	$y' = 0$
$y = k \cdot x$	$y' = k$	$y = 5 \cdot x$	$y' = 5$
$y = k \cdot x^n$	$y' = k \cdot n \cdot x^{n-1}$	$y = 8 \cdot x^3$	$y' = 24 \cdot x^2$
$y = \sqrt{f(x)}$	$y' = \frac{f'(x)}{2 \cdot \sqrt{f(x)}}$	$y = \sqrt{3 \cdot x^3}$	$y' = \frac{9 \cdot x^2}{2 \cdot \sqrt{3 \cdot x^3}}$
$y = \text{sen } f(x)$	$y' = f'(x) \cdot \cos x$	$y = \text{sen } 3x$	$y' = 3 \cdot \cos 3x$
$y = \cos f(x)$	$y' = - f'(x) \cdot \text{sen } f(x)$	$y = \cos 2x$	$y' = - 2 \cdot \text{sen } 2x$

Ejemplo 1: calcula la derivada de: $y = 5 \cdot x^2 + 3 \cdot x + 2$

$$y' = 10 \cdot x + 3$$

Ejercicio 1: calcula la derivada de:
a) $y = \sqrt{8 \cdot x^2 + 5 \cdot x + 3}$ b) $y = \cos (3 \cdot x^2 + 9 \cdot x + 7)$

4. Magnitudes del movimiento. Tratamiento escalar

a) MRU: $v = \frac{e}{t}$

Ejemplo 2: dos ciudades están separadas 60 km. Al mismo tiempo salen dos coches, uno desde cada ciudad, y en sentidos contrarios. El A va a 70 km/h y el B a 50 km/h. Averigua la distancia recorrida por cada uno y el tiempo necesario para encontrarse.

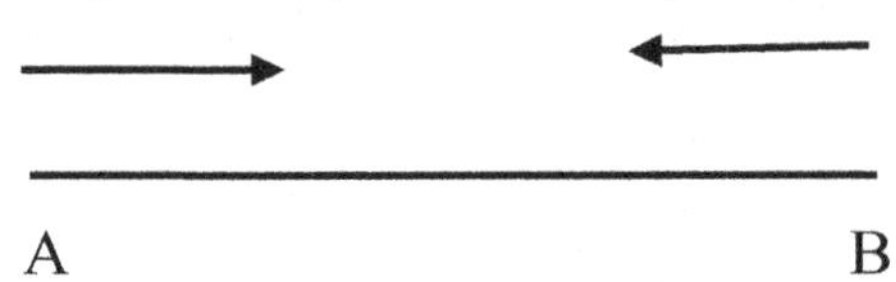

$e = v \cdot t$; A: $x = 70 \cdot t$; B: $60 - x = 50 \cdot t \rightarrow 60 - 70 \cdot t = 50 \cdot t \rightarrow 60 = 120 \cdot t \rightarrow$

$\rightarrow t = \frac{60}{120} = 0'5 \text{ h} \rightarrow x = 70 \cdot t = 70 \cdot 0'5 = 35 \text{ km}$

Ejercicio 2: dos ciudades están separadas 80 km. Al mismo tiempo salen dos coches, uno desde cada ciudad, y en el mismo sentido. El A va a 120 km/h y el B a 100 km/h. Averigua la distancia recorrida por cada uno y el tiempo necesario para encontrarse.

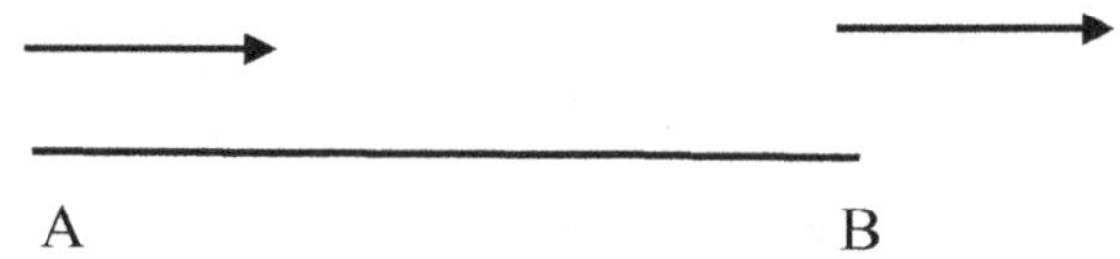

Solución: 4 h, 400 km, 480 km.

b) MRUA o MRUR:

$$a = \frac{\Delta v}{\Delta t} \quad ; \quad v = v_0 \pm a \cdot t \quad ; \quad v^2 = v_0^2 \pm 2 \cdot a \cdot e \quad ; \quad e = v_0 \cdot t \pm \frac{1}{2} \cdot a \cdot t^2$$

Ejemplo 3: un coche parte del reposo y alcanza 100 km/h en 13 s. Averigua: a) La aceleración. b) La velocidad a los 20 s. c) El espacio recorrido a los 30 s.

a) $v = 100 \frac{km}{h} = 27'8 \frac{m}{s} \quad ; \quad a = \frac{\Delta v}{\Delta t} = \frac{27'8-0}{13-0} = 2'14 \frac{m}{s^2}$

b) $v = v_0 + a \cdot t = 0 + 2'14 \cdot 20 = 42'8 \frac{m}{s}$

c) $e = v_0 \cdot t + \frac{1}{2} \cdot a \cdot t^2 = 0 \cdot 30 + \frac{1}{2} \cdot 2'14 \cdot 30^2 = 963$ m

Ejercicio 3: un coche parte del reposo y recorre 50 m en 3 s. Averigua: a) La aceleración. b) La velocidad a los 15 s. c) El espacio recorrido en 10 s.
Solución: a) 11'1 m/s^2. b) 167 m/s. c) 555 m.

c) MCU:

$$\omega = \frac{\phi}{t} \quad ; \quad v = \omega \cdot R \quad ; \quad e = \varphi \cdot R \quad ; \quad T = \frac{2 \cdot \pi}{\omega} \quad ; \quad f = \nu = \frac{1}{T} = \frac{\omega}{2 \cdot \pi} \quad ; \quad N = \frac{\phi}{2 \cdot \pi}$$

Ejemplo 4: un disco de 20 cm de diámetro gira a 33 rpm. Calcula: a) Su velocidad angular. b) Su velocidad lineal en el borde. c) Su período. d) Su frecuencia. e) El número de vueltas en 5 minutos. f) El espacio recorrido en 5 minutos.

a) $\omega = 33 \ \frac{rev}{min} \cdot \frac{2 \cdot \pi\, rad}{1\, rev} \cdot \frac{1\, min}{60\, s} = 3'46 \ \frac{rad}{s}$

b) $v = \omega \cdot R = 3'46 \cdot 0'10 = 0'346 \ \frac{m}{s}$

c) $T = \frac{2 \cdot \pi}{\omega} = \frac{2 \cdot \pi}{3'46} = 1'82$ s

d) $f = \frac{1}{T} = \frac{1}{1'82} = 0'55$ Hz

e) $N = 33 \ \frac{rev}{min} \cdot 5$ min = 165 vueltas

f) $\phi = \omega \cdot t = 3'46 \cdot 5 \cdot 60 = 1038$ rad ; $e = \varphi \cdot R = 1038 \cdot 0'10 = 104$ m

Ejercicio 4: un disco de 10 cm de diámetro da 30 vueltas cada minuto. Calcula: a) Su velocidad angular. b) Su velocidad lineal en el borde. c) Su período. d) Su frecuencia. e) El número de vueltas en 7 minutos. f) El espacio recorrido en 7 minutos. g) El ángulo girado en 7 minutos.
Solución: a) 3'14 rad/s. b) 0'157 m/s. c) 2 s. d) 0'5 Hz. e) 210 vueltas. f) 65'9 m. g) 1319 rad.

d) MCUA y MCUR:

$$\alpha = \frac{\Delta \omega}{\Delta t} = \frac{\omega - \omega_0}{t} \ ; \varphi = \omega_0 \cdot t + \frac{1}{2} \cdot \alpha \cdot t^2 \ ; e = \varphi \cdot R \ ; v = \omega \cdot R \ ; a = \alpha \cdot R \ ; N = \frac{\phi}{2 \cdot \pi}$$

Ejemplo 5: una rueda de 10 cm de radio gira a 2000 rpm. Si se detiene en 20 s, calcula la aceleración angular de frenado, el ángulo recorrido hasta pararse y el número de vueltas.

$$\omega_0 = 2000 \ \frac{rev}{min} \cdot \frac{2 \cdot \pi\, rad}{1\, rev} \cdot \frac{1\, min}{60\, s} = 209 \ \frac{rad}{s}$$

$$\alpha = \frac{\Delta \omega}{\Delta t} = \frac{209 - 0}{20 - 0} = 10'4 \ \frac{rad}{s^2}$$

$$\varphi = \omega_0 \cdot t - \frac{1}{2} \cdot \alpha \cdot t^2 = 209 \cdot 20 - \frac{1}{2} \cdot 10'4 \cdot 20^2 = 2100 \text{ rad}$$

$$N = \frac{\phi}{2 \cdot \pi} = \frac{2100}{2 \cdot \pi} = 334 \text{ vueltas}$$

Ejercicio 5: una rueda de 30 cm de diámetro parte del reposo y alcanza 500 rpm en 40 segundos. Averigua: a) La aceleración angular. b) El ángulo descrito. c) El espacio recorrido. d) El número de vueltas.
Solución: a) 1'31 rad/s^2. b) 1048 rad. c) 157 m. d) 167 vueltas.

5. Magnitudes del movimiento. Tratamiento vectorial

- A partir del vector de posición, $\vec{r}$, se pueden calcular diversas magnitudes del movimiento:

a) Vector desplazamiento: $\Delta\vec{r}=\vec{r}_2-\vec{r}_1$

b) Velocidad instantánea: $\vec{v}=\dfrac{d\vec{r}}{dt}$

c) Aceleración instantánea: $\vec{a}=\dfrac{d\vec{v}}{dt}$

d) Velocidad media: $\vec{v}_m=\dfrac{\Delta\vec{r}}{\Delta t}$

e) Aceleración media: $\vec{a}_m=\dfrac{\Delta\vec{v}}{\Delta t}$

f) Ecuación de la trayectoria: y = f(x) o x = f(y).

g) Aceleración total: $a=\sqrt{a_t^2+a_n^2}$

h) Velocidad en función del tiempo: $v(t)=\sqrt{v_x^2(t)+v_y^2(t)}$

i) Aceleración tangencial: $a_t = \dfrac{d|\vec{v}|}{dt}$

j) Aceleración normal: $a_n = \dfrac{v^2}{R}$

Ejemplo 6: un móvil tiene la siguiente ecuación del movimiento: $\vec{r}=3\cdot t^3\cdot\vec{i}+2\cdot t\cdot\vec{j}$
Determina:

a) El vector velocidad instantánea.
b) El vector aceleración instantánea.
c) El vector desplazamiento entre 1 y 3 segundos.
d) El vector velocidad media entre 1 y 3 segundos.
e) El vector aceleración media entre 1 y 3 segundos.
f) La ecuación de la trayectoria.
g) El vector velocidad a los 4 segundos.
h) La velocidad a los 4 segundos.
i) El vector aceleración a los 5 segundos.
j) La aceleración a los 5 segundos.

a) $\vec{v}=\frac{d\vec{r}}{dt} = 9\cdot t^2\cdot\vec{i}+2\cdot\vec{j}$

b) $\vec{a}=\frac{d\vec{v}}{dt} = 18\cdot t\cdot\vec{i}$

c) $\Delta\vec{r}=\vec{r}_2-\vec{r}_1 = 81\cdot\vec{i}+6\cdot\vec{j}-3\cdot\vec{i}-2\cdot\vec{j} = 78\cdot\vec{i}+4\cdot\vec{j}$

d) $\vec{v}_m=\frac{\Delta\vec{r}}{\Delta t} = \frac{78\cdot\vec{i}+4\cdot\vec{j}}{3-1} = 39\cdot\vec{i}+2\cdot\vec{j}$

e) $\vec{a}_m=\frac{\Delta\vec{v}}{\Delta t} = \frac{81\cdot\vec{i}+2\cdot\vec{j}-9\cdot\vec{i}-2\cdot\vec{j}}{3-1} = \frac{72\cdot\vec{i}}{2} = 36\cdot\vec{i}$

f) $x = 3\cdot t^3$; $y = 2\cdot t \rightarrow t = \frac{y}{2}$; $x = 3\cdot\frac{y^3}{8} = \frac{3\cdot y^3}{8}$

g) $\vec{v}(4)=9\cdot 4^2\cdot\vec{i}+2\cdot\vec{j}=144\cdot\vec{i}+2\cdot\vec{j}$

h) $v(4)=\sqrt{144^2+2^2} = 144 \frac{m}{s}$

i) $\vec{a}(5)=18\cdot 5\cdot\vec{i} = 90\cdot\vec{i}$

j) $a(5) = 90 \frac{m}{s^2}$

Ejercicio 6: un móvil tiene la siguiente ecuación del movimiento: $\vec{r}=3\cdot t^2\cdot\vec{i}+5\cdot t\cdot\vec{j}$
Determina:
a) El vector velocidad instantánea.
b) El vector aceleración instantánea.
c) El vector desplazamiento entre 1 y 3 segundos.
d) El vector velocidad media entre 1 y 3 segundos.
e) El vector aceleración media entre 1 y 3 segundos.
f) La ecuación de la trayectoria.
g) El vector velocidad a los 6 segundos.
h) La velocidad a los 6 segundos.
i) El vector aceleración a los 6 segundos.
j) La aceleración a los 6 segundos.
Solución: f) $x=\frac{3\cdot y^2}{25}$. h) 36'4 m/s. j) 6 m/s^2.

Ejemplo 7: el vector de posición de un móvil es: $\vec{r}=4\cdot t\cdot\vec{i}+2\cdot t^2\cdot\vec{j}$. Averigua las componentes intrínsecas de la aceleración y el radio de curvatura para 3 segundos.

$$\vec{v}=\frac{d\vec{r}}{dt} = 4\cdot\vec{i}+4\cdot t\cdot\vec{j} \quad\rightarrow\quad \text{v} = v(t)=\sqrt{v_x^2(t)+v_y^2(t)} = \sqrt{16+16\cdot t^2}$$

$$\vec{a}=\frac{d\vec{v}}{dt} = 4\cdot\vec{j} \quad\rightarrow\quad \text{a} = 4 \quad \frac{m}{s^2}$$

$$a_t = \frac{d|\vec{v}|}{dt} = \frac{32\cdot t}{2\cdot\sqrt{16+16\cdot t^2}} = \frac{16\cdot t}{\sqrt{16+16\cdot t^2}} \quad ; \quad a_t(3) = \frac{16\cdot 3}{\sqrt{16+16\cdot 3^2}} = 3'79 \quad \frac{m}{s^2}$$

$$a_n(3) = \sqrt{a^2-a_t^2} = \sqrt{4^2-3'79^2} = 1'28 \quad \frac{m}{s^2}$$

$$\text{v}(3) = \sqrt{16+16\cdot 3^2} = 12'6 \quad \frac{m}{s}$$

$$a_n = \frac{v^2}{R} \quad\rightarrow\quad R = \frac{v^2}{a_n} = \frac{12'6^2}{1'28} = 124 \text{ m}$$

Ejercicio 7: un móvil se mueve según el vector: $\vec{r}=-5\cdot t^2\cdot\vec{i}+3\cdot t\cdot\vec{j}$. Averigua las componentes intrínsecas de la aceleración y el radio de curvatura para 4 segundos.
Solución: 9'97 m/s^2, 0'774 m/s^2, 2078 m.

- De forma parecida, se pueden averiguar las magnitudes del movimiento a partir de la expresión escalar del espacio recorrido, s:

a) Espacio recorrido: $e = \Delta s = s_2 - s_1$

b) Celeridad media: $v_m = \dfrac{\Delta s}{\Delta t} = \dfrac{e}{t} = \dfrac{s_2 - s_1}{t_2 - t_1}$

c) Celeridad instantánea: $v = \dfrac{ds}{dt}$

d) Aceleración instantánea: $a = \dfrac{dv}{dt}$

e) Aceleración media: $a_m = \dfrac{\Delta v}{\Delta t}$

f) Aceleración normal: $a_n = \dfrac{v^2}{R}$

g) Aceleración tangencial: $a_t = \dfrac{d|\vec{v}|}{dt}$

h) Módulo de la aceleración: $a^2 = a_t^2 + a_n^2$

Ejemplo 8: un móvil se mueve en línea recta y su posición viene dada por: $s = t^3 + 3 \cdot t - 5$. Averigua: a) Su posición a los 5 segundos. b) El espacio recorrido entre 3 y 5 segundos. c) La velocidad a los 5 segundos. d) La aceleración a los 5 segundos. e) La velocidad media entre 3 y 5 segundos. f) La aceleración media entre 3 y 5 segundos. g) La ecuación de la trayectoria.

a) $s(5) = 5^3 + 3 \cdot 5 - 5 = 135$ m

b) $\Delta s = s_2 - s_1 = s(5) - s(3)$; $s(3) = 3^3 + 3 \cdot 3 - 5 = 31$ m ; $\Delta s = 135 - 31 = 104$ m

c) $v = \dfrac{ds}{dt} = 3 \cdot t^2 + 3$; $v(5) = 3 \cdot 5^2 + 3 = 78 \ \dfrac{m}{s}$

d) $a = \dfrac{dv}{dt} = 6 \cdot t$; $a(5) = 6 \cdot 5 = 30 \ \dfrac{m}{s^2}$

e) $v_m = \dfrac{\Delta s}{\Delta t} = \dfrac{104}{2} = 52 \ \dfrac{m}{s}$

f) $a_m = \dfrac{\Delta v}{\Delta t} = \dfrac{3\cdot 5^2+3-3\cdot 3^2-3}{5-3} = 24 \ \dfrac{m}{s^2}$

g) $x=(t^3+3\cdot t-5)\cdot \vec{i}$

Ejercicio 8: un móvil se mueve en línea recta y su posición viene dada por: $s = t^3 - 3\cdot t^2 + 6$. Averigua: a) Su posición a los 3 segundos. b) El espacio recorrido entre 1 y 5 segundos. c) La velocidad a los 4 segundos. d) La aceleración a los 4 segundos. e) La velocidad media entre 1 y 5 segundos. f) La aceleración media entre 1 y 5 segundos. g) La ecuación de la trayectoria. Solución: 6 m. b) 52 m. c) 24 m/s. d) 18 m/s^2. e) 13 m/s. f) 12 m/s^2.
g) $\vec{r}=(t^3-3\cdot t^2+6)\cdot \vec{i}$.

6. El vector de posición

- El vector de posición, $\vec{r}$, sirve para localizar al móvil en todo momento.
- Tiene dos expresiones generales:

a) Si la velocidad es constante: $\vec{r}=\vec{r}_0+\vec{v}\cdot t$

b) Si la velocidad no es constante: $\vec{r}=\vec{r}_0+\vec{v}_0\cdot t+\dfrac{1}{2}\cdot\vec{a}\cdot t^2$

Ejemplo 9: averigua los vectores de posición de cada uno de los siguientes movimientos: a) Un coche que se mueve hacia el sur a 20 m/s. b) Un coche que se mueve hacia el noroeste a 20 m/s. c) Un cuerpo que está inicialmente en el punto (3,5) y se mueve a la derecha a 20 m/s. d) Un cuerpo que se tira verticalmente hacia arriba a 20 m/s.

a) $\vec{r}=-20\cdot t\cdot\vec{j}$

b) $\vec{r}=-20\cdot t\cdot\cos 45^\circ\cdot\vec{i}+20\cdot t\cdot sen\,45^\circ\cdot\vec{j} = -14'1\cdot t\cdot\vec{i}+14'1\cdot t\cdot\vec{j}$

c) $\vec{r}=\vec{r}_0+\vec{v}\cdot t$; $\vec{r}_0=3\cdot\vec{i}+5\cdot\vec{j}$; $\vec{v}=20\cdot\vec{i}$

$\vec{r}=3\cdot\vec{i}+5\cdot\vec{j}+20\cdot t\cdot\vec{i} = (3+20\cdot t)\cdot\vec{i}+5\cdot\vec{j}$

d) $\vec{r}=\vec{r}_0+\vec{v}_0\cdot t+\dfrac{1}{2}\cdot\vec{g}\cdot t^2 = 0+20\cdot t\cdot\vec{j}-\dfrac{1}{2}\cdot 10\cdot t^2\cdot\vec{j} = (20\cdot t-5\cdot t^2)\cdot\vec{j}$

Ejercicio 9: averigua los vectores de posición de cada uno de los siguientes movimientos: a) Un coche que se mueve a 20 m/s formando 210º con la horizontal. b) Un coche con velocidad inicial de 8 m/s y con aceleración de 4 m/s^2. c) Un cuerpo que se hallaba a 3 m a la izquierda del origen y que se mueve hacia la derecha a 2 m/s.
Solución: a) $\vec{r}=-17'3\cdot t\cdot\vec{i}-10\cdot t\cdot\vec{j}$. b) $\vec{r}=(8\cdot t+2\cdot t^2)\cdot\vec{i}$. c) $\vec{r}=(-3+2\cdot t)\cdot\vec{i}$.

7. Composición de movimientos

- La composición de movimientos es la combinación de varios movimientos básicos.
- También aquí se puede hacer un tratamiento escalar o vectorial.
- Vamos a ver tres:

a) Dos MRUs perpendiculares entre sí: es el movimiento que tiene, por ejemplo, una barca que cruza un río de lado a lado.

- Tratamiento escalar:

* Celeridad: v = $\sqrt{v_x^2+v_y^2}$

* Componente x: $x = v_x\cdot t$

* Componente y: $y = v_y\cdot t$

* Distancia recorrida: e = $\sqrt{x^2+y^2}$

- Tratamiento vectorial:

* Vector de posición: $\vec{r}=x\cdot\vec{i}+y\cdot\vec{j} = v_x\cdot t\cdot\vec{i}+v_y\cdot t\cdot\vec{j}$

* Vector velocidad: $\vec{v}=v_x\cdot\vec{i}+v_y\cdot\vec{j}$

Ejemplo 10: un piragüista intenta cruzar un río de 75 m de ancho a 5 m/s con una velocidad de la corriente a 3 m/s. Calcula el tiempo que tarda en cruzar el río, la distancia que recorre y su celeridad.

$$\vec{r}=v_x\cdot t\cdot\vec{i}+v_y\cdot t\cdot\vec{j} = 3\cdot t\cdot\vec{i}+5\cdot t\cdot\vec{j} \quad ; \quad y = 75 = 5\cdot t \rightarrow t = \frac{75}{5} = 15\ s$$

$$x = 3\cdot t = 3\cdot 15 = 45\ m \quad ; \quad e = \sqrt{x^2+y^2} = \sqrt{45^2+75^2} = 87'5\ m$$

$$v = \sqrt{v_x^2+v_y^2} = \sqrt{3^2+5^2} = \sqrt{34} = 5'83\ \frac{m}{s}$$

Ejercicio 10: una barca intenta cruzar un río de 50 metros de ancho a 10 km/h, siendo la velocidad de la corriente 7 km/h. Calcula el tiempo necesario, la distancia que recorre, el punto donde llega en la otra orilla y su velocidad.
Solución: 18 s, 61 m, P (34'9,50) m, 3'39 m/s.

b) Tiro horizontal: es el lanzamiento horizontal de proyectiles.

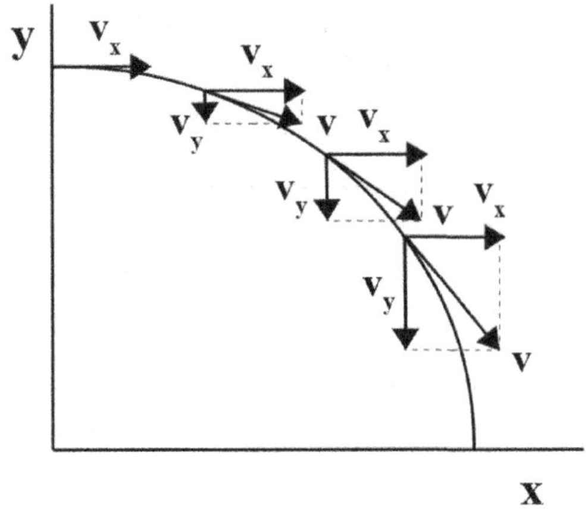

Tiro horizontal

- Tratamiento escalar:

* Distancia horizontal: $x = v_0 \cdot t$

* Altura: $y = h_0 - \frac{1}{2} \cdot g \cdot t^2$

* Velocidad horizontal: $v_x = v_o = cte$

* Velocidad vertical: $v_y = - g \cdot t$

* Velocidad total: $v = \sqrt{v_x^2 + v_y^2}$

* Alcance o alcance máximo: se consigue para y = 0

- Tratamiento vectorial:

* Vector de posición: $\vec{r} = (x_0 + v_0 \cdot t) \cdot \vec{i} + (y_0 - \frac{1}{2} \cdot g \cdot t^2) \cdot \vec{j}$

* Vector velocidad: $\vec{v} = v_0 \cdot \vec{i} - g \cdot t \cdot \vec{j}$

* Vector aceleración: $\vec{a} = -g \cdot \vec{j}$

* Alcance o alcance máximo: se consigue para y = 0

Ejemplo 11: desde una mesa de 80 cm de altura se tira horizontalmente un objeto a 5 m/s. Calcula el tiempo de caída y la ecuación de la trayectoria.

$$\vec{r} = (x_0 + v_0 \cdot t) \cdot \vec{i} + (y_0 - \frac{1}{2} \cdot g \cdot t^2) \cdot \vec{j} \;=\; 5 \cdot t \cdot \vec{i} + (0'8 - 5 \cdot t^2) \cdot \vec{j}$$

Cuando toca el suelo: $y = 0 \;\rightarrow\; 0'8 - 5 \cdot t^2 = 0 \;\rightarrow\; t = 0'4$ s

$$x = 5 \cdot t \;\rightarrow\; t = \frac{x}{5} \quad ; \quad y = 0'8 - 5 \cdot t^2 = 0'8 - 5 \cdot \frac{x^2}{25} \;\rightarrow\; y = 0'8 - \frac{x^2}{5}$$

Ejercicio 11: una persona dispara horizontalmente una bala a 500 km/h desde una altura de 1'70 metros. Calcula: a) El tiempo de caída de la bala. b) La ecuación de la trayectoria. c) La posición de la bala a la décima de segundo.
Solución: a) 0'583 s. b) $y = 1'7 - 2'59 \cdot 10^{-4} \cdot x^2$. c) P (13'9,1'65) m.

c) Tiro parabólico o tiro oblicuo: es el lanzamiento de un proyectil formando un ángulo con la horizontal.

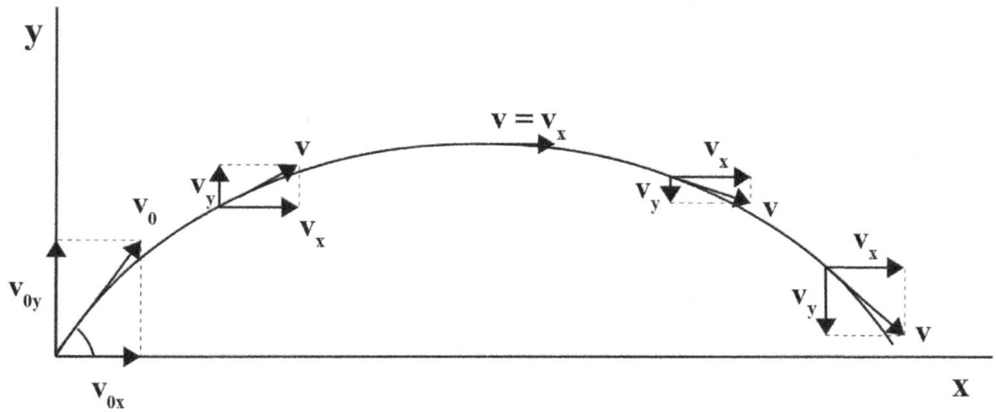

Tiro oblicuo o tiro parabólico

- Tratamiento escalar:

* Distancia horizontal: $x = v_0 \cdot \cos \alpha \cdot t$

* Altura: $y = h_0 + v_0 \cdot \text{sen}\, \alpha \cdot t - \frac{1}{2} \cdot g \cdot t^2$

* Velocidad horizontal: $v_x = v_o \cdot \cos \alpha$

* Velocidad vertical: $v_y = v_o \cdot \text{sen}\, \alpha - g \cdot t$

* Velocidad total: $v = \sqrt{v_x^2 + v_y^2}$

* Altura máxima: se consigue para $v_y = 0$

* Alcance o alcance máximo: se consigue para y = 0

– Tratamiento vectorial:

* Vector de posición: $\vec{r} = (x_0 + v_0 \cdot \cos\alpha \cdot t) \cdot \vec{i} + (y_o + v_0 \cdot sen\alpha \cdot t - \frac{1}{2} \cdot g \cdot t^2) \cdot \vec{j}$

* Vector velocidad: $\vec{v} = v_0 \cdot \cos\alpha \cdot \vec{i} + (v_0 \cdot sen\alpha - g \cdot t) \cdot \vec{j}$

* Vector aceleración: $\vec{a} = -g \cdot \vec{j}$

* Altura máxima: se consigue para $\vec{v}_y = 0$

* Alcance o alcance máximo: se consigue para y = 0

Ejemplo 12: un cañón está en un acantilado a 150 metros de altura. Lanza un proyectil a 300 km/h formando 60º con la horizontal. Calcula: a) El alcance. b) La distancia en línea recta desde el cañón hasta el lugar de impacto. c) La velocidad al llegar al agua. d) La altura máxima alcanzada con respecto al agua. e) La altura máxima alcanzada con respecto al cañón.

a) $\vec{r}=(x_0+v_0\cdot\cos\alpha\cdot t)\cdot\vec{i}+(y_o+v_0\cdot sen\alpha\cdot t-\frac{1}{2}\cdot g\cdot t^2)\cdot\vec{j}$ =

$= \quad (0+83'3\cdot\cos 60^{\circ}\cdot t)\cdot\vec{i}+(150+83'3\cdot sen 60^{\circ}\cdot t-5\cdot t^2)\cdot\vec{j} \quad =$

$= \quad 41'6\cdot t\cdot\vec{i}+(150+72'1\cdot t-5\cdot t^2)\cdot\vec{j}$

Al tocar el suelo: y = 0 $\rightarrow$ 150 + 72'1·t – 5·t^2 = 0 $\rightarrow$ t = 16'3 s $\rightarrow$

$\rightarrow$ x = 41'6· t = 41'6·16'3 = 678 m

b) d = $\sqrt{h_0^2+x^2}$ = $\sqrt{150^2+678^2}$ = 694 m

c) $\vec{v}=v_0\cdot\cos\alpha\cdot\vec{i}+(v_0\cdot sen\alpha-g\cdot t)\cdot\vec{j} \quad = \quad 41'6\cdot\vec{i}+(72'1-10\cdot t)\cdot\vec{j} \quad =$

$= \quad 41'6\cdot\vec{i}+(72'1-10\cdot 16'3)\cdot\vec{j} \quad = \quad 41'6\cdot\vec{i}-90'9\cdot\vec{j}$

d) v_y = 0 $\rightarrow$ 72'1 – 10·t = 0 $\rightarrow$ t = 7'21 s $\rightarrow$

$\rightarrow$ y = 150 + 72'1·t – 5·t^2 = 150 + 72'1·7'21 – 5·7'21^2 = 410 m

e) $h_{máx}$ = 410 – 150 = 260 m

Ejercicio 12: lanzamos una piedra a 10 m/s formando 45º con la horizontal. Calcula: a) El tiempo de caída. b) El tiempo para la altura máxima. c) La altura máxima. d) La ecuación de la trayectoria. Solución: a) 1'41 s. b) 0'705 s. c) 2'5 m. d) y = x – 0'1·x^2.

8. Relatividad del movimiento

- Se dice que el movimiento es relativo porque depende del observador.
- Las magnitudes del movimiento (posición, vector de posición, espacio recorrido, velocidad, aceleración e incluso trayectoria) dependen del sistema de referencia.
- Si se mueven dos móviles, las nuevas magnitudes son:

  * Distancia entre ambos: d = | $\vec{r}_2 - \vec{r}_1$ |

  * Velocidad entre ambos: $\vec{v} = \vec{v}_2 - \vec{v}_1$

  * Aceleración entre ambos: $\vec{a} = \vec{a}_2 - \vec{a}_1$

Ejemplo 13: un cuerpo se mueve según: $\vec{r} = 3 \cdot t \cdot \vec{i} + 4 \cdot t \cdot \vec{j}$ y otro se mueve según: $\vec{r} = 5 \cdot t \cdot \vec{i} - 7 \cdot t \cdot \vec{j}$. Averigua la distancia que los separa en 2 s y la velocidad con la que se separan.

$$\Delta \vec{r} = \vec{r}_2 - \vec{r}_1 \;=\; 5 \cdot t \cdot \vec{i} - 7 \cdot t \cdot \vec{j} - 3 \cdot t \cdot \vec{i} - 4 \cdot t \cdot \vec{j} \;=\; 2 \cdot t \cdot \vec{i} - 11 \cdot t \cdot \vec{j}$$

Para t = 2 s: $\Delta \vec{r} \;=\; 2 \cdot 2 \cdot \vec{i} - 11 \cdot 2 \cdot \vec{j} \;=\; 4 \cdot \vec{i} - 22 \cdot \vec{j} \;\rightarrow$

$\rightarrow$ d = $\sqrt{x^2 + y^2}$ $\rightarrow$ d = $\sqrt{4^2 + 22^2}$ = 22'4 m

$$\vec{v}_1 = 3 \cdot \vec{i} + 4 \cdot \vec{j} \;;\; \vec{v}_2 = 5 \cdot \vec{i} - 7 \cdot \vec{j} \;\rightarrow\; \Delta \vec{v} = \vec{v}_2 - \vec{v}_1 \;=\; 2 \cdot \vec{i} - 11 \cdot \vec{j} \;\rightarrow$$

$\rightarrow$ v = $\sqrt{v_x^2 + v_y^2} \;=\; \sqrt{2^2 + (-11)^2}$ = 11'2 $\frac{m}{s}$

> Ejercicio 13: un cuerpo se mueve según: $\vec{r}_1 = 3 \cdot t^2 \cdot \vec{i} + 4 \cdot t \cdot \vec{j}$ y otro se mueve según: $\vec{r}_2 = 5 \cdot t^2 \cdot \vec{i} - 7 \cdot t \cdot \vec{j}$. Averigua la distancia que los separa en 3 s y la velocidad con la que se separan a los 3 s. Solución: 37'6 m, 16'3 m/s.

9. Formulario

– Espacio recorrido: $e = \Delta s = s_2 - s_1$

– Ecuación de la trayectoria: $y = f(x)$

– Celeridad media: $v_m = \frac{\Delta s}{\Delta t} = \frac{e}{t} = \frac{s_2 - s_1}{t_2 - t_1}$

– Celeridad instantánea: $v = \frac{ds}{dt}$

– Derivadas:

Función, y	**Derivada, y' =** $\frac{dy}{dx}$	**Ejemplo**	
$y = k$	$y' = 0$	$y = 8$	$y' = 0$
$y = k \cdot x$	$y' = k$	$y = 5 \cdot x$	$y' = 5$
$y = k \cdot x^n$	$y' = k \cdot n \cdot x^{n-1}$	$y = 8 \cdot x^3$	$y' = 24 \cdot x^2$
$y = \sqrt{f(x)}$	$y' = \frac{f'(x)}{2 \cdot \sqrt{f(x)}}$	$y = \sqrt{3 \cdot x^3}$	$y' = \frac{9 \cdot x^2}{2 \cdot \sqrt{3 \cdot x^3}}$
$y = \text{sen } f(x)$	$y' = f'(x) \cdot \cos x$	$y = \text{sen } 3x$	$y' = 3 \cdot \cos 3x$
$y = \cos f(x)$	$y' = - f'(x) \cdot \text{sen } f(x)$	$y = \cos 2x$	$y' = - 2 \cdot \text{sen } 2x$

– Aceleración media: $\vec{a}_m = \frac{\Delta \vec{v}}{\Delta t} = \frac{\vec{v}_2 - \vec{v}_1}{t_2 - t_1}$

– Aceleración instantánea: $\vec{a} = \frac{d\vec{v}}{dt}$

– Aceleración normal: $a_n = \frac{v^2}{R}$

– Aceleración tangencial: $a_t = \frac{d|\vec{v}|}{dt}$

– Módulo de la aceleración: $a^2 = a_t^2 + a_n^2$

– Vector de posición: $\vec{r} = x \cdot \vec{i} + y \cdot \vec{j}$

– Vector desplazamiento: $\Delta \vec{r} = \vec{r}_2 - \vec{r}_1$

– Vector velocidad media: $\vec{v}_m = \dfrac{\Delta \vec{r}}{\Delta t}$

– Vector velocidad instantánea: $\vec{v} = \dfrac{d\,\vec{r}}{dt}$

– Vector aceleración: $\vec{a} = \vec{a}_t + \vec{a}_n$

– MRU: tratamiento escalar:

* Velocidad: $v = \dfrac{e}{t}$

* Espacio recorrido: $e = v \cdot t$

* Tiempo: $t = \dfrac{e}{v}$

– MRU: tratamiento vectorial:

* Vector de posición: $\vec{r} = \vec{r}_0 + \vec{v} \cdot t$

* Velocidad: $\vec{v} = v_x \cdot \vec{i} + v_y \cdot \vec{j}$

– MRUA y MRUR: tratamiento escalar:

* Aceleración: $a_m = \dfrac{\Delta v}{\Delta t}$

* Velocidad: $v = v_0 \pm a \cdot t$

* Velocidad: $v^2 = v_0^2 \pm 2 \cdot a \cdot e$

* Espacio recorrido: $e = v_0 \cdot t \pm \dfrac{1}{2} \cdot a \cdot t^2$

– MRUA y MRUR: tratamiento vectorial:

* Vector de posición: $\vec{r} = \vec{r}_0 + \vec{v}_0 \cdot t + \dfrac{1}{2} \cdot \vec{a} \cdot t^2$

* Velocidad: $\vec{v} = v_x \cdot \vec{i} + v_y \cdot \vec{j} \;=\; \vec{v}_0 + \vec{a} \cdot t$

– MCU:

* Velocidad angular: $\omega = \dfrac{\phi}{t}$
* Velocidad lineal: $v = \omega \cdot R$
* Espacio recorrido: $e = \varphi \cdot R$
* Periodo: $T = \dfrac{2 \cdot \pi}{\omega}$
* Frecuencia: $f = \nu = \dfrac{1}{T} = \dfrac{\omega}{2 \cdot \pi}$

* Número de vueltas: $N = \dfrac{\phi}{2 \cdot \pi}$

– MCUA y MCUR:

* Aceleración angular media: $\alpha_m = \dfrac{\Delta \omega}{\Delta t} = \dfrac{\omega - \omega_0}{t}$

* Ángulo descrito: $\varphi = \omega_0 \cdot t + \dfrac{1}{2} \cdot \alpha \cdot t^2$

* Espacio recorrido: $e = \varphi \cdot R$

* Velocidad angular: $\omega = \omega_0 + \alpha \cdot t$

* Velocidad lineal: $v = \omega \cdot R$

* Aceleración tangencial: $a = \alpha \cdot R$
* Número de vueltas: $N = \dfrac{\phi}{2 \cdot \pi}$

– Composición de dos MRUs:

* Vector de posición: $\vec{r} = \vec{r}_0 + \vec{v} \cdot t$

* Vector velocidad: $\vec{v} = v_x \cdot \vec{i} + v_y \cdot \vec{j}$

– Tiro horizontal:

* Vector de posición: $\vec{r} = (x_0 + v_0 \cdot t) \cdot \vec{i} + (y_0 - \frac{1}{2} \cdot g \cdot t^2) \cdot \vec{j}$

* Vector velocidad: $\vec{v} = v_0 \cdot \vec{i} - g \cdot t \cdot \vec{j} = v_x \cdot \vec{i} + v_y \cdot \vec{j}$

* Vector aceleración: $\vec{a} = -g \cdot \vec{j}$

* Condición de alcance máximo: $y = 0$

– Tiro oblicuo o tiro parabólico:

* Vector de posición: $\vec{r}=(x_0+v_0\cdot\cos\alpha\cdot t)\cdot\vec{i}+(y_o+v_0\cdot sen\alpha\cdot t-\frac{1}{2}\cdot g\cdot t^2)\cdot\vec{j}$

* Vector velocidad: $\vec{v}=v_0\cdot\cos\alpha\cdot\vec{i}+(v_0\cdot sen\alpha-g\cdot t)\cdot\vec{j}$

* Vector aceleración: $\vec{a}=-g\cdot\vec{j}$

* Condición de alcance máximo: $y = 0$

* Condición de altura máxima: $v_y = 0$

PROBLEMAS Y CUESTIONES PROPUESTOS

Problemas

Derivadas

1) Calcula las derivadas de las siguientes funciones:

a) $y = 6 \cdot x^4 + 8 \cdot x^3 - 3 \cdot x^2 + 7 \cdot x - 9$. b) $y = \sqrt{-3x^2 + 5x + 7}$. c) $y = 8 \cdot \text{sen}(3 \cdot x)$

Solución: a) $y' = 24 \cdot x^3 + 24 \cdot x^2 - 6 \cdot x + 7$. b) $y' = \dfrac{-6 \cdot x + 5}{2 \cdot \sqrt{-3 \cdot x^2 + 5 \cdot x + 7}}$. c) $y' = 24 \cdot \cos(3 \cdot x)$

2) Calcula las derivadas de las siguientes funciones:

a) $y = -3 \cdot x^5 + 6 \cdot x^3 - 2 \cdot x^2 + x - 4$. b) $y = \sqrt{3x^4 + 5x^2 + 7}$. c) $y = 7 \cdot \cos(2 \cdot x)$

Solución: a) $y' = -15 \cdot x^4 + 18 \cdot x^2 - 4 \cdot x + 1$. b) $y' = \dfrac{6 \cdot x^3 + 5 \cdot x}{\sqrt{3 \cdot x^4 + 5 \cdot x^2 + 7}}$.

c) $y' = -14 \cdot \text{sen}(2 \cdot x)$

Gráficas

3) Determina el tipo de movimiento y la aceleración para cada tramo de esta gráfica:

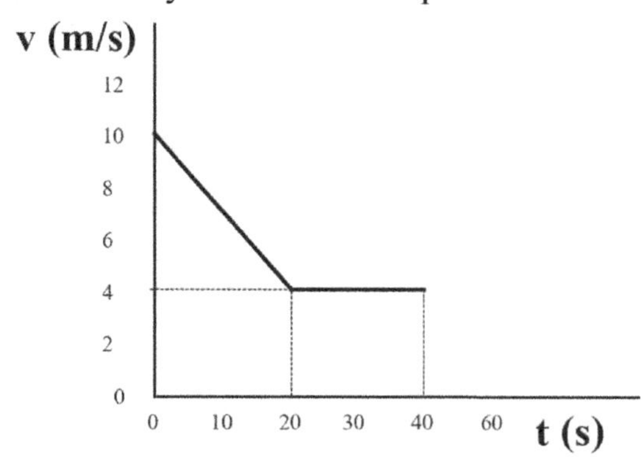

Solución: 0'3 $\frac{m}{s^2}$, 0 $\frac{m}{s^2}$

4) Determina el tipo de movimiento y la aceleración para cada tramo de esta gráfica:

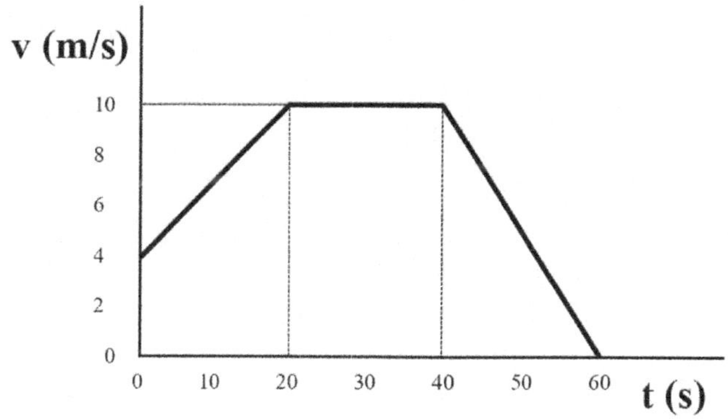

Solución: 0'3 m/s^2 , 0 m/s^2 , 0'5 m/s^2

5) Calcula el espacio total recorrido por un móvil con esta gráfica:

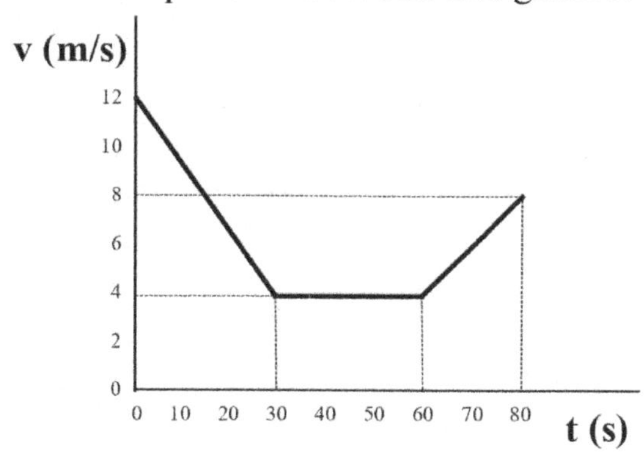

Solución: 480 m.

Magnitudes escalares

6) Un coche circula a 80 km/h durante 2 horas y a 120 km/h durante 3 horas. ¿Cuál es la velocidad media del recorrido?
Solución: 104 km/h.

7) Un tren circula a 100 km/h y en un minuto alcanza los 120 km/h. Calcula su aceleración media.
Solución: 0'0917 m/s^2.

8) Una persona corre la maratón en 3 h 29 min 52 s. La media maratón la corre en 1 h 42 min 18 s. Si la distancia de la maratón es de 42 km y 195 m y la de la media maratón es de 21 km 97 m, calcula para cada carrera su velocidad en km/h y su ritmo en min/km.
Solución: Maratón: 12'1 km/h, 4'96 min/km. Media: 12'4 km/h, 4'84 min/km.

9) La posición de un móvil que se mueve en línea recta viene dada por: $s = 5 \cdot t^3 - 3 \cdot t^2 + 5$
Determina:
a) La posición a los 2 y a los 4 s.
b) El espacio recorrido entre 2 y 4 segundos.
c) La velocidad instantánea en función del tiempo.
d) La velocidad instantánea a los 3 segundos.
e) La aceleración instantánea.
f) La aceleración instantánea a los 3 segundos.
g) El vector de posición si se mueve hacia la derecha.
h) La velocidad media entre 2 y 4 segundos.
i) La aceleración media entre 2 y 4 segundos.
Solución: a) 33 m, 277 m. b) 244 m. c) $v = 15 \cdot t^2 - 6 \cdot t$. d) 117 m/s. e) $a = 30 \cdot t - 6$.
f) $a = 84$ m/s^2. g) $\vec{r} = (5 \cdot t^3 - 3 \cdot t^2 + 5) \cdot \vec{i}$. h) 122 m/s. i) 84 m/s^2.

10) En una carrera ciclista, el pelotón asciende un puerto de montaña de 18 kilómetros de subida y 24 kilómetros de bajada. Tardan 40 minutos en subir y 20 minutos en bajar. Calcula la velocidad media: a) En la subida. b) En la bajada. c) En todo el recorrido.
Solución: a) 27 km/h. b) 72 km/h. c) 42 km/h.

11) Una persona está entrenando por la sierra en bicicleta. Baja las cuestas diez veces más rápido de las que las sube y emplea siete veces más tiempo en los ascensos que en los descensos. Si sube a 10 km/h y si no hay partes llanas, calcula la velocidad media.
Solución: 21'25 km/h.

12) Una barca hace un trayecto de ida y vuelta entre dos poblaciones situadas a la orilla de un río. A favor de la corriente, su velocidad es de 20 km/h y en contra es de 5 km/h. Calcula su velocidad media en todo el recorrido.
Solución: 8 km/h.

Magnitudes vectoriales

13) Un móvil tiene la siguiente ecuación del movimiento: $\vec{r} = t^3 \cdot \vec{i} + (2 \cdot t^2 - 3) \cdot \vec{j} - 5 \cdot t \cdot \vec{k}$
Determina:
a) El vector velocidad instantánea.
b) El vector aceleración instantánea.
c) El vector desplazamiento entre 1 y 3 segundos.
d) El vector velocidad media entre 1 y 3 segundos.
e) El vector aceleración media entre 1 y 3 segundos.
f) El vector velocidad a los 4 segundos.
g) La celeridad a los 4 segundos.
h) El vector aceleración a los 5 segundos.
i) La aceleración a los 5 segundos.

Solución: a) $\vec{v}=3\cdot t^2\cdot\vec{i}+4\cdot t\cdot\vec{j}-5\cdot\vec{k}$. b) $\vec{a}=6\cdot t\cdot\vec{i}+4\cdot\vec{j}$.

c) $\Delta\vec{r}=26\cdot\vec{i}+16\cdot\vec{j}-10\cdot\vec{k}$. d) $\vec{v_m}=13\cdot\vec{i}+8\cdot\vec{j}-5\cdot\vec{k}$.

e) $\vec{a_m}=12\cdot\vec{i}+4\cdot\vec{j}$. f) $\vec{v}=48\cdot\vec{i}+16\cdot\vec{j}-5\cdot\vec{k}$. g) 50'8 m/s.

h) $\vec{a}=30\cdot\vec{i}+4\cdot\vec{j}$. i) 30'3 m/s^2.

14) El vector de posición de un móvil es: $\vec{r}=5\cdot t^3\cdot\vec{i}+6\cdot t^2\cdot\vec{j}$. Averigua las componentes intrínsecas de la aceleración y el radio de curvatura para 3 segundos.
Solución: a_t = 90'3 m/s^2, a_n = 9'52 m/s^2, R = 2059 m.

15) Un móvil se mueve según: x = 1 + sen (π·t) ; y = t – cos (π·t). Averigua: a) Los vectores velocidad y aceleración. b) Las componentes intrínsecas de la aceleración para t = 2 s. c) El radio de curvatura para t = 2 s.
Solución: a) $\vec{v}=\pi\cdot\cos(\pi\cdot t)\cdot\vec{i}+(1+\pi\cdot sen(\pi\cdot t))\cdot\vec{j}$

$\vec{a}=-\pi^2\cdot sen(\pi\cdot t)\cdot\vec{i}+\pi^2\cdot\cos(\pi\cdot t)\cdot\vec{j}$

b) a_t = 2'99 m/s^2, a_n = 9'41 m/s^2, R = 1'16 m.

Movimientos simples

16) Un coche circula a 100 km/h. De repente, un objeto se pone en su camino. Cuando el conductor ve al objeto, éste está a 130 metros. Si el tiempo de reacción es aproximadamente de un segundo y la aceleración de frenado es de 3 m/s^2, ¿pillará al objeto?
Solución: sí.

17) Una rueda de 8 cm de radio parte del reposo y acelera uniformemente hasta alcanzar 200 rpm en 6 segundos. Se mantiene 30 segundos a esa velocidad y se le aplican unos frenos 70 segundos hasta que se detiene. Calcula: a) El ángulo descrito. b) El número total de vueltas. c) El espacio recorrido por un punto de la periferia.
Solución: a) 1420 rad. b) 226 vueltas. c) 114 m.

18) Calcula la velocidad angular de las tres manecillas del reloj. Calcula también el período y la frecuencia de cada una.
Solución: Segundos: 0'105 rad/s, 60 s, 0'0167 Hz.
Minutos: $1'75\cdot10^{-3}$ rad/s, 3600 s, $2'78\cdot10^{-4}$ Hz.
Horas: $1'45\cdot10^{-4}$ rad/s, $4'32\cdot10^{4}$ s, $2'31\cdot10^{-5}$ Hz.

19) Calcula la velocidad angular, la velocidad lineal y la aceleración centrípeta de un punto del ecuador terrestre si el radio de la Tierra es de 6370 km.
Solución: $7'27 \cdot 10^{-5}$ rad/s, 463 m/s, 0'0337 m/s^2.

20) Calcula la velocidad tangencial en km/h y la aceleración normal de un punto de la Tierra a 60º de latitud norte. Radio de la Tierra: 6370 km.
Solución: 832 km/h, 0'0169 rad/s^2.

21) Una persona va haciendo footing por el campo a 10 km/h. Oye los ladridos de un perro que corre a 30 km/h y está a 25 metros. Si la persona acelera con 1 m/s^2 durante 5 s y mantiene la velocidad alcanzada, averigua si le alcanzará o no. Caso de alcanzarle, halla el tiempo y la distancia recorrida.
Solución: sí, 22'6 s, 163 m, 188 m.

22) Una persona A en bicicleta corre a 25 km/h y otra B a 15 km/h. a) ¿Qué ventaja en distancia tiene que dejarle el uno al otro para coincidir a 2 kilómetros del más rápido? b) Y si partieran del mismo punto, ¿qué ventaja de tiempo debería dejarle?
Solución: a) 800 m. b) 191 s.

23) Un corredor A está a 50 metros de la meta y corre a 25 km/h. Otro corredor B está 6 metros más atrás y corre a 29 km/h. ¿Cuál llegará antes a meta?
Solución: el B.

24) Se tira una piedra hacia abajo a 4 m/s desde 50 metros de altura. Calcula el tiempo de caída y la velocidad al llegar al suelo.
Solución: 2'79 s, 31'9 m/s.

25) Para averiguar la profundidad de un pozo, se deja caer una piedra. Si se oye el chapoteo con el agua 1'5 segundos después de caer, ¿cuál es la profundidad del pozo? a) Sin tener en cuenta la velocidad del sonido. b) Teniendo en cuenta la velocidad del sonido. g = 9'8 m/s^2. Velocidad del sonido = 340 m/s. Solución: a) 11'03 m. b) 10'59 m.

26) Un coche parte del reposo, acelera y adquiere 100 km/h en 52 m, luego mantiene la velocidad durante 30 segundos y después frena en 10 segundos. Calcula la distancia total recorrida.
Solución: 1025 m.

27) Un coche circula a 80 km/h y el conductor ve un obstáculo en medio de la carretera a 200 metros. Si el tiempo de reacción es de 0'9 segundos, con qué aceleración mínima debe frenar para no atropellarlo.
Solución: 1'37 m/s^2.

Composición de movimientos

28) Se lanza un paquete desde un avión. Si el avión vuela a 400 km/h a 2 km de altura, calcula: a) El tiempo de caída. b) La distancia horizontal del objetivo a la que se debe lanzar. c) La velocidad al llegar a los árboles. d) Si se tira 30 segundos más tarde de lo que debía, ¿a qué distancia caerá del objetivo?
Solución: a) 20 s. b) 2.220 m. c) 229 m/s. d) 3.330 m.

29) Una persona juega al baloncesto y tira en suspensión la pelota con un ángulo de 45º desde la línea de triples (6'75 m). Si la pelota se lanza desde 2'40 metros de altura y el aro está a 3'05 metros, ¿cuánto tardará? ¿con qué velocidad inicial deberá lanzarla para colarla?
Solución: 1'11 s, 8'6 m/s.

30) Desde 10 metros de altura, va rodando una pelota por un tejado inclinado 30º hasta que cae. Si la velocidad inicial es de 2 m/s, calcula: a) El tiempo de caída. b) La velocidad al llegar al suelo. c) El punto de impacto.
Solución: a) 1'32 s. b) 14'3 m/s. c) (2'28, 0).

31) Una canica rueda por una mesa horizontal de 85 centímetros de altura a una velocidad de 8 cm/s hasta caer. Calcula el tiempo de caída, la velocidad y el lugar de impacto.
Solución: 0'412 s, 4'12 m/s, (3'3,0) cm.

32) Una persona en barca desea cruzar un río de 200 m de ancho. Para ello rema perpendicularmente a la corriente imprimiendo una velocidad de 4 m/s respecto del agua. La velocidad de la corriente es de 3 m/s. Calcula: a) La velocidad de la barca respecto a la orilla. b) El tiempo que tarda en atravesar el río. c) El punto de desembarco. d) El espacio recorrido hasta que llega.
Solución: a) 5 m/s. b) 50 s. c) (150,200) m. d) 334 m.

33) Una persona hace un saque de portería jugando al fútbol, lanza el balón con una velocidad de 25 m/s y un ángulo de 30º. Se pide: a) Altura máxima alcanzada por el balón y tiempo que tarda en alcanzarla. b) Alcance. c) Velocidad con la que llega al suelo.
Solución: a) 7'81 m, 1'25 s. b) 54'3 m. c) 25 m/s.

34) Un cañón lanza un proyectil con una inclinación de 45º que alcanza una altura máxima de 2.400 m. ¿Con qué velocidad inicial fue lanzado el proyectil?
Solución: 310 m/s.

35) Hacemos prácticas de tiro desde un valle y pretendemos alcanzar un objetivo situado 150 m por encima y a una distancia en línea recta de 300 m. Si el ángulo es de 45º, calcula el tiempo de impacto y la velocidad inicial necesaria.
Solución: 3'52 s, 85'2 m/s.

36) Disparamos proyectiles con un mortero contra una montaña, siguiendo con las prácticas de tiro. Si el ángulo es de 60º, el lugar de impacto está a 15 metros de altura y la distancia horizontal es de 30 metros, calcula: a) El tiempo para el impacto. b) La velocidad inicial del proyectil. c) El vector velocidad en el momento del impacto.
Solución: a) 2'72 s. b) 22'1 m/s. c) $\vec{v}=11'1\cdot\vec{i}-8'06\cdot\vec{j}$.

Vectores

37) Averigua los vectores de posición de cada uno de los siguientes movimientos: a) Un coche que se mueve hacia el norte a 20 m/s. b) Un coche que se mueve hacia el sudeste a 20 m/s. c) Un cuerpo que está inicialmente en el punto (2,6) y se mueve hacia arriba a 20 m/s. d) Un cuerpo que se tira verticalmente hacia abajo a 20 m/s desde 100 m de altura.

Solución: a) $\vec{r}=20\cdot t\cdot\vec{j}$. b) $\vec{r}=14'1\cdot t\cdot\vec{i}-14'1\cdot t\cdot\vec{j}$.

c) $\vec{r}=2\cdot\vec{i}+(6+20\cdot t)\cdot\vec{j}$ d) $\vec{r}=(100-20\cdot t-5\cdot t^2)\cdot\vec{j}$.

38) Averigua los vectores de posición de cada uno de los siguientes movimientos: a) Un cuerpo que se tira hacia abajo desde 50 m de altura a 200 km/h. b) Una barca que cruza un río a 5 m/s si la velocidad de la corriente es de 3 m/s. c) Un paquete que cae de un avión que vuela a 2 km de altura a 500 km/h. d) Un cañón que dispara un proyectil a 200 km/h inclinado 25º con la horizontal.

Solución: a) $\vec{r}=(50-55'6\cdot t-5\cdot t^2)\cdot\vec{j}$ b) $\vec{r}=3\cdot t\cdot\vec{i}+5\cdot t\cdot\vec{j}$

c) $\vec{r}=139\cdot t\cdot\vec{i}+(2000-5\cdot t^2)\cdot\vec{j}$ d) $\vec{r}=50'4\cdot t+(23'5\cdot t-5\cdot t^2)\cdot\vec{j}$

39) Dos proyectiles se lanzan verticalmente hacia arriba con dos segundos de intervalo, el primero con una velocidad inicial de 50 m/s y el segundo, a 80 m/s. ¿Cuál será el tiempo transcurrido hasta que los dos se encuentran a la misma altura? ¿A qué altura se encontrarán? ¿Qué velocidad tendrá cada uno en ese momento?
Solución: 3'6 s, 115 m, 14 m/s, 64 m/s.

40) Una piedra se deja caer desde un acantilado de 10 m. En el mismo instante se lanza hacia arriba, desde la base del acantilado, una pelota con una velocidad inicial de 15 m/s. ¿Qué tiempo habrá transcurrido hasta que se encuentren? ¿A qué altura?
Solución: 0'667 s, 7'78 m.

41) Se dispara una bala verticalmente hacia arriba con una escopeta a 200 km/h. Calcula la altura máxima alcanzada, el tiempo total que está en el aire y la velocidad al llegar al suelo. Escribe el vector de posición en cualquier momento.
Solución: 155 m, 11'1 s, 55'4 m/s, $\vec{r}=(55'6\cdot t-5\cdot t^2)\cdot\vec{j}$

42) Un ascensor asciende a 3 m/s. En un momento determinado, la lámpara del techo se suelta y se cae. Calcula el tiempo de caída si la altura del ascensor es de 2'5 metros. Escribe el vector de posición de la lámpara y el del suelo del ascensor.
Solución: 0'707 s, $\vec{r}=(2'5+3\cdot t-5\cdot t^2)\cdot\vec{j}$, $\vec{r}=3\cdot t\cdot\vec{j}$

43) Un globo asciende verticalmente a 5 m/s. Cuando está a 120 metros de altura, se suelta una bolsa de lastre. Calcula el tiempo de caída y la velocidad al llegar al suelo. Escribe el vector de posición de la bolsa.
Solución: 5'42 s, 49'2 m/s, $\vec{r}=(120+5\cdot t-5\cdot t^2)\cdot\vec{j}$

44) Dos carreteras se cruzan formando 90º mediante un puente. En un instante dado, dos coches pasan por la misma vertical: el de arriba va a 4 m/s y el de abajo a 3 m/s. Si la altura del puente es de 11 m, calcula: a) La distancia que los separa a los 10 s. b) La velocidad con la que se separan.
Solución: a) 51'2 m. b) 5 m/s.

45) Un ascensor sube a 3 m/s. Una persona camina por el ascensor de izquierda a derecha a 0'9 m/s. Determina el vector de posición de la persona y la distancia de la persona al origen a los 3 s, que está en la planta baja, en el hueco del ascensor. Solución: $\vec{r}=0'9\cdot t\cdot\vec{i}+3\cdot t\cdot\vec{j}$, 9'4 m.

46) Dejamos caer un plato desde 50 m de altura. A cierta distancia en horizontal, disparamos al mismo tiempo una escopeta a 150 km/h, formando 40º con la horizontal. Queremos que impacten la bala y el plato. Averigua el lugar de impacto, la distancia horizontal recorrida por la bala, el tiempo para el impacto y los vectores de posición.
Solución: P (59'7,32'5) m, 59'7 m, 1'87 s, $\vec{r}_1=31'9\cdot t\cdot\vec{i}+(26'8\cdot t-5\cdot t^2)\cdot\vec{j}$,
$\vec{r}_2=59'7\cdot\vec{i}+(50-5\cdot t^2)\cdot\vec{j}$.

Cuestiones

1) ¿En qué casos coinciden la distancia recorrida entre dos puntos y el módulo del vector desplazamiento?

2) Desde un coche descubierto en movimiento rectilíneo se lanza verticalmente hacia arriba una piedra. ¿Dónde caerá la piedra y por qué? ¿Qué trayectoria se ve desde el coche y qué trayectoria se ve desde un peatón quieto fuera del coche?

3) Dibuja los vectores $\vec{v}$, $\vec{a}$, $\vec{a}_t$ y $\vec{a}_n$ en los siguientes casos: a) Un coche en línea recta con MRU. b) Un coche en línea recta con MRUA. c) Un coche en línea recta con MRUR. d) Un coche con MCU.

4) Dibuja los vectores $\vec{v}$, $\vec{a}$, $\vec{a}_t$ y $\vec{a}_n$ en los siguientes casos: a) Un coche con MCUA. b) Un coche con MCUR. c) Un coche con trayectoria curva y que aumenta su velocidad. d) Un coche con trayectoria curva y que disminuye su velocidad.

5) ¿Puede un móvil llevar velocidad constante y tener aceleración?

6) a) ¿Tiene siempre el vector velocidad la misma dirección y el mismo sentido que el movimiento? ¿Y el vector aceleración? Pon ejemplos.

7) ¿Verdadero o falso? En un lanzamiento vertical hacia arriba con rozamiento:
a) El objeto tarda más tiempo en ascender que en descender.
b) El objeto llega al suelo a la misma velocidad con la que salió.

8) ¿Verdadero o falso? En una caída libre con rozamiento:
a) Existe una velocidad límite constante.
b) El rozamiento no depende de la forma del objeto.
c) Lanzadas desde la misma altura, una bola de hierro maciza llega al mismo tiempo que una bola de hierro hueca.

9) ¿Por qué se dice que el movimiento es relativo?

10) ¿Coinciden la trayectoria y la gráfica s – t?

11) ¿Verdadero o falso?
a) Si un cuerpo se mueve a velocidad constante, su aceleración es cero.
b) La aceleración tangencial es la encargada de modificar la trayectoria.
c) Cuando un cuerpo frena, su aceleración es negativa.
d) Dos engranajes conectados y de diferente tamaño están girando. No tienen por qué tener ninguna magnitud en común.

12) ¿Verdadero o falso?
a) La velocidad y la aceleración siempre tienen la misma dirección y el mismo sentido.
b) Si la aceleración tangencial es nula, la trayectoria es curva.
c) En un MCUA, la aceleración normal es constante.
d) En un MCUA, la aceleración tangencial es constante.

13) ¿Verdadero o falso?
a) Si el tiempo aparece al cuadrado en el vector de posición, la gráfica es una parábola.
b) En un movimiento curvo no circular y acelerado, la aceleración normal es constante.
c) En un tiro parabólico, no hay aceleración normal.
d) El vector velocidad es siempre tangente a la trayectoria.

14) ¿Verdadero o falso?
a) Un punto en la superficie de la Tierra es un SRI (sistema de referencia inercial).
b) Una persona en una noria es un observador no inercial.
c) La derivada de una función en un punto representa una recta perpendicular a esa función en ese punto.
d) En el tiro oblicuo y en el tiro horizontal, las velocidades horizontales son constantes.

15) Si lanzamos una bomba desde un avión, para verla tenemos que mirar: a) Hacia delante del avión. b) En la misma vertical del avión. c) Hacia atrás del avión.

16) Cuando un coche se sale de una curva, lo hace: a) Tangente a la trayectoria en un punto. b) Perpendicular a la trayectoria en un punto. c) Puede ser de cualquier manera.

17) Si ponemos un péndulo colgado de un autobús, ¿qué le pasa a la bolita en estos casos y por qué?: a) Al arrancar. b) Manteniendo la velocidad de crucero. c) Al frenar.

18) ¿Cómo podemos calcular la distancia entre dos coches con MRUs en estos casos: a) Si llevan la misma dirección y sentido. b) Si llevan la misma dirección y sentidos contrarios. c) Si se mueven perpendicularmente.

TEMA 3: DINÁMICA

Esquema

1. Conceptos previos

- Fuerza es todo aquello capaz de alterar el estado de reposo o de movimiento de un cuerpo, o de provocar una deformación o una rotura.
- Las fuerzas pueden actuar por contacto o a distancia.
- Existen cuatro grandes tipos de fuerzas en la naturaleza: la gravitatoria, la electromagnética, la nuclear fuerte (que une a protones y neutrones) y la nuclear débil (que explica los fenómenos radiactivos).
- El movimiento de todos los cuerpos está regido por las leyes de Newton, que son tres:

1ª ley) Ley de la inercia: todo cuerpo permanece en su estado de reposo o de movimiento rectilíneo uniforme (M.R.U.) mientras no actúe sobre él una fuerza resultante distinta de cero. La inercia es la tendencia que tienen los cuerpos a seguir en el estado de reposo o de movimiento en el que se encontraban.

Dicho de otra forma:

Si $\sum \vec{F} = 0 \rightarrow$ el cuerpo está en reposo o tiene un MRU.

Si $\sum \vec{F} \neq 0 \rightarrow$ el cuerpo tiene un MRUA, un MRUR o un MCU.

Ejemplo: un coche por la carretera a 100 km/h tiene $\sum \vec{F} = 0$.

Ejemplo: un coche parado tiene $\sum \vec{F} = 0$.

2ª ley) Ley fundamental de la Dinámica: cuando a un cuerpo se le aplica una fuerza resultante distinta de cero, se le comunica una aceleración que es directamente proporcional a la resultante e inversamente proporcional a la masa.

$$a = \frac{F}{m} \quad \rightarrow \quad F = m \cdot a$$

Esta ecuación se puede aplicar a cualquier fuerza pero, normalmente, se aplica a la fuerza resultante:

$$\boxed{\sum \vec{F} = m \cdot \vec{a}}$$

Ecuación fundamental de la Dinámica

3ª ley) Ley de acción y reacción: cuando un cuerpo ejerce una fuerza (acción) sobre otro cuerpo, el otro cuerpo ejerce sobre el primero otra fuerza (reacción), que es de igual módulo y de sentido contrario. Esto significa, que todas las fuerzas en el universo actúan por pares. Las fuerzas de acción y reacción nunca se anulan, ya que actúan sobre cuerpos distintos.

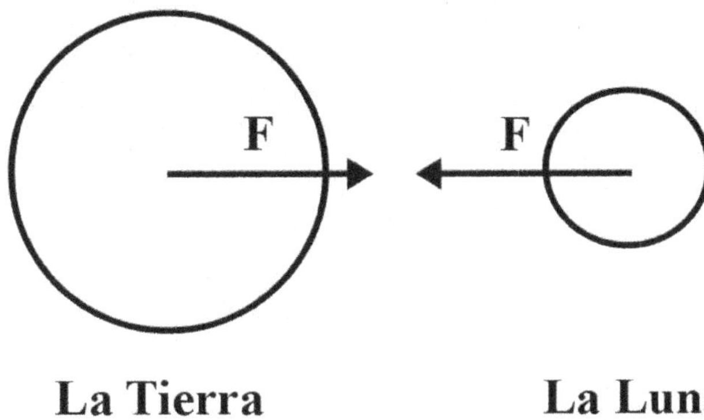

Ley de acción y reacción

2. Tipos de fuerzas

a) La fuerza de la gravedad, F_G: es la fuerza con la que se atraen todos los cuerpos por tener masa.

$$\boxed{F_G = G \cdot \frac{M \cdot m}{r^2}}$$

Ley de Newton de la gravitación universal

siendo: G: constante de gravitación universal = $6'67 \cdot 10^{-11}$ $\frac{N \cdot m^2}{kg^2}$

M: masa mayor (kg)
m: masa menor (kg)
r: distancia entre los centros de gravedad (m)

b) El peso, P: es la fuerza con la que un planeta atrae a cuerpos cercanos a su superficie. Es la misma que la fuerza de la gravedad, sólo que se utiliza solamente cuando el cuerpo está cerca de la superficie del planeta.

$$\boxed{P = m \cdot g}$$

Peso

siendo: m: masa (kg).

g: aceleración de la gravedad $\left(\frac{m}{s^2}\right)$

c) La fuerza eléctrica o fuerza electrostática, F_E: es la fuerza con la que se atraen o repelen dos cuerpos cargados.

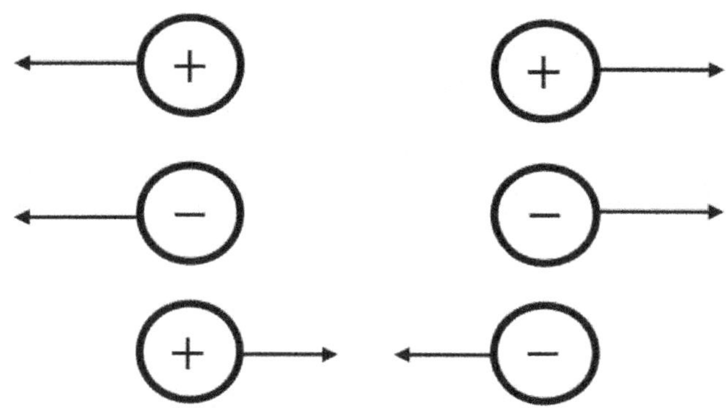

Fuerza eléctrica

- Aumenta con el valor de las cargas y disminuye con la distancia de separación.

$$\boxed{F_E = K \cdot \frac{Q_1 \cdot Q_2}{r^2}}$$

Ley de Coulomb

siendo: K: constante electrostática = $9 \cdot 10^9 \ \frac{N \cdot m^2}{C^2}$

Q_1: carga 1 (C).
Q_2: carga 2 (C).
r: distancia entre las cargas (m).

d) La tensión, T: es la fuerza que mantiene rectas las cuerdas. En los dos extremos de una cuerda hay siempre dos tensiones iguales, la una dirigida hacia la otra.

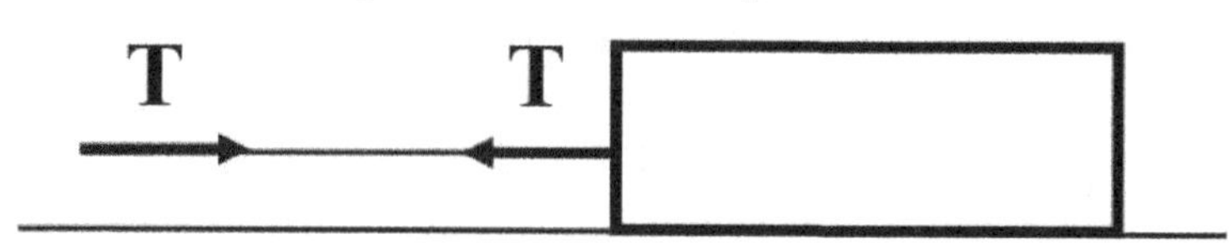

Tensión

e) La normal, N: es la fuerza que ejerce una superficie sobre un cuerpo apoyado sobre ella. La normal es perpendicular a la superficie sobre la que está apoyada. Su sentido es siempre desde la superficie hacia el cuerpo.

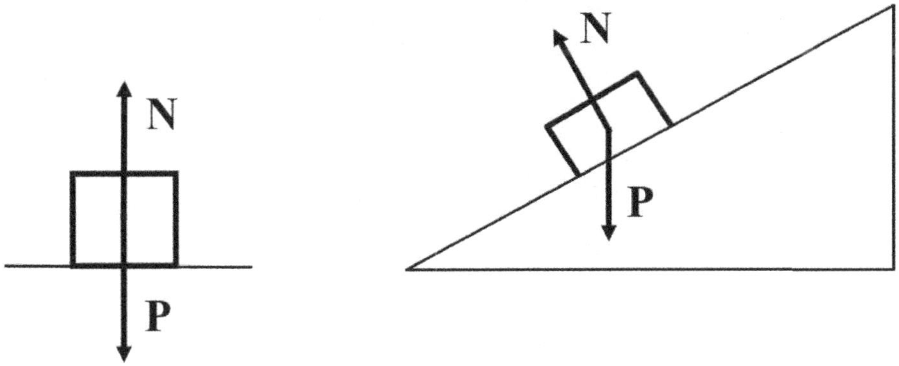

Normal

En un plano horizontal: N = P

f) La fuerza de rozamiento, F_R: es una fuerza que se opone al movimiento. Es la consecuencia del roce de las rugosidades microscópicas de las superficies en contacto. Cuanto más pulida esté la superficie, menor será el rozamiento.

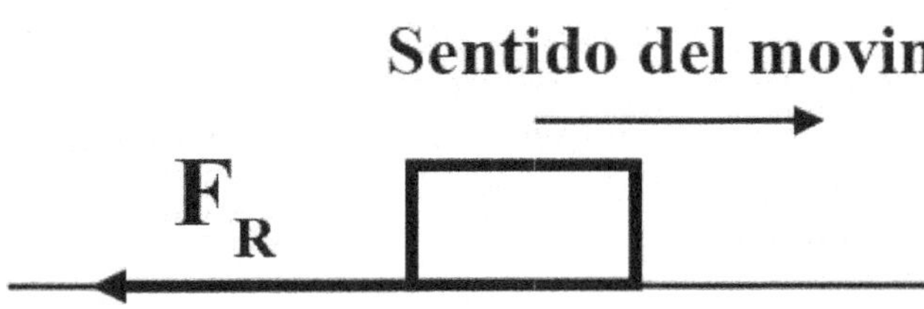

$$\boxed{F_R = \mu \cdot N}$$

Fuerza de rozamiento

siendo: μ: coeficiente de rozamiento (sin unidades).
N: normal (N).

- Existen dos coeficientes de rozamiento: el rozamiento estático (μ_E) y el rozamiento dinámico (μ_D). El coeficiente de rozamiento estático se utiliza cuando el cuerpo está a punto de moverse y el coeficiente dinámico cuando ya se está moviendo.

- La representación de la fuerza de rozamiento frente a la fuerza aplicada es:

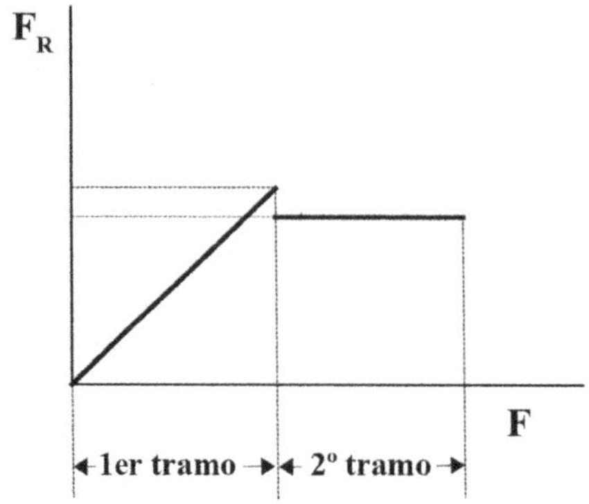

Fuerza de rozamiento frente a fuerza aplicada

- En el primer tramo de la gráfica, cuando el cuerpo está en reposo: $F = F_R$
- En el punto más alto del primer tramo, cuando el cuerpo está a punto de moverse: $F = \mu_E \cdot N$
- En el segundo tramo de la gráfica, cuando el cuerpo se mueve: $F = \mu_D \cdot N$
- Esto indica que, mientras el cuerpo no se mueve, la fuerza aplicada iguala a la fuerza de rozamiento (primera ley de Newton). Cuando empieza a moverse, el rozamiento es constante.
- El salto en la gráfica indica que el coeficiente estático es mayor que el dinámico, pues el rozamiento es mayor.

g) La fuerza magnética, F_m: es la fuerza con la que se atraen o repelen los imanes.

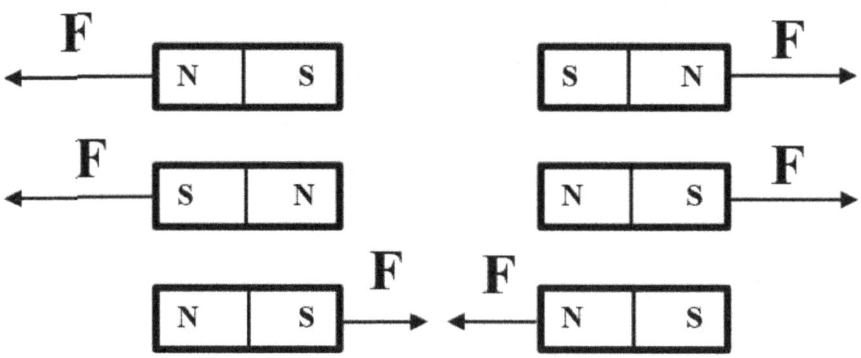

Fuerza magnética

- Aumenta con la intensidad del campo magnético y disminuye con la distancia.

h) El empuje, E: es la fuerza de ascensión que experimentan todos los cuerpos que están total o parcialmente sumergidos en un fluido (líquido o gas). Es mucho mayor en los líquidos que en los gases. Principio de Arquímedes: "Todo cuerpo sumergido en un fluido experimenta un empuje hacia arriba igual al peso de fluido desalojado".

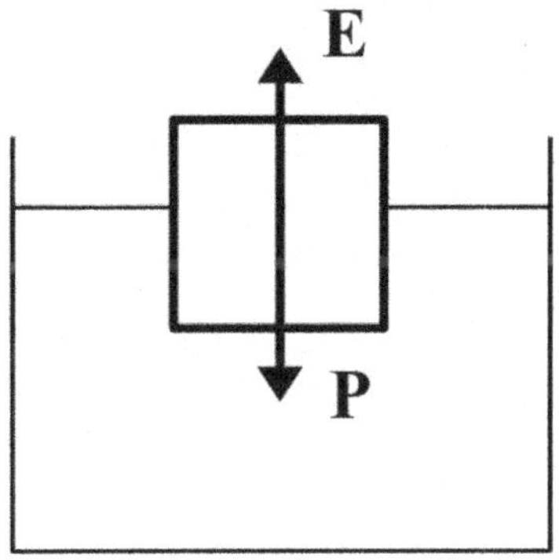

$$E = d_L \cdot Vs \cdot g$$

Empuje

siendo: d_L: densidad del líquido $\left(\frac{kg}{m^3}\right)$.

V_s: volumen sumergido del cuerpo (m^3).

g: aceleración de la gravedad $\left(\frac{m}{s^2}\right)$.

i) La fuerza centrífuga, F_C: aparece solamente en los SRNIs (sistemas de referencia no inerciales). Si utilizamos un SRI (sistema de referencia inercial), que es lo más común, la fuerza centrífuga no existe. Es la fuerza que parece empujar a un cuerpo hacia afuera cuando el cuerpo describe un movimiento circular.

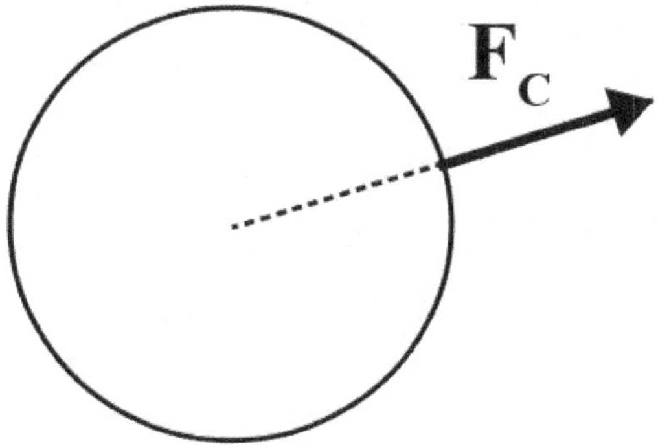

Fuerza centrífuga

j) La fuerza centrípeta, F_C: es aquella fuerza dirigida hacia el centro en un movimiento curvilíneo o en un movimiento circular. Es la responsable de que la trayectoria de un cuerpo sea curva.

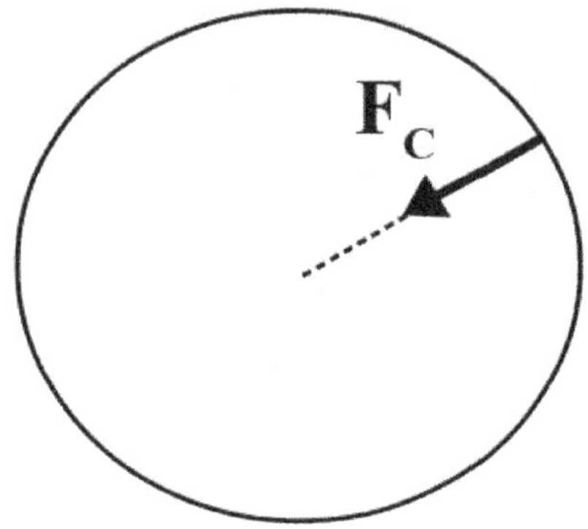

$$F_C = \frac{m \cdot v^2}{r}$$

Fuerza centrípeta

siendo: m: masa (kg)

v: velocidad $\left(\frac{m}{s}\right)$

r: radio de giro (m)

k) La fuerza elástica, F_E: es la fuerza que aparece cuando un cuerpo elástico se comprime o se estira.

Ejemplo: un muelle que se estira o se comprime.

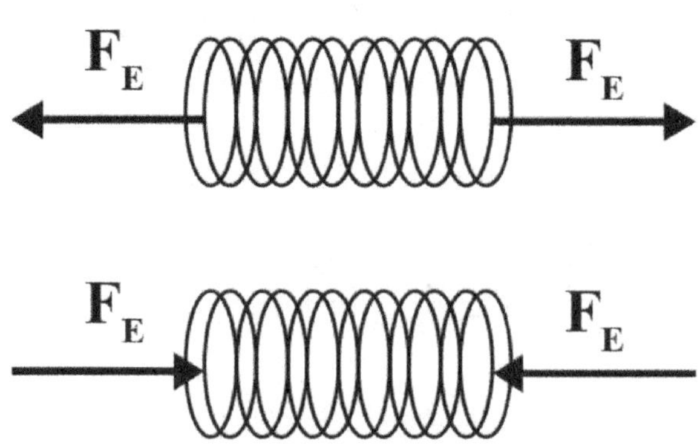

Fuerza elástica

$$F_E = k \cdot x$$

Fuerza elástica

$$x = |L - L_0|$$

Elongación

siendo: k: constante elástica del muelle $\left(\frac{N}{m}\right)$.

x: elongación, distancia que se ha alargado o comprimido el muelle (m).

L: longitud final del muelle (m).

L_0: longitud inicial del muelle (m).

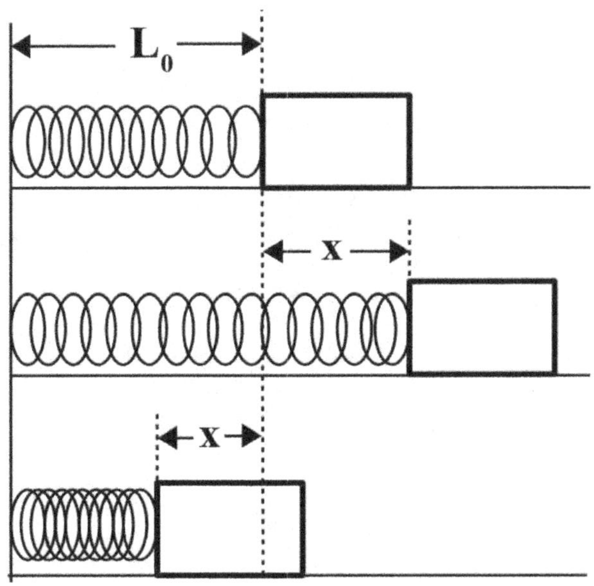

Elongación al estirar y al comprimir

Ejemplo 1: dibuja las fuerzas que actúan sobre estos cuerpos:

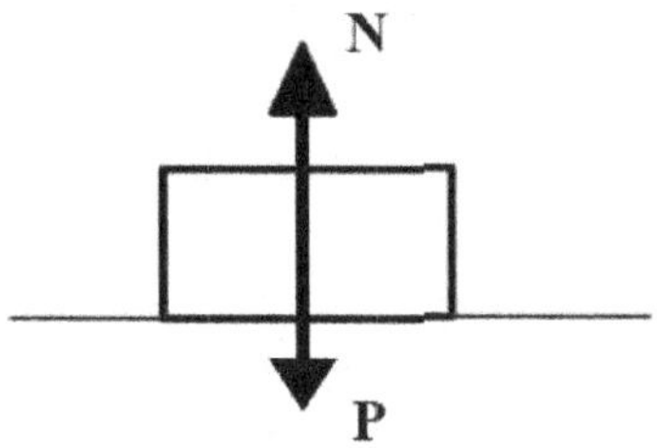

Cuerpo en reposo en plano horizontal

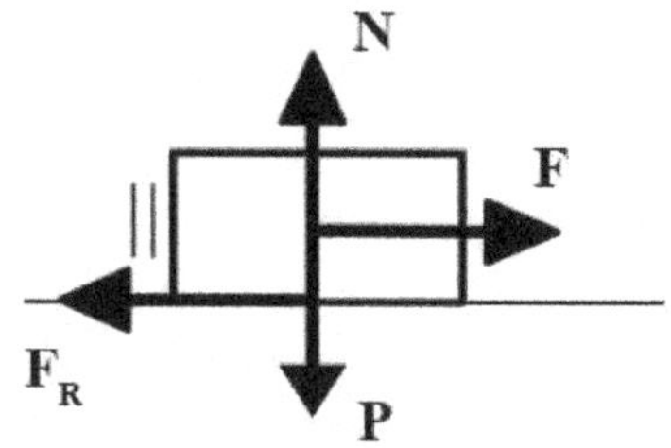

Cuerpo en movimiento en plano horizontal

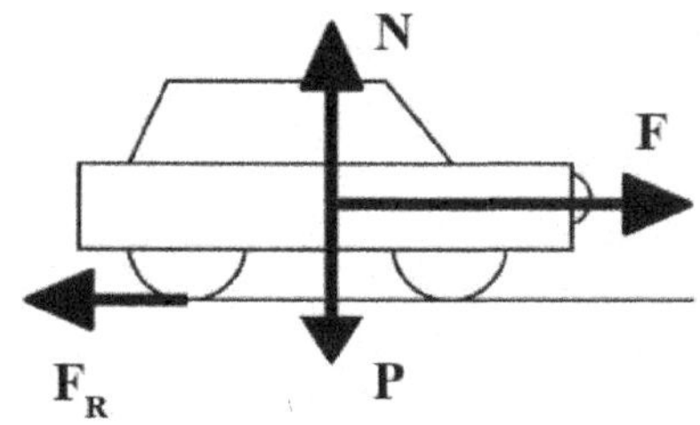

Coche que frena

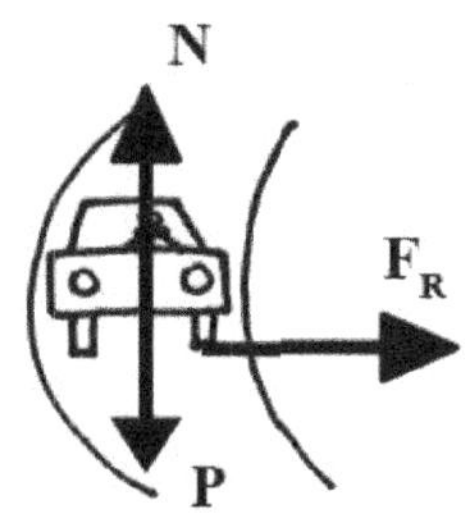

Coche en una curva

Cuerpo que cae

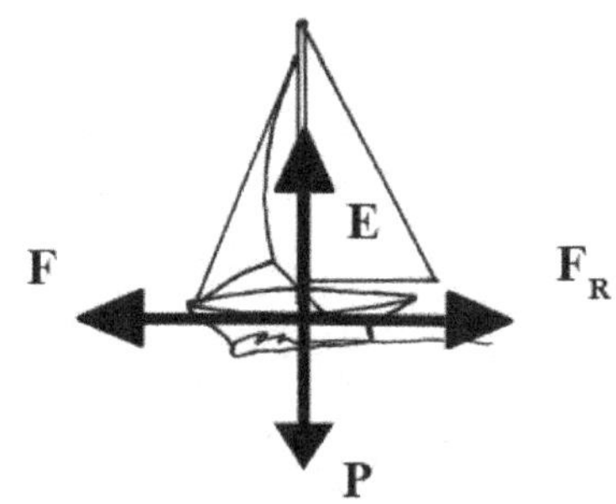

Un barco velero

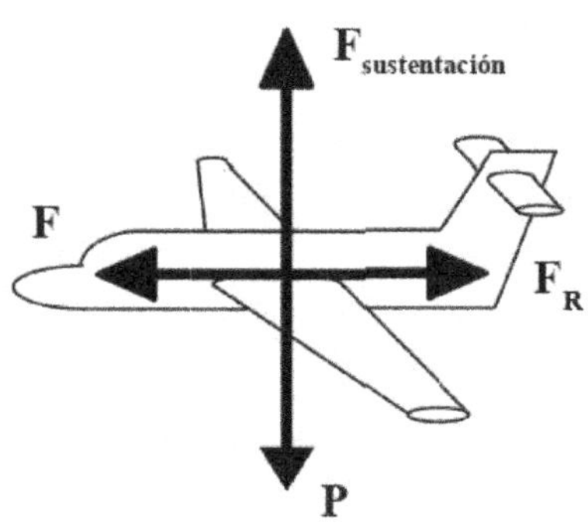

Un avión

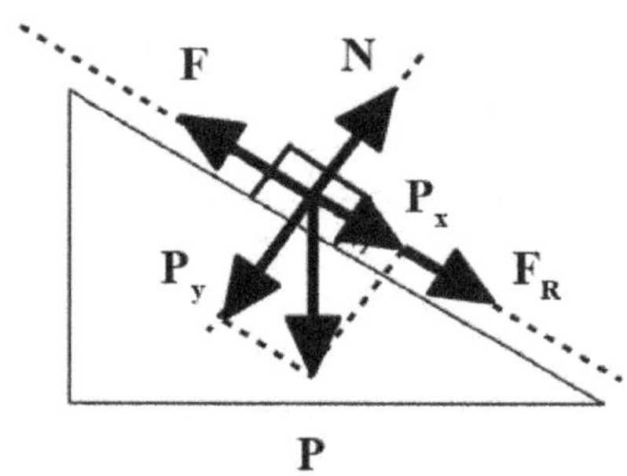

Cuerpo que sube por un plano inclinado

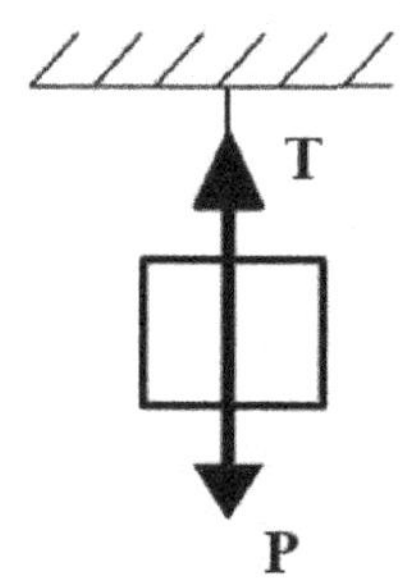

Cuerpo colgado

Ejercicio 1: dibuja las fuerzas que actúan sobre estos cuerpos:

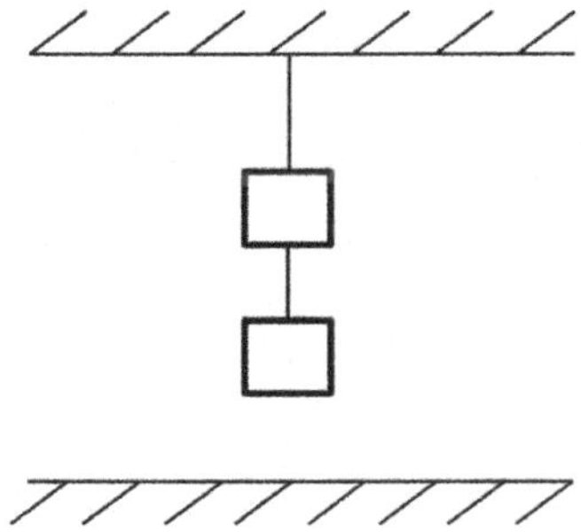

a) Dos cuerpos colgados

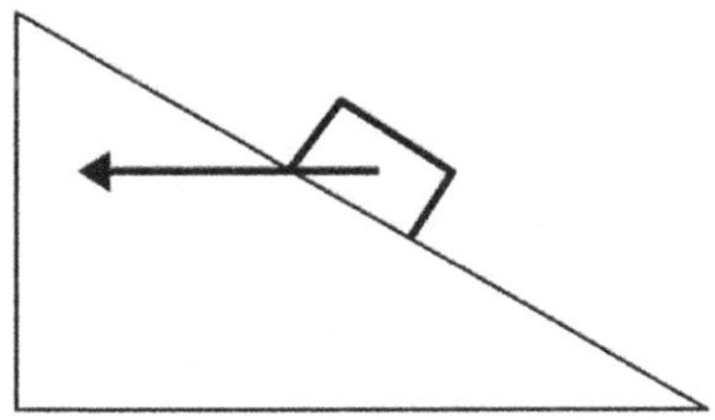

b) Un cuerpo que sube por un plano inclinado

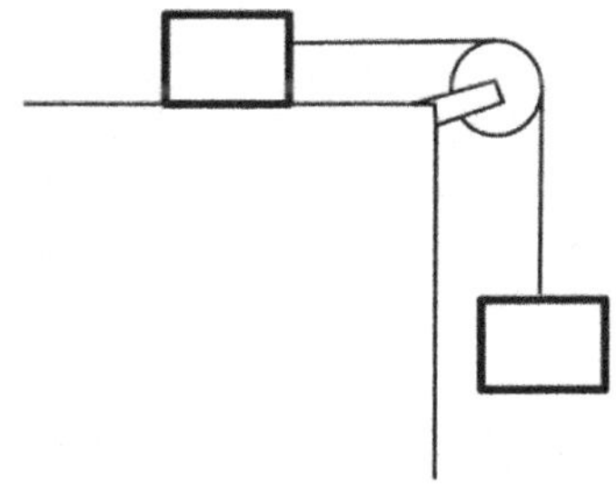

c) Cuerpo en plano horizontal y cuerpo colgando

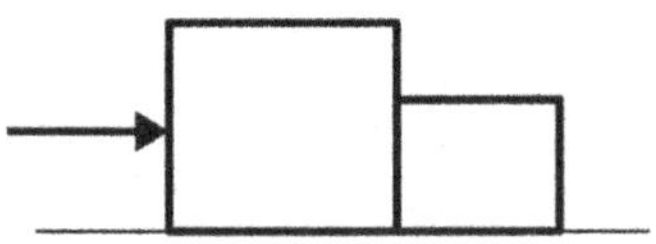

d) Dos cuerpos adosados

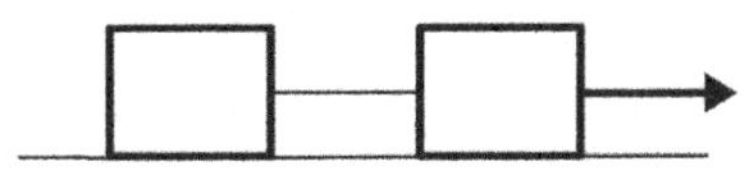

d) Dos cuerpos unidos por una cuerda

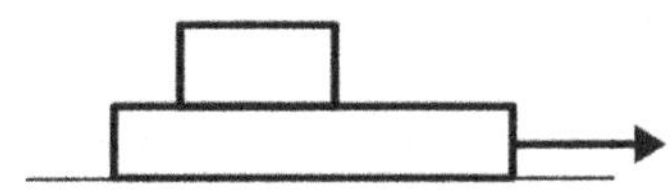

f) Un cuerpo sobre otro

3. Composición y descomposición de fuerzas

- Descomponer una fuerza consiste en obtener los valores de su componente x y de su componente y. Esto se hace proyectando el extremo del vector sobre los ejes x e y.

Ejemplo:

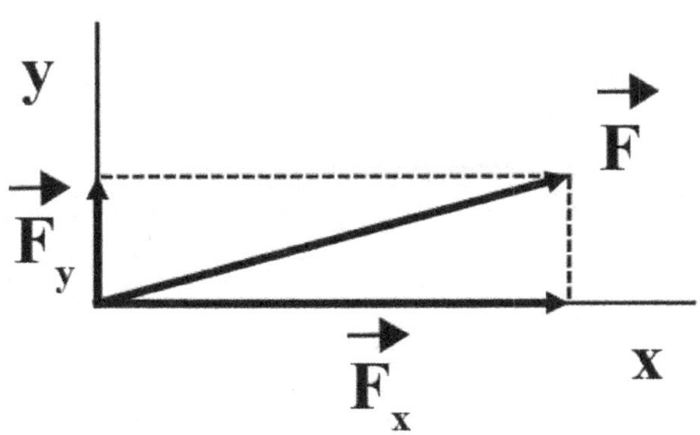

$$\vec{F}=\vec{F}_x+\vec{F}_y=F_x\cdot\vec{i}+F_y\cdot\vec{j}$$

siendo: $\vec{F}_x$: componente x de la fuerza

$\vec{F}_y$: componente y de la fuerza

F_x: módulo de F_x

F_y: módulo de F_y

- La composición de fuerzas consiste en hallar la fuerza a partir de sus componentes. La fuerza que se obtiene se llama fuerza resultante, $\vec{R}$.
- Hay dos métodos para hallar la resultante:

Método { Numérico / Gráfico

* Método numérico: consiste en sumar las fuerzas componente a componente.

Ejemplo 2: calcula la resultante de estas dos fuerzas:

$$\vec{F}_1=3\cdot\vec{i}+2\cdot\vec{j} \quad ; \quad \vec{F}_2=5\cdot\vec{i}-4\cdot\vec{j} \quad ; \quad \vec{R}=\vec{F}_1+\vec{F}_2=(3+5)\cdot\vec{i}+(2-4)\cdot\vec{j}=8\cdot\vec{i}-2\cdot\vec{j}$$

Ejercicio 2: calcula la resultante de estas tres fuerzas:

$$\vec{F}_1=3\cdot\vec{i}-2\cdot\vec{j} \quad ; \quad \vec{F}_2=6\cdot\vec{i}-4\cdot\vec{j} \quad ; \quad \vec{F}_3=-4\cdot\vec{i}+8\cdot\vec{j}$$

Solución: $\vec{R}=5\cdot\vec{i}+2\cdot\vec{j}$.

* Método gráfico: hay varios casos:

a) Fuerzas de la misma dirección y sentido:

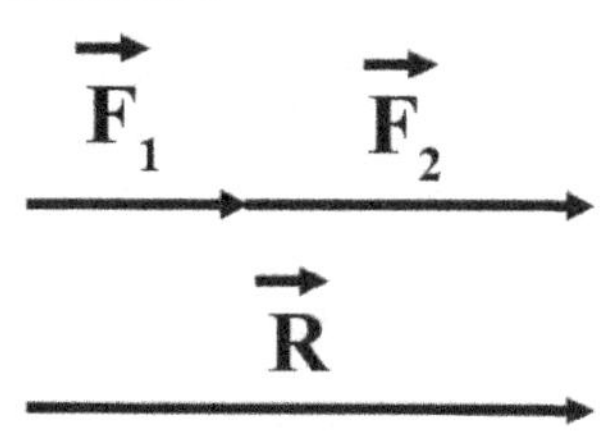

$\vec{R}=\vec{F}_1+\vec{F}_2$ y, en módulo: $R = F_1 + F_2$

b) Fuerzas de la misma dirección y sentidos opuestos:

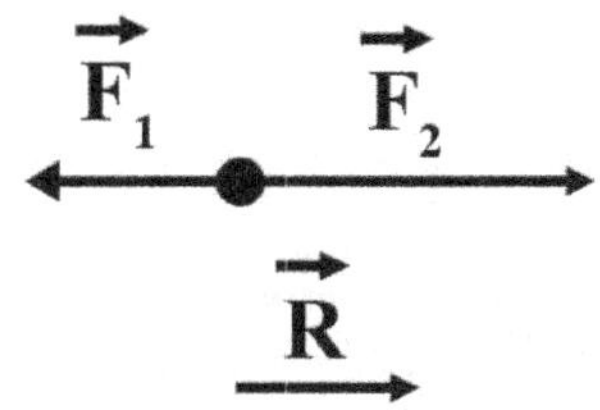

$\vec{R}=\vec{F}_1+\vec{F}_2$ y, en módulo: $R = F_2 - F_1$

- El sentido de la resultante es el de la fuerza mayor.

c) Fuerzas concurrentes en ángulo recto:

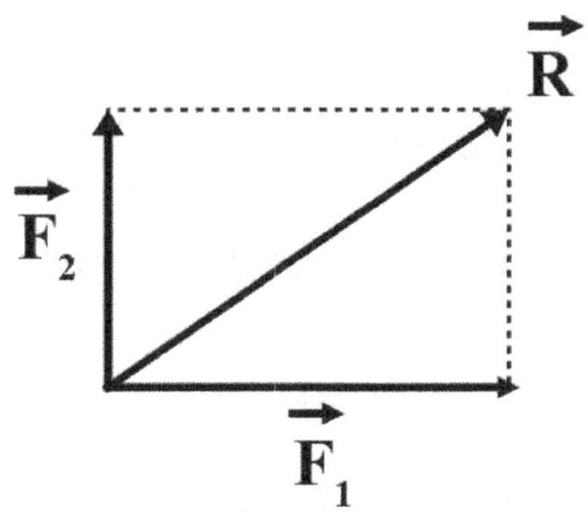

$\vec{R}=\vec{F}_1+\vec{F}_2$ y, en módulo: $R = \sqrt{F_1^2+F_2^2}$

d) Fuerzas concurrentes con cualquier ángulo:

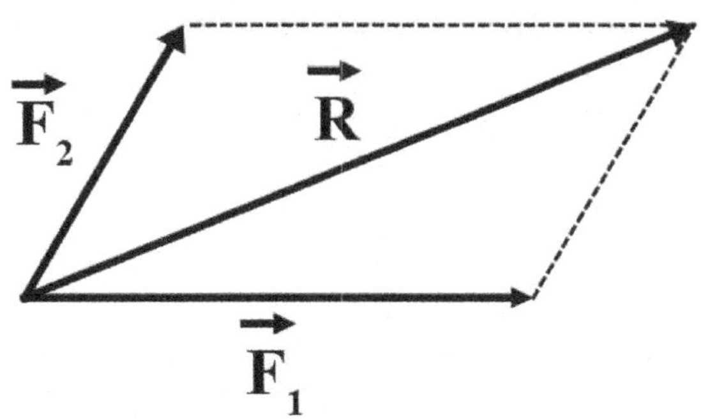

$\vec{R}=\vec{F}_1+\vec{F}_2$ y, en módulo: $R = \sqrt{F_1^2+F_2^2-2\cdot F_1\cdot F_2\cdot\cos\alpha}$ (teorema del coseno)

Ejemplo 3: averigua la resultante de dos fuerzas de 20 y 30 N que forman 60º entre sí.

$R = \sqrt{F_1^2+F_2^2-2\cdot F_1\cdot F_2\cdot\cos\alpha} = \sqrt{20^2+30^2-2\cdot 20\cdot 30\cdot\cos 60^\circ} = 26'5$ N

Ejercicio 3: dos fuerzas de 300 N y 500 N forman 30º. Calcula la resultante. Solución: 283 N.

d) Fuerzas paralelas del mismo sentido:

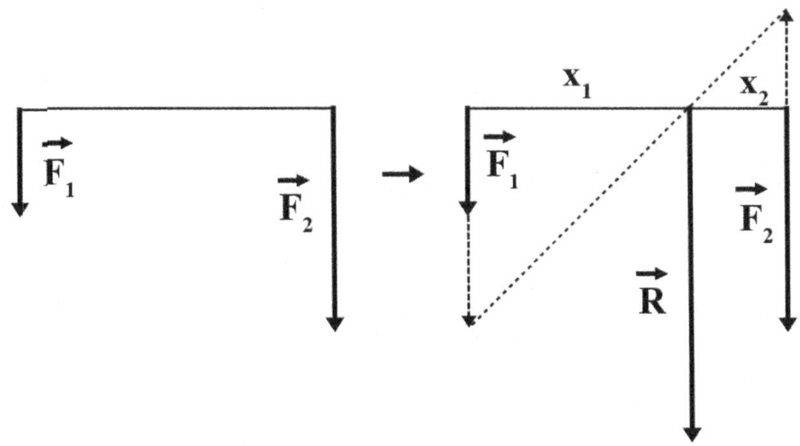

$\vec{R}=\vec{F}_1+\vec{F}_2$ y, en módulo: $R = F_1 + F_2$. Además: $F_1 \cdot x_1 = F_2 \cdot x_2$

Ejemplo 4: se aplican dos fuerzas de 100 N y 200 N sobre una barra de 5 metros. Averigua la resultante y el punto de aplicación.

$R = F_1 + F_2 = 100 + 200 = 300$ N ; $F_1 \cdot x_1 = F_2 \cdot x_2 \rightarrow 100 \cdot x_1 = 200 \cdot (5 - x_1) \rightarrow$

$\rightarrow 100 \cdot x_1 = 1000 - 200 \cdot x_1 \rightarrow 300 \cdot x_1 = 1000 \rightarrow x_1 = 3'33$ m $\rightarrow x_2 = 1'67$ m

Ejercicio 4: se aplican dos fuerzas: una de 20 N y otra de 30 N sobre una barra de 2 metros. Determina la resultante y el punto de aplicación. Solución: 50 N, 1'2 m, 0'8 m.

e) Fuerzas paralelas de sentidos contrarios.

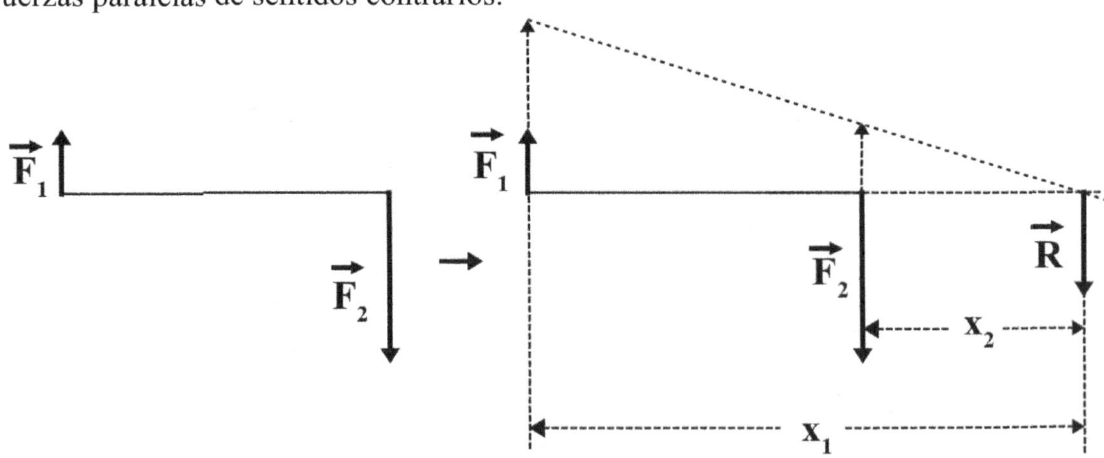

$\vec{R}=\vec{F}_1+\vec{F}_2$ y, en módulo: $R = F_2 - F_1$. Además: $F_1 \cdot x_1 = F_2 \cdot x_2$

Ejemplo 5: dos fuerzas de sentidos opuestos tienen de módulos: 20 N y 30 N. Averigua la resultante y el punto de aplicación si están separadas 4 m.

$R = F_2 - F_1 = 30 - 20 = 10\ N$; $F_1 \cdot x_1 = F_2 \cdot x_2 \rightarrow 20 \cdot (4 + x_2) = 30 \cdot x_2 \rightarrow$

$\rightarrow 80 + 20 \cdot x_2 = 30 \cdot x_2 \rightarrow 80 = 10 \cdot x_2 \rightarrow x_2 = 8\ m \rightarrow x_1 = 4 + 8 = 12\ m$

Ejercicio 5: se aplican dos fuerzas paralelas de sentidos contrarios de 50 N y 60 N. Averigua la resultante y el punto de aplicación si están separadas 1'5 m. Solución: 10 N, 9 m, 7'5 m.

- Se llama par de fuerzas a un sistema formado por dos fuerzas paralelas de igual módulo y de sentidos opuestos. La resultante es nula pero el efecto sobre el cuerpo es un giro.

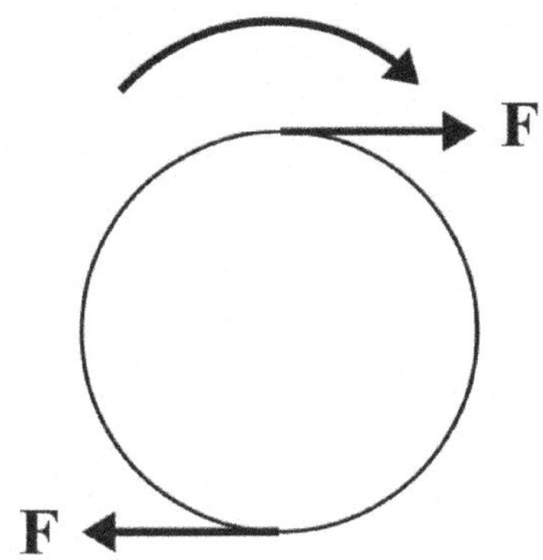

Par de fuerzas

4. Momento de una fuerza

- El momento de una fuerza o momento o torque es una magnitud vectorial definida así: $\vec{M} = \vec{r}\ x\ \vec{F}$
- Su módulo es: $M = r \cdot F \cdot \text{sen}\ \alpha$
- Se utiliza en problemas en los que es importante la distancia de la fuerza hasta el punto de aplicación.

Ejemplo 6: una barra pesa 3 kg y mide 80 cm y puede girar en torno a una bisagra en la pared. Si se le aplica una fuerza de 20 N en el extremo formando 30º con la horizontal hacia arriba, calcula el momento total. ¿Hacia dónde girará?

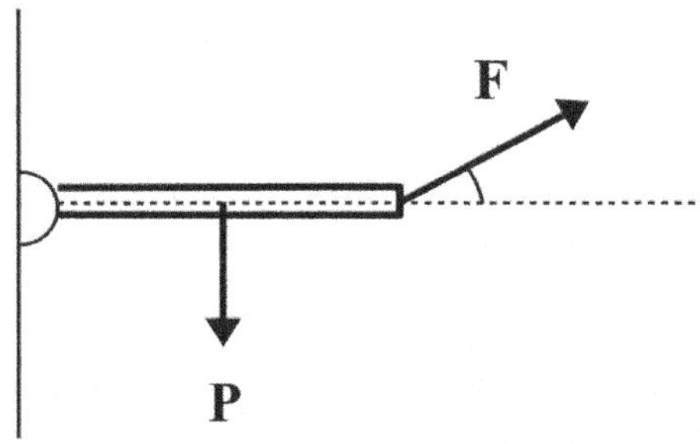

$$M = M_P + M_F = -\frac{L}{2}\cdot m\cdot g + F\cdot L\cdot sen\,\alpha =$$

$$= -\frac{0'80}{2}\cdot 3\cdot 10 + 20\cdot 0'80\cdot sen\,30^{o} =$$

$$= -4\ N\cdot m$$

Hacia abajo, pues el signo es negativo.

Ejercicio 6: un paquete de 50 kg tiene una base de 70 cm y una altura de 60 cm. Si aplicamos una fuerza horizontal hacia la derecha en el lado izquierdo y el coeficiente de rozamiento es 0'6, calcula el valor mínimo de la fuerza para que vuelque el cuerpo.
Solución: 292 N.

5. Estática

- Es la parte de la Física que estudia el reposo.
- Para que un cuerpo no se desplace: $\sum \vec{F} = 0$ y para que un cuerpo no gire: $\sum \vec{M} = 0$.
- La primera condición se puede expresar así: $\sum \vec{F}_x = 0$ y $\sum \vec{F}_y = 0$.

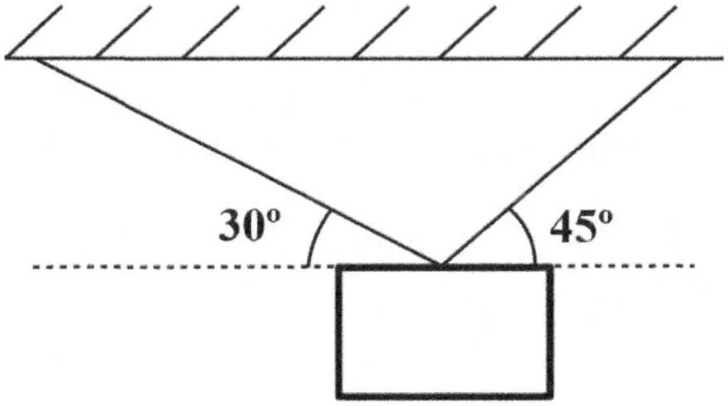

Ejemplo 7: averigua las condiciones de estática para este cuerpo de 60 kg y las tensiones.

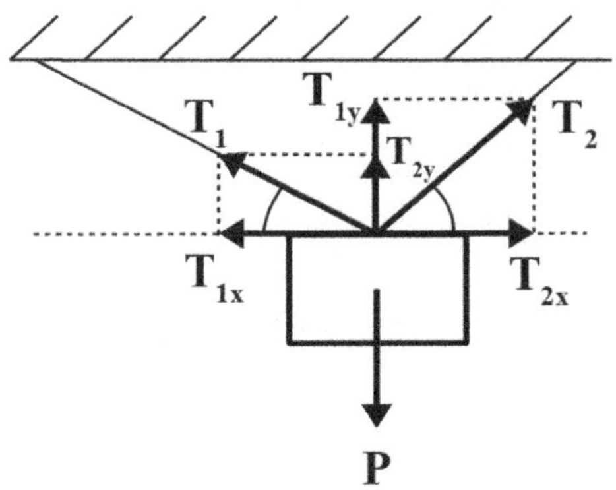

$\sum \vec{F}_x = 0$ → $T_{1x} = T_{2x}$ →

→ $T_1 \cdot \cos\alpha = T_2 \cdot \cos\beta$ →

→ $T_1 \cdot \cos 30º = T_2 \cdot \cos 45º$ →

→ $0'866 \cdot T_1 = 0'707 \cdot T_2$

$\sum \vec{F}_y = 0$ → $T_{1y} + T_{2y} = P$ → $T_1 \cdot sen\alpha + T_2 \cdot sen\beta = m \cdot g$ →

→ $T_1 \cdot sen\ 30º + T_2 \cdot sen\ 45º = 60 \cdot 10$ → $0'5 \cdot T_1 + 0'707 \cdot T_2 = 600$

$0'866 \cdot T_1 = 0'707 \cdot T_2$ → $T_2 = \dfrac{0'866 \cdot T_1}{0'707} = 1'22 \cdot T_1$

$0'5 \cdot T_1 + 0'707 \cdot T_2 = 600$ → $0'5 \cdot T_1 + 0'707 \cdot 1'22 \cdot T_1 = 600$ → $T_1 = 440$ N

$T_2 = 1'22 \cdot T_1 = 1'22 \cdot 440 = 537$ N

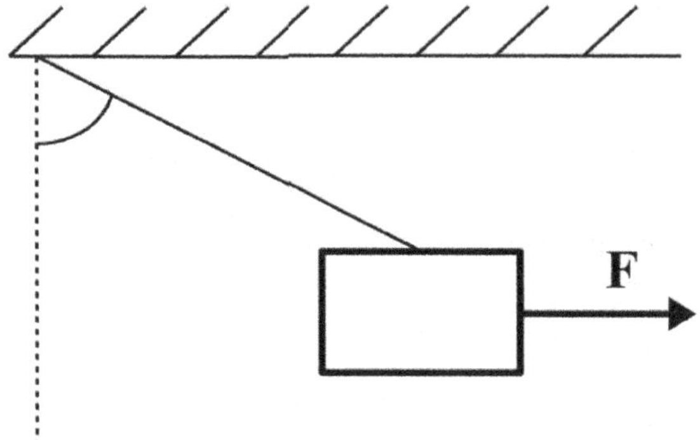

Ejercicio 7: un cuerpo de 40 kg cuelga de una cuerda del techo. Si se le aplica una fuerza horizontal hacia la derecha, averigua cuánto debe valer esa fuerza para que el cuerpo esté inclinado 70º con respecto a la vertical.
Solución: 146 N.

6. Condiciones de movimiento

- Según la primera ley de Newton, para que un cuerpo se mueva con velocidad constante, la resultante debe ser nula.
- Según la primera ley de Newton, para que un cuerpo se mueva con aceleración, la resultante debe ser distinta de cero.

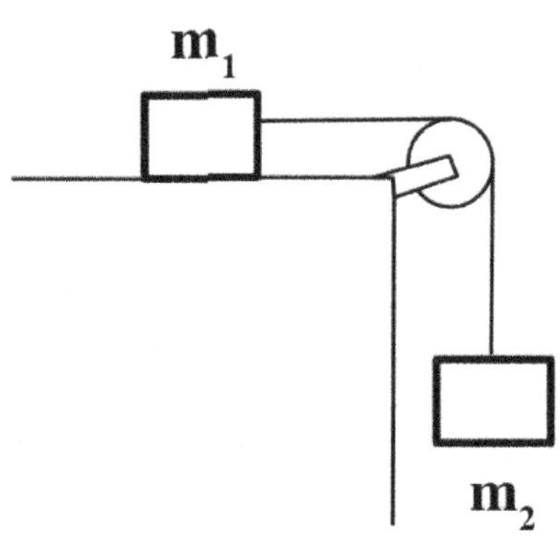

Ejemplo 8: para el sistema de la izquierda, determina:

a) La condición para que el sistema se mueva hacia la derecha con MRU.

b) La condición para que se mueva hacia la derecha con MRUA.

c) La condición para que se mueva hacia la izquierda con MRU.

d) La condición para que no se mueva.

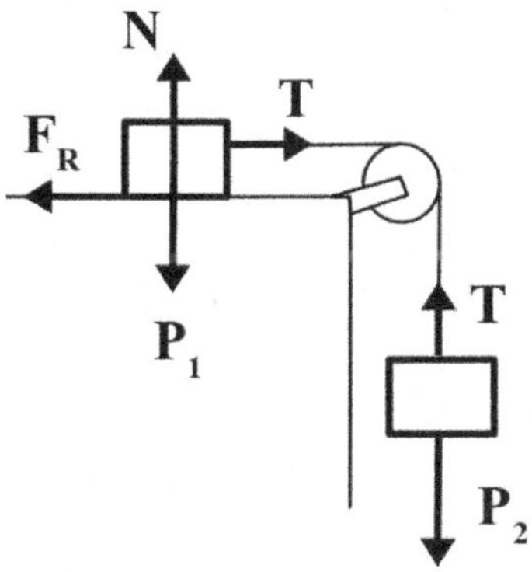

a) $P_2 = F_R$

b) $P_2 > F_R$

c) Imposible, pues el rozamiento nunca puede ser una fuerza motriz.

d) $P_2 \leq F_R$

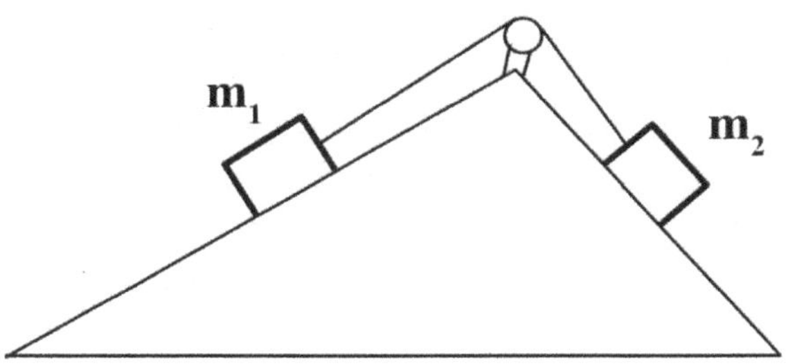

Ejercicio 8: determina la condición para que:
a) El sistema se mueva a la derecha con MRU.
b) Se mueva a la izquierda con MRU.
c) Se mueva a la derecha con MRUA.
d) Se mueva a la izquierda con MRUA.
e) No se mueva.

7. Problemas sobre leyes de Newton

- La táctica es siempre la misma:
a) Dibujar todas las fuerzas que actúan sobre el cuerpo que nos interesa.
b) Calcular las fuerzas que tengan fórmula.
c) Determinar hacia dónde se mueve el cuerpo y el tipo de movimiento.
d) Aplicar: $\sum \vec{F} = m \cdot \vec{a}$
- Los casos más típicos son:
a) Cuerpo en un plano horizontal.

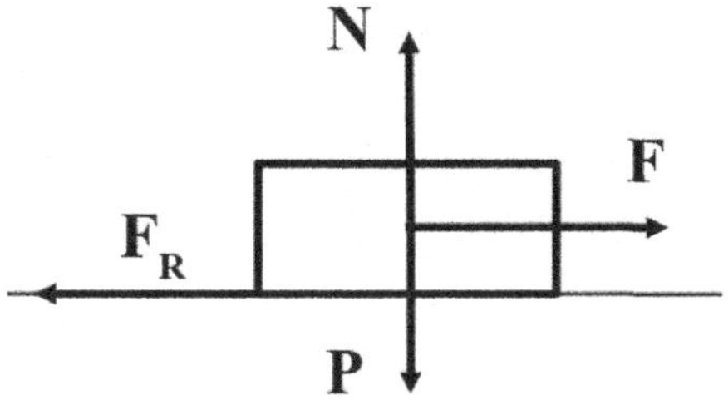

Ejemplo 9: un cuerpo de 2 kg reposa en una superficie horizontal de coeficiente de rozamiento 0'3. Calcula qué fuerza hay que aplicarle para que adquiera 20 km/h en 3 s.

$v = 20\ \frac{km}{h} = 5'56\ \frac{m}{s}$; $a = \frac{\Delta v}{\Delta t} = \frac{5'56-0}{3-0} = 1'85\ \frac{m}{s^2}$; N = P = m·g = 2·10 = 20 N

Se mueve hacia la derecha con MRUA. $\sum \vec{F} = m \cdot \vec{a}$ → $F - F_R = m \cdot a$

$F_R = \mu \cdot N = \mu \cdot m \cdot g = 0'3 \cdot 20 = 6\ N$; $F = F_R + m\ a = 6 + 2 \cdot 1'85 = 9'7\ N$

Ejercicio 9: calcula la fuerza que hay que aplicarle a un cuerpo de 80 kg inicialmente en reposo para recorrer 90 m en 10 s si el coeficiente de rozamiento vale 0'3. Solución: 384 N.

b) Polea (máquina de Atwood).

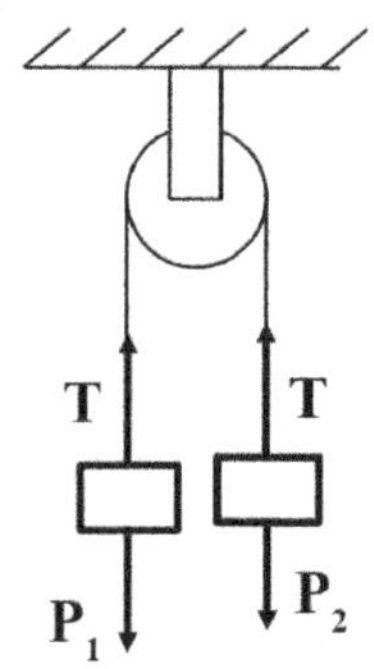

Ejemplo 10: en los extremos de una polea hay dos masas de 1'5 kg y 2 kg.
Calcula:
a) La tensión.
b) La aceleración.

a) $P_1 = m_1 \cdot g = 1'5 \cdot 10 = 15\ N$; $P_2 = m_2 \cdot g = 2 \cdot 10 = 20\ N$

$P_2 > P_1$ se mueve hacia la derecha con MRUA.

$\sum \vec{F} = m \cdot \vec{a}$; $R = P_2 - P_1$ → $P_2 - P_1 = (m_1 + m_2) \cdot a$

$$a = \frac{P_2 - P_1}{m_1 + m_2} = \frac{20-15}{1'5+2} = \frac{5}{3'5} = 1'43\ \frac{m}{s^2}$$

b) Aplicando $\sum \vec{F} = m \cdot \vec{a}$ al cuerpo 1:

$T - P_1 = m_1 \cdot a$ → $T = P_1 + m_1 \cdot a = 15 + 1'5 \cdot 1'43 = 17'1\ N$

Ejercicio 10: calcula la aceleración y la tensión en una polea que tiene dos masas colgadas: 70 kg y 50 kg. Solución: 1'67 m/s^2, 584 N.

c) Polipasto: es un conjunto de poleas. Con él se consigue levantar un peso con una fuerza significativamente inferior.

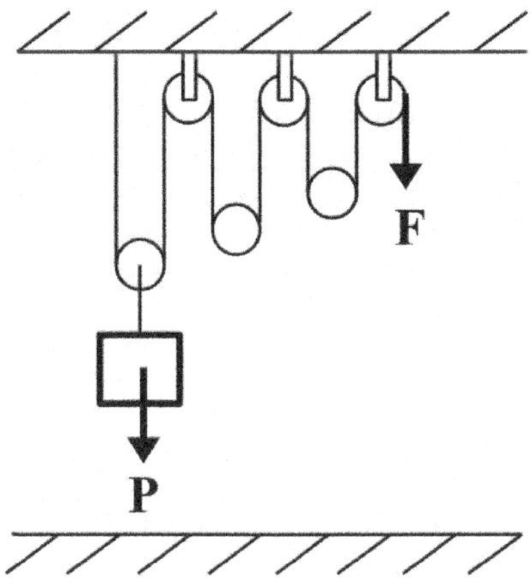

Representación física de un polipasto

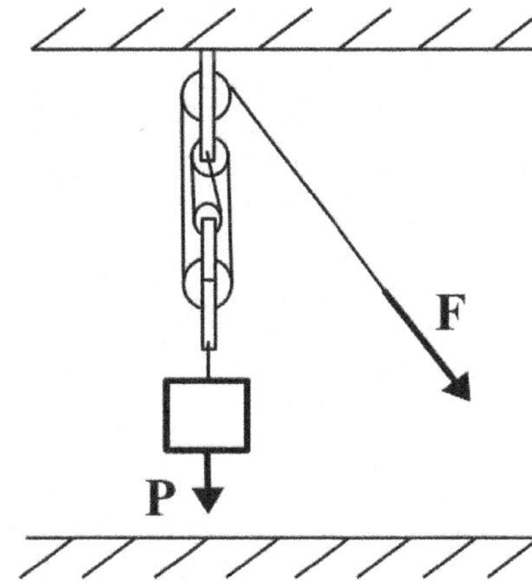

Polipasto real

- La fuerza que hay que aplicar en un polipasto es:

$$F_1 = \frac{F_2}{2 \cdot N^o \, de \; poleas \; móviles}$$

Ejemplo 11: para levantar 300 kg utilizando 20 N de fuerza, ¿cuántas poleas móviles hacen falta?

$$N^o \text{ poleas móviles} = \frac{F_2}{2 \cdot F_1} = \frac{m \cdot g}{2 \cdot F_1} = \frac{300 \cdot 10}{2 \cdot 20} = 75 \text{ poleas}$$

Ejercicio 11: calcula la masa máxima que puede levantar una persona que puede levantar 80 kg usando un polipasto con 5 poleas móviles. Solución: 800 kg.

c) Cuerpo que cae por un plano inclinado.

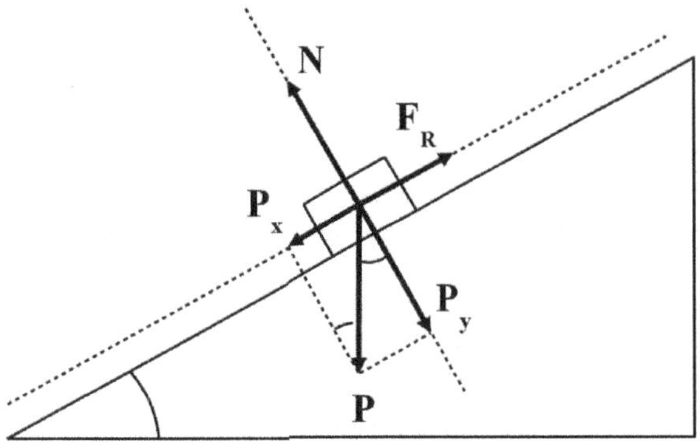

Ejemplo 12: un cuerpo de 80 kg cae por un plano inclinado. Calcula su aceleración si el ángulo es de 30º y μ = 0´24.

$P_x = m \cdot g \cdot \text{sen } \alpha = 80 \cdot 10 \cdot \text{sen } 30^\circ = 400 \text{ N}$; $P_y = m \cdot g \cdot \cos \alpha = 80 \cdot 10 \cdot \cos 30^\circ = 693 \text{ N}$

$F_R = \mu \cdot N = \mu \cdot P_y = 0'24 \cdot 693 = 166 \text{ N}$; $\sum \vec{F} = m \cdot \vec{a}$; $P_x - F_R = m \cdot a$

$$a = \frac{P_x - F_R}{m} = \frac{400 - 166}{80} = \frac{234}{80} = 2'93 \ \frac{m}{s^2}$$

Ejercicio 12: calcula el tiempo que tardará en caer por un plano inclinado de 10 m de longitud un cuerpo de 120 kg si el ángulo es de 40º y μ = 0'37. Solución: 2'36 s.

d) Movimiento circular.

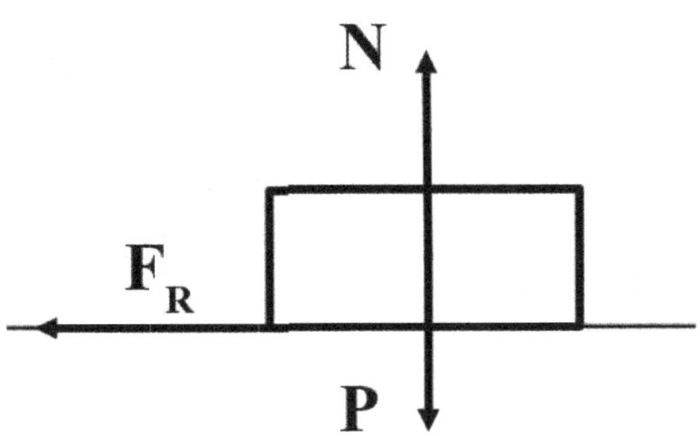

Ejemplo 13: un coche toma una curva de 50 m de radio y el coeficiente de rozamiento vale 0'35. ¿A qué velocidad máxima en km/h podrá tomarla para no salirse de ella?

La fuerza centrípeta es F_R.

$$F_C = F_R = \mu \cdot m \cdot g \ ; \quad F_C = \frac{m \cdot v^2}{r} \quad \rightarrow \quad \mu \cdot m \cdot g = \frac{m \cdot v^2}{r}$$

$$\mu \cdot g \cdot r = v^2 \quad \rightarrow \quad v = \sqrt{\mu \cdot g \cdot r} = \sqrt{0'35 \cdot 10 \cdot 50} = \sqrt{175} = 13'2 \ \frac{m}{s} = 47'5 \ \frac{km}{h}$$

Ejercicio 13: un coche va a 100 km/h. Calcula cuál debería ser el radio mínimo para no salirse de la curva si el coeficiente de rozamiento vale 0'4. Solución: 193 m.

8. Impulso y cantidad de movimiento

- El impulso es una magnitud física vectorial que se define así: $\vec{I}=\vec{F}\cdot\Delta t$
- La cantidad de movimiento o momento lineal es otra magnitud vectorial: $\vec{p}=m\cdot\vec{v}$
- Ambas están relacionadas: $\vec{I}=\vec{F}\cdot\Delta t=\Delta\vec{p}=m\cdot\Delta\vec{v}$
- Cuando una fuerza, F, actúa sobre un cuerpo un intervalo de tiempo, Δt , le comunica un impulso, I, y le hace modificar su velocidad, v, y su cantidad de movimiento, p.

Ejemplo 14: un cuerpo de 2 kg se mueve inicialmente a 3 m/s. Se le aplica una fuerza de 4 N durante 5 s en el sentido contrario al movimiento. Calcula el impulso y la nueva velocidad.

$$\vec{I}=\vec{F}\cdot\Delta t = -4\cdot\vec{i}\cdot 5 = -20\cdot\vec{i} \text{ N·s} \quad ; \quad \vec{I}=m\cdot\Delta\vec{v} = m\cdot(\vec{v}_2-\vec{v}_1) \rightarrow$$

$$\rightarrow \quad -20\cdot\vec{i} = 2\cdot(\vec{v}_2-3\cdot\vec{i}) \rightarrow \vec{v}_2 = (-10+3)\cdot\vec{i} = -7\cdot\vec{i}$$

Ejercicio 14: una pelota de tenis de 100 g se mueve a 20 m/s. Al golpearla con la raqueta durante 0'01 segundos, es devuelta a 40 m/s. Calcula: a) El impulso. b) La fuerza ejercida. Solución: a) 6 N·s. b) 600 N.

9. Conservación de la cantidad de movimiento

- Cuando la resultante de las fuerzas es nula, la cantidad de movimiento se conserva.
- Este principio de conservación se aplica especialmente en dos situaciones: choques y explosiones.
- Existen dos tipos de choques: el elástico y el inelástico. En el choque elástico, ambos cuerpos se separan después del choque. En el choque inelástico, ambos cuerpos permanecen juntos después del choque.
- Se cumple que:

a) En el choque elástico: $m_{1i}\cdot\vec{v}_{1i}+m_{2i}\cdot\vec{v}_{2i}=m_{1f}\cdot\vec{v}_{1f}+m_{2f}\cdot\vec{v}_{2f}$

b) En el choque inelástico: $m_{1i}\cdot\vec{v}_{1i}+m_{2i}\cdot\vec{v}_{2i}=(m_{1f}+m_{2f})\cdot\vec{v}_f$

Ejemplo 15: una granada de mano se mueve horizontalmente a 4 m/s hacia la derecha. Explota y se divide en dos fragmentos: uno con el doble de masa que el otro. El fragmento mayor sale a 5 m/s formando 30º con la horizontal y hacia la derecha. Calcula la velocidad y la dirección de salida del otro fragmento.

$$m_{1i}\cdot\vec{v}_{1i}+m_{2i}\cdot\vec{v}_{2i}=m_{1f}\cdot\vec{v}_{1f}+m_{2f}\cdot\vec{v}_{2f} \quad\rightarrow$$

$$\rightarrow \quad 3\cdot m\cdot 4\cdot\vec{i}=2\cdot m\cdot(5\cdot\cos 30^{o}\cdot\vec{i}+5\cdot sen 30^{o}\cdot\vec{j})+m\cdot\vec{v}_{2f} \quad\rightarrow$$

$$\rightarrow \quad 12\cdot\vec{i}=8'66\cdot\vec{i}+5\cdot\vec{j}+\vec{v}_{2f} \quad\rightarrow\quad \vec{v}_{2f}=(12-8'66)\cdot\vec{i}-5\cdot\vec{j} \;=\; 3'34\cdot\vec{i}-5\cdot\vec{j} \quad\rightarrow$$

$$\rightarrow \quad v_{2f}= \sqrt{3'34^{2}+5^{2}} = 6'01 \text{ m/s}$$

$$v_{2fx} = v_{2f}\cdot\cos\alpha \quad\rightarrow\quad \cos\alpha = \frac{v_{2fx}}{v_{2f}} = \frac{3'34}{6'01} = 0'556 \quad\rightarrow\quad \alpha = 56'2^{o}$$

Ejercicio 15: una bomba de una tonelada cae desde una cierta altura. Cuando han pasado 6 s, explota en el aire. Uno de los trozos es del triple de masa que el otro. Si el más grande sale a 30º con respecto a la horizontal y hacia abajo hacia la derecha a 200 km/h, ¿con qué velocidad y hacia dónde irá el otro? Solución: 213 m/s, 133º.

Ejemplo 16: un coche de 1300 kg embiste a 200 km/h contra un camión de 5 ton que estaba parado. Si el coche queda empotrado en el camión, averigua la velocidad final.

$$m_{1i}\cdot\vec{v}_{1i}+m_{2i}\cdot\vec{v}_{2i}=(m_{1f}+m_{2f})\cdot\vec{v}_{f} \quad\rightarrow\quad 1300\cdot 55'6\cdot\vec{i}+0=(1300+5000)\cdot\vec{v}_{f} \quad\rightarrow$$

$$\rightarrow \quad \vec{v}_{f}=11'5\cdot\vec{i} \quad\rightarrow\quad v_f = 11'5 \ \frac{m}{s} = 41'4 \ \frac{km}{h}$$

Ejercicio 16: un vagón de un tren tiene una masa de 5 ton. Dos vagones unidos se mueven a 80 km/h y chocan contra un tren de 15 vagones, quedándose enganchados todos los vagones. ¿Cuál será la velocidad inicial después del choque en km/h? Solución: 9'4 km/h.

10. Formulario

– Primera ley de Newton:
Si R = 0 $\rightarrow$ MRU
Si R = 0 $\rightarrow$ MRUA, MRUR, MCU, MCUA o MCUR

– Segunda ley de Newton: $\sum \vec{F} = m \cdot \vec{a}$

– Tercera ley de Newton: $F_{acción} = F_{reacción}$

– Peso: $P = m \cdot g$

– Fuerza de la gravedad: $F_G = G \cdot \dfrac{M \cdot m}{r^2}$

– Fuerza electrostática: $F_E = K \cdot \dfrac{Q_1 \cdot Q_2}{r^2}$

– Fuerza de rozamiento: $F_R = \mu \cdot N$

– Empuje: $E = d_F \cdot V_s \cdot g$

– Peso aparente: $P_{ap} = P - E = m \cdot g - d_F \cdot V_s \cdot g$

– Aceleración normal o centrípeta: $a_C = \dfrac{v^2}{R}$

– Fuerza centrípeta: $F_C = \dfrac{m \cdot v^2}{R}$

– Fuerza elástica: $F_E = k \cdot x$

– Elongación: $x = |L - L_0| = \Delta L$

– Fuerzas de igual dirección y sentido: $R = F_1 + F_2$

– Fuerzas de igual dirección y sentidos contrarios: $R = F_1 - F_2$

– Fuerzas concurrentes y en ángulo recto: $R = \sqrt{F_1^2 + F_2^2}$

– Fuerzas concurrentes en ángulo distinto al recto: $R = \sqrt{F_1^2 + F_2^2 - 2 \cdot F_1 \cdot F_2 \cdot \cos\alpha}$

– Fuerzas paralelas en el mismo sentido: $R = F_1 + F_2$; $F_1 \cdot d_1 = F_2 \cdot d_2$

– Fuerzas paralelas en sentidos contrarios: $R = F_1 - F_2$

– Plano inclinado:

$P_x = m \cdot g \cdot \text{sen}\ \alpha$

$P_y = m \cdot g \cdot \cos \alpha$

$F_R = \mu \cdot N = \mu \cdot m \cdot g \cdot \cos \alpha$

– Movimientos circulares: $\sum F = m \cdot a = \dfrac{m \cdot v^2}{R}$

– Período de un péndulo simple: $T = 2 \cdot \pi \cdot \sqrt{\dfrac{L}{g}}$

– Momento de una fuerza: $M = r \cdot F \cdot \text{sen}\ \alpha$

– Condiciones de estática: $\sum \vec{F} = 0$ y $\sum \vec{M} = 0$

– Cantidad de movimiento o momento lineal: $\vec{p} = m \cdot \vec{v}$

– Impulso o impulso mecánico: $\vec{I} = \vec{F} \cdot \Delta t$

– Relación entre el impulso y la cantidad de movimiento: $\vec{I} = \vec{F} \cdot \Delta t = \Delta \vec{p} = m \cdot \Delta \vec{v}$

– Conservación de la cantidad de movimiento: $\vec{P}_T$ = constante

– Choque elástico: $m_{1i} \cdot \vec{v}_{1i} + m_{2i} \cdot \vec{v}_{2i} = m_{1f} \cdot \vec{v}_{1f} + m_{2f} \cdot \vec{v}_{2f}$

– Choque inelástico: $m_{1i} \cdot \vec{v}_{1i} + m_{2i} \cdot \vec{v}_{2i} = (m_{1f} + m_{2f}) \cdot \vec{v}_f$

PROBLEMAS Y CUESTIONES PROPUESTOS

Problemas

Cálculo de fuerzas

1) Calcula la fuerza con la que se atraen la Tierra y la Luna si están separadas 380.000 km.
Datos: $G = 6'67 \cdot 10^{-11}\ \frac{N \cdot m^2}{kg^2}$, $M_T = 5'97 \cdot 10^{24}$ kg, $M_L = 7'35 \cdot 10^{22}$ kg.
Solución: $2'03 \cdot 10^{20}$ N.

2) ¿Cuántas veces es mayor la fuerza electrostática que la fuerza gravitatoria entre el protón y el electrón en el átomo de hidrógeno?
$m_p = 1'67 \cdot 10^{-27}$ kg, $m_e = 9'1 \cdot 10^{-31}$ kg , carga del protón = carga del electrón = $1'6 \cdot 10^{-19}$ C,

$G = 6'67 \cdot 10^{-11}\ \frac{N \cdot m^2}{kg^2}$, $K = 9 \cdot 10^9\ \frac{N \cdot m^2}{C^2}$

Solución: $2'27 \cdot 10^{39}$.

3) A un muelle de 20 cm y constante 60 N/m se le cuelga una masa de 300 g. Averigua la longitud final del muelle.
Solución: 25 cm.

4) Una báscula tiene un muelle de 167 N/m. Si se le coloca encima una masa de 500 g, ¿cuánto bajará la bandeja?
Solución: 3 cm.

5) Calcula el empuje que actúa sobre un barco si el volumen sumergido es de 777 L y la densidad del agua del mar es 1'03 kg/L. ¿Cuál es la masa del barco?
Solución: 8000 N, 800 kg.

6) Calcula el peso aparente de una persona de 85 kg que está sumergido totalmente en una piscina. Volumen de la persona: 90 litros. Si flotase, ¿qué porcentaje estaría hundido?
Solución: – 50 N, 94'4 %.

7) Calcula la fuerza que hay que ejercer sobre un muelle de 80 N/m para que alcance los 25 cm si mide 20 cm.
Solución: 4 N.

8) Un cuerpo está en reposo en una superficie horizontal. La superficie se inclina y el cuerpo no empieza a moverse hasta que el ángulo del plano es de 52º. Calcula el coeficiente de rozamiento estático.
Solución: 1'28.

9) Entre un bloque y el suelo, el coeficiente de rozamiento estático vale 0'45 y el dinámico 0'3. Si su masa es de 60 kg, calcula el rozamiento cuando empieza a moverse y cuando se está moviendo.
Solución: 270 N, 180 N.

10) Un cuerpo de 80 kg baja por un plano inclinado 30º. Si el coeficiente de rozamiento es 0'25, calcula el valor de todas las fuerzas.
Solución: $P = 800$ N, $P_x = 400$ N, $P_y = 693$ N, $N = 693$ N, $F_R = 173$ N.

<u>Cálculo de la resultante</u>

11) Una persona lleva dos cubos de agua amarrados a los extremos de un palo de 2 metros de largo y el palo apoyado en uno de sus hombros. Los cubos son de 8 y 12 kg. Averigua dónde debe apoyar el hombro. ¿Qué fuerza aplica su hombro?
Solución: 1'2 m, 0'8 m, 200 N.

12) Se aplican de forma paralela y con el mismo sentido dos fuerzas en los extremos de una barra de 60 cm. Calcula la resultante y dónde estará el punto de aplicación si las fuerzas son de 250 N y 320 N.
Solución: 570 N, 0'337 m, 0'263 m.

13) Una fuerza de 300 N y otra de 400 N forman un ángulo de 30º. Calcula la resultante.
Solución: 205 N.

14) Dos fuerzas de 120 N y 200 N se aplican en sentidos contrarios y paralelamente, separadas 1'5 m. Averigua el punto de aplicación y la resultante.
Solución: 80 N, 2'25 m, 3'75 m.

15) Halla gráficamente la resultante de estas fuerzas:

a)

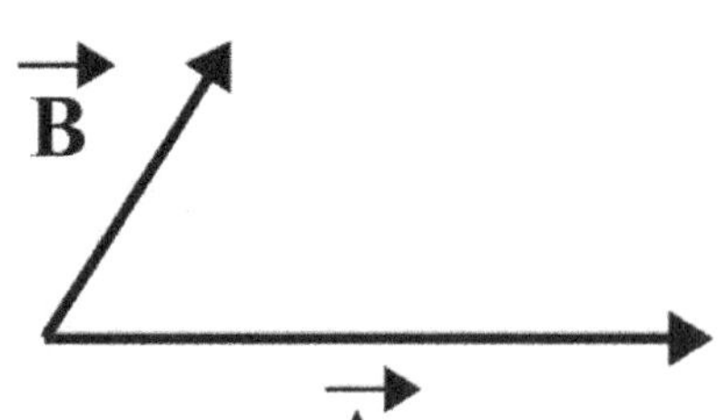

b)

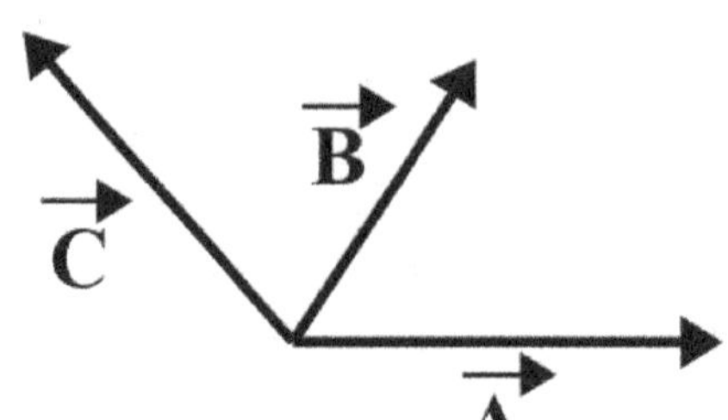

Estática

16) Se empuja mediante una fuerza horizontal a un cuerpo de 50 kg contra la pared. Averigua la fuerza mínima necesaria para que no se caiga. El coeficiente de rozamiento es 0'33.
Solución: 1515 N.

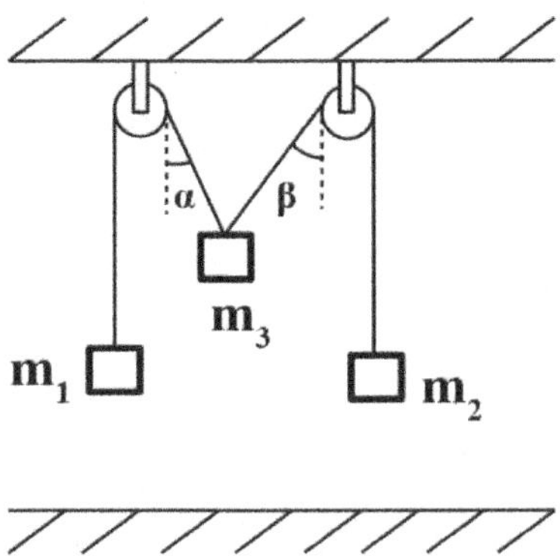

17) En el sistema de la figura, si m_1 = 20 kg, m_2 = 24'5 kg y α = 30º, averigua la masa m_3 que equilibra al sistema y el ángulo β.
Solución: 39'7 kg, 24'1º.

18) Una esfera metálica de 24 g de masa colgada de un hilo muy fino de masa despreciable, se encuentra cerca de una carga Q_2. Al cargar la esfera con $6\cdot10^{-3}$ C, sufre una fuerza atractiva debida al campo eléctrico que hace que el hilo forme un ángulo de 30º con la vertical. Calcula el valor de la carga Q_2 y la tensión del hilo si ambas cargas están separadas medio metro. $g = 9'8\ m\cdot s^{-2}$.
Solución: 0'277 N, $-6'41\cdot10^{-10}$ C.

19) El botafumeiro es un incensario gigante que sirve de péndulo. Si pesa 62 kg, calcula la fuerza horizontal que hay que ejercer para deternerlo a 20 m en línea recta de la vertical si la longitud de la cuerda es de 25 m. Calcula también la tensión correspondiente.
Solución: 826 N, 1033 N.

20) Un cuerpo de 60 kg está colgado del techo por dos cuerdas de 3 m y 2 m. Calcula la tensión en cada cuerda si el ángulo más pequeño es de 30º y las cuerdas forman un ángulo recto entre sí.
Solución: 300 N, 520 N.

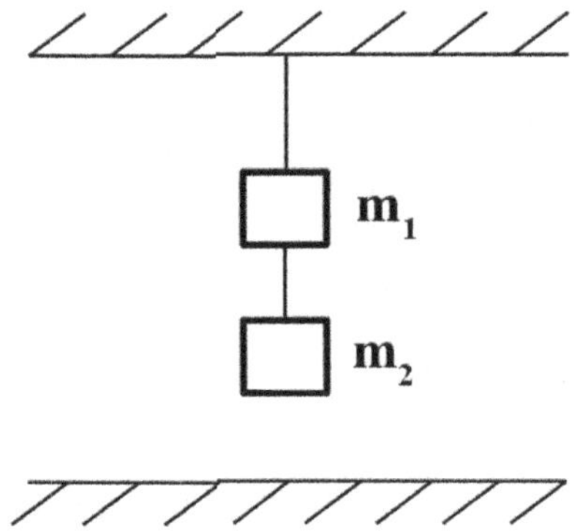

21) Calcula las tensiones de las cuerdas si $m_1 = 8$ kg y $m_2 = 6$ kg.
Solución: 140 N, 60 N.

Momento de una fuerza

22) A una puerta se le aplica una fuerza de 20 N: a) A 10 cm de las bisagras. b) A 1 m de las bisagras. Calcula los momentos.
Solución: a) 2 N·m. b) 20 N·m.

23) Una puerta se abre si se le aplica una fuerza en el pomo con un valor del 5 % del peso de la puerta. El pomo está a 80 cm de las bisagras. Averigua la fuerza necesaria para abrirla si su masa es de 12 kg y se le aplica una fuerza: a) A 50 cm de las bisagras. b) A 10 cm de las bisagras.
Solución: a) 9'6 N. b) 48 N.

24) Una escalera de 3 m de longitud está apoyada contra la pared, formando 60º. Calcula la fuerza horizontal que habría que ejercer sobre la escalera para que no se caiga si no hay rozamiento. La masa de la escalera es de 40 kg.
Solución: 115 N.

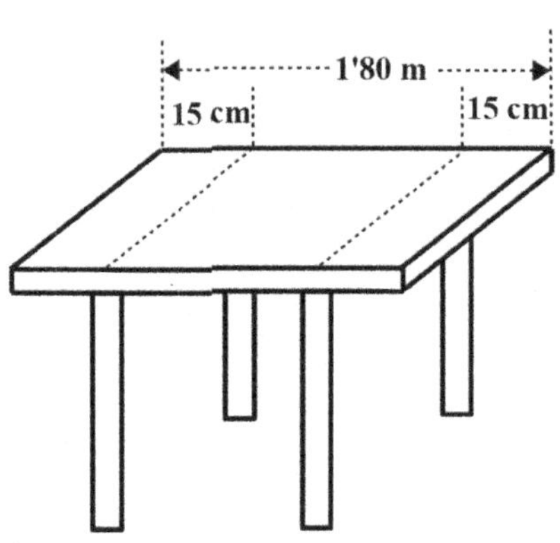

25) Una mesa tiene las dimensiones de la figura. Averigua la masa que hay que colocar en el extremo derecho para que vuelque.
Masa del tablero: 12 kg.
Masa de cada pata: 5 kg.
Solución: 110 kg.

26) Un tablero de pintura de 6 kg y 2'4 m de largo está apoyado sobre dos caballetes que están a 80 cm y 20 cm del centro de la tabla. Averigua la masa mínima necesaria para hacer volcar la tabla si se coloca en el extremo izquierdo y lo mismo en el extremo derecho.
Solución: 12 kg, 1'2 kg.

27) En un balancín hay tres masas: una de 20 kg a 2 m a la izquierda del punto de apoyo, otra de 25 kg a 80 cm a la izquierda y otra de 41 kg a 1'5 m a la derecha. ¿Hacia dónde se moverá el balancín? ¿Cuál será el momento total?
Solución: hacia la derecha, 15 N·m.

28) Un paquete tiene 60 cm de ancho y 80 de alto. Si el coeficiente de rozamiento es 0'8, calcula la velocidad máxima en km/h a la que puede coger una curva de 50 m de radio para que no vuelque. Halla también la velocidad a la que se sale de la curva.
Solución: 69'7 km/h, 72 km/h.

Leyes de Newton

29) Un cuerpo de 2 kg reposa en una superficie horizontal de coeficiente de rozamiento 0'3. Calcula qué fuerza hay que aplicarle para que adquiera 20 km/h en 3 s.
Solución: 9'7 N.

30) Un cuerpo de 100 kg está en reposo en un plano horizontal. Calcula la fuerza que hay que aplicarle para moverlo 50 metros en 6 segundos si el coeficiente de rozamiento vale 0'4.
Solución: 678 N.

31) En los extremos de una polea hay dos masas de 1'5 kg y 2 kg. Calcula: a) La aceleración. b) La tensión.
Solución: a) 1'43 m/s^2. b) 17'1 N.

32) En los extremos de una polea hay 20 kg y 30 kg. Calcula las tensiones y el espacio que separa las masas en 3 segundos.
Solución: 240 N, 18 m.

33) Queremos levantar un coche de 1000 kg con un polipasto. Si la fuerza cómoda que podemos ejercer durante un rato es de 35 N, ¿cuántas poleas móviles debe tener el polipasto?
Solución: 143.

34) Un cuerpo cae por un plano inclinado 60º. Calcula la aceleración si el coeficiente de rozamiento vale 0'24.
Solución: 7'46 m/s^2.

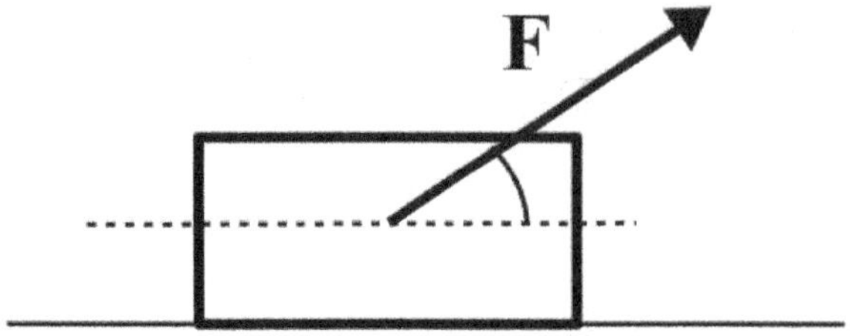

35) Un cuerpo de 70 kg está en reposo en una superficie horizontal de coeficiente de rozamiento 0'35. Calcula la fuerza que hay que aplicarle formando 60º si queremos que adquiera 80 km/h en 10 segundos.
Solución: 499 N.

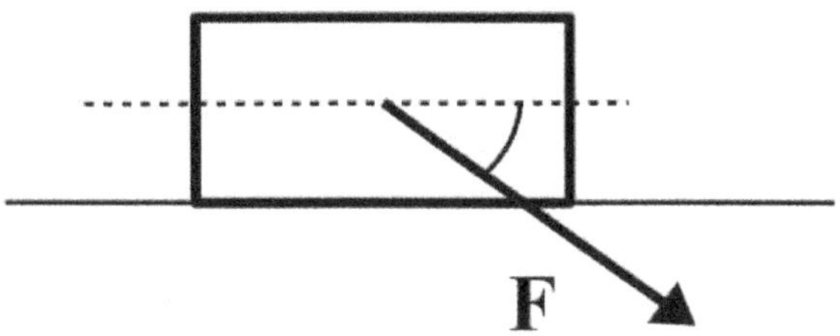

36) Un cuerpo de 90 kg está en reposo en un plano horizontal de coeficiente de rozamiento 0'4. Calcula la tensión que hay que aplicarle a una cuerda si queremos que se mueva 100 metros en 12 segundos si forma un ángulo de 35º hacia abajo.
Solución: 824 N.

37) Subimos un cuerpo de 70 kg por un plano inclinado 30º. Averigua la fuerza necesaria paralela al plano si recorre 10 m en 4 s, partiendo del reposo y el coeficiente de rozamiento es 0'15.
Solución: 528 N.

38) Un coche toma una curva de 50 m de radio y el coeficiente de rozamiento vale 0'35. ¿A qué velocidad máxima en km/h podrá tomarla para no salirse de ella?
Solución: 47'6 km/h.

39) Un camión de 2 toneladas toma una curva de 70 m de radio a 80 km/h. El coeficiente de rozamiento es 0'8. ¿Se saldrá de la curva? ¿Cuál es su aceleración centrípeta? ¿Y su fuerza centrípeta?
Solución: no, 7'04 m/s^2, $1'41 \cdot 10^4$ N.

40) Se hace girar un cubo con agua atado a una cuerda de 80 cm. Calcula el valor mínimo del período del movimiento para que el agua no se caiga, la tensión en el punto más alto y en el más bajo. El cubo y el agua tienen una masa total de 12 kg.
Solución: 1'78 s, 0 N, 240 N.

41) Un cuerpo gira en una plataforma circular a 4 m del centro. ¿Cuál debe ser la máxima velocidad angular de la plataforma para que el cuerpo no resbale si el coeficiente de rozamiento es 0'4?
Solución: 1 rad/s.

42) Una persona de 80 kg está dentro de un ascensor. Dentro del ascensor hay una báscula. Si se coloca encima de la báscula, cuál será la indicación de la báscula: a) Cuando el ascensor está parado. b) Cuando va a velocidad constante. c) Cuando empieza a subir a 2 m/s^2. d) Cuando frena en la subida a 2 m/s^2. e) Cuando empieza a bajar a 2 m/s^2. f) Cuando frena en la bajada a 2 m/s^2.
Solución: a) 80 kg. b) 80 kg. c) 96 kg. d) 64 kg. e) 64 kg. f) 96 kg.

43) Una persona se encuentra sobre una báscula en el interior de un ascensor. Con el ascensor quieto la báscula marca 70 kg. Calcula cuánto marcará si: a) El ascensor sube con una velocidad constante de 5 m/s. b) El ascensor sube con una aceleración constante de 2 m/s^2. c) El ascensor baja con una aceleración constante de 2 m/s^2. d) La cuerda del ascensor se parte y éste cae en caída libre.
Solución: a) 70 kg. b) 84 kg. c) 56 kg. d) 0.

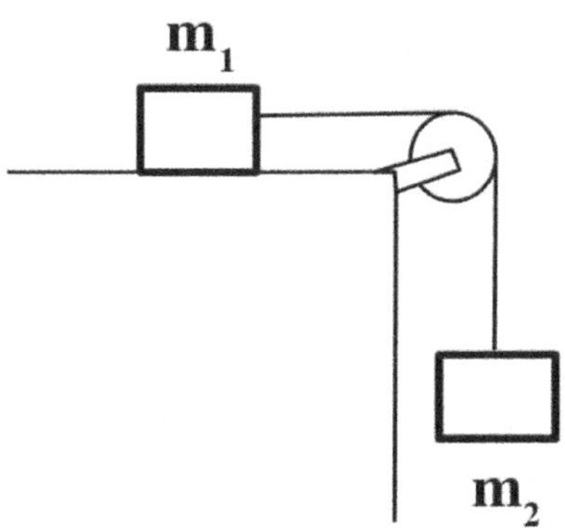

44) Calcula la aceleración y la tensión para:
$m_1 = 2$ kg
$m_2 = 6$ kg
$\mu = 0'2$
Solución: 7 m/s^2, 18 N.

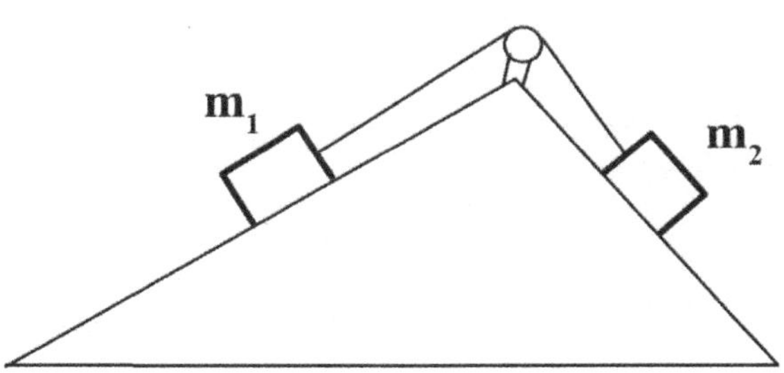

45) Calcula la aceleración y la tensión para:
$m_1 = 2$ kg
$m_2 = 6$ kg
$\mu = 0'2$
$\alpha = 30^o$
$\beta = 60^o$
Solución: 4'07 m/s^2, 21'6 N.

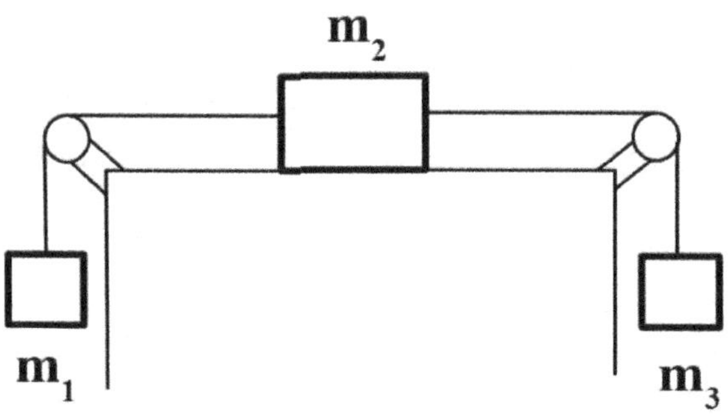

46) Calcula la aceleración y las tensiones para:
$m_1 = 2$ kg
$m_2 = 6$ kg
$m_3 = 7$ kg
$\mu = 0'2$
Solución: 2'53 m/s^2, 25'1 N, 52'3 N.

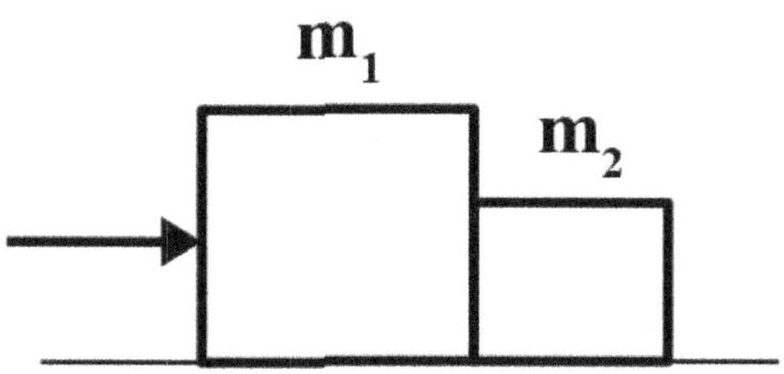

47) Dos bloques están adosados y pesan 8 y 4 kg. Calcula la aceleración y la fuerza entre los bloques si:
a) $F_1 = 40$ N y $\mu = 0$.
b) $F_1 = 40$ N y $\mu = 0'3$.
Solución: a) 3'33 m/s^2, 13'3 N.
b) 0'0333 m/s^2, 13'3 N.

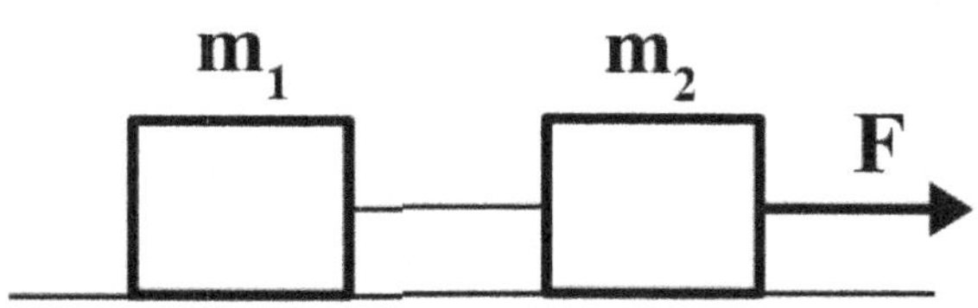

48) Si la fuerza F es de 12 N y el coeficiente de rozamiento es 0'2, calcula la aceleración y las tensiones.
$m_1 = 2$ kg, $m_2 = 1$ kg.
Solución: 2 m/s^2, 8 N.

49) Un camión de 5 ton se mueve a 100 km/h por una carretera horizontal de coeficiente de rozamiento 0'2. Calcula la fuerza que deben ejercer los frenos para detenerlo en 10 segundos.
Solución: 3900 N.

50) Un globo aerostático pesa 180 kg y desciende a 0'2 m/s^2. Calcula el lastre que tiene que soltar para subir a 0'5 m/s^2.
Solución: 12 kg.

51) Calcula la fuerza que hay que aplicar paralela a un plano inclinado para subir un cuerpo de 80 kg 3 metros de altura en 4 s, desde el reposo. Coeficiente de rozamiento: 0'25, $\alpha = 35°$.
Solución: 675 N.

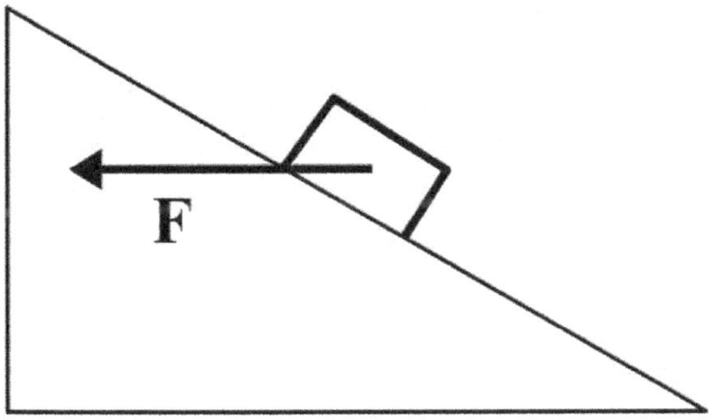

52) Calcula la fuerza horizontal que hay que aplicar en un plano inclinado para bajar un cuerpo de 80 kg a velocidad constante. Coeficiente de rozamiento: 0'25, $\alpha = 28^{o}$.
Solución: 200 N.

53) Un coche coge una curva de 60º y 50 m de radio a 150 km/h. Si el coeficiente de rozamiento es de 0'3, ¿se saldrá de la curva?
Solución: no.

54) Averigua la velocidad máxima en km/h con la que un coche de carreras puede coger un peralte de 30º si el radio de la curva es de 60 m y el coeficiente de rozamiento es 0'3.
Solución: 90'8 km/h.

55) Un péndulo simple consiste en una masa de 3 kg atada a una cuerda de 5 m de longitud. La separamos 10º de la vertical y la dejamos oscilar. Calcula: a) El período y la amplitud. b) La tensión de la cuerda y la resultante en los extremos. $g = 9'8\ m/s^2$.
Solución: a) 4'44 s, 1'74 m. b) 29'5 N, 0 N.

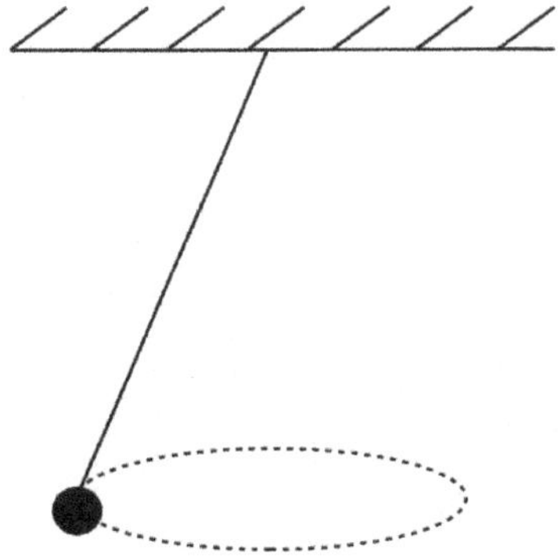

56) Una masa de 2 kg está atada a un hilo de 1'2 m y el sistema actúa como un péndulo cónico con 40º con respecto a la vertical. Averigua la tensión de la cuerda y el período de oscilación.
Solución: 26'1 N, 1'91 s.

57) Un adolescente lleva un cochecito de 400 g arrastrado por una cuerda que forma 60º con la horizontal. Si el coeficiente de rozamiento vale 0'38, calcula la fuerza con la que ha de tirar para: a) Moverlo a velocidad constante. b) Moverlo 5 m en 2 segundos, partiendo del reposo.
Solución: a) 1'83 N. b) 3'04 N.

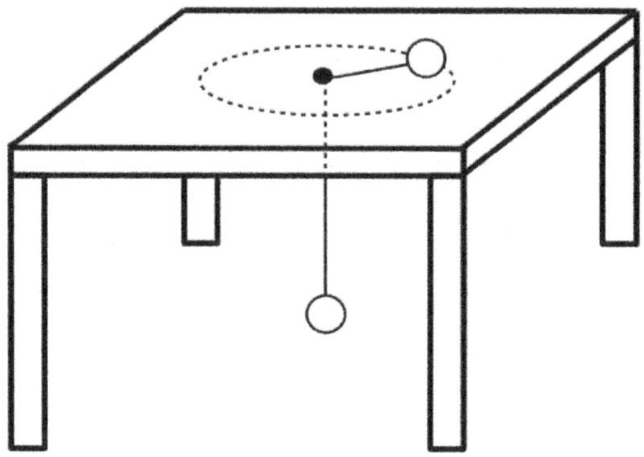

58) En el sistema de la figura, la bola de la mesa tiene una masa de 300 g y la que está colgando es de 500 g. Averigua la tensión en la cuerda y la velocidad angular de giro para que la masa 2 no se caiga si el radio de giro es de 30 cm.
Solución: 5 N, 7'47 rad/s.

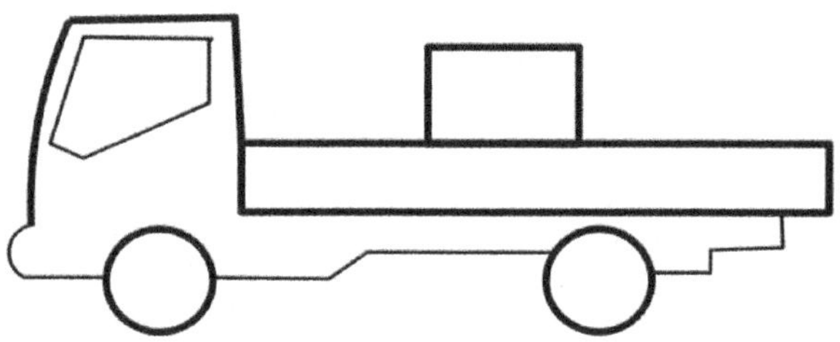

59) Un camión de 2 ton transporta un paquete de 20 kg. El paquete no está sujeto a la plataforma de carga, pero el coeficiente de rozamiento entre el cajón y la plataforma es de 0'7. El coeficiente de rozamiento con la carretera es 0'5. Calcula la fuerza de rozamiento entre el paquete y el suelo de la camioneta y la aceleración del paquete en estos casos:
a) F = 15.000 N. b) $a_{camión} = 9\ m/s^2$.
Solución: a) 48'6 N, 2'43 m/s^2.
b) 140 N, 7 m/s^2.

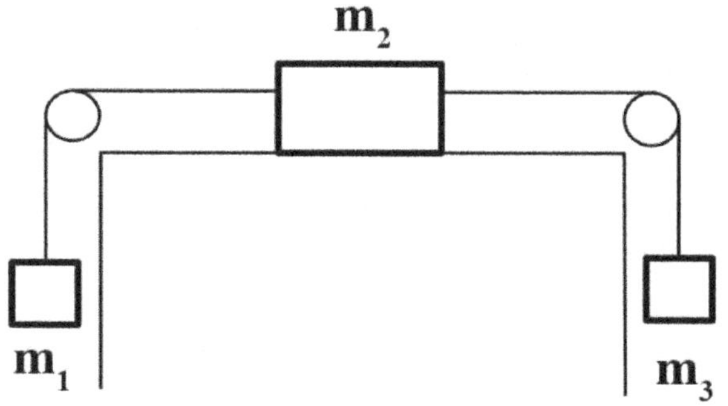

60) El coeficiente de rozamiento vale 0'3. En 2 segundos, el sistema recorre 5 metros, partiendo del reposo. Encuentra el valor de m_2 si m_1 vale 3 kg y m_3 vale 12 kg. Halla también las tensiones de las cuerdas.
Solución: 9'55 kg, 37'5 N, 90 N.

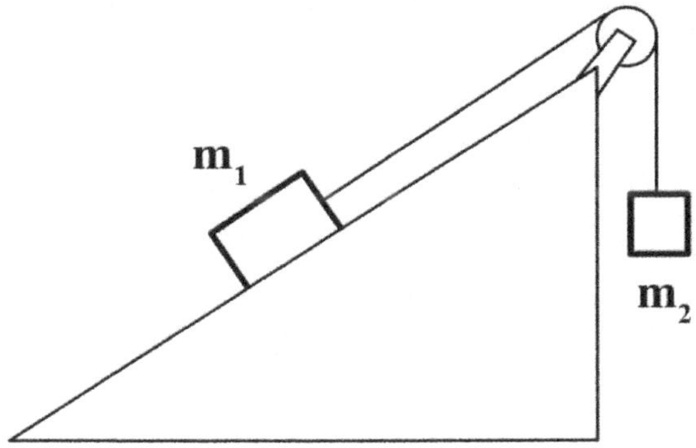

61) Averigua la aceleración y la tensión si la masa 1 es de 2 kg, la masa 2 es de 6 kg y el ángulo es de 37º. μ = 0'28.
Solución: 5'44 m/s², 27'4 N.

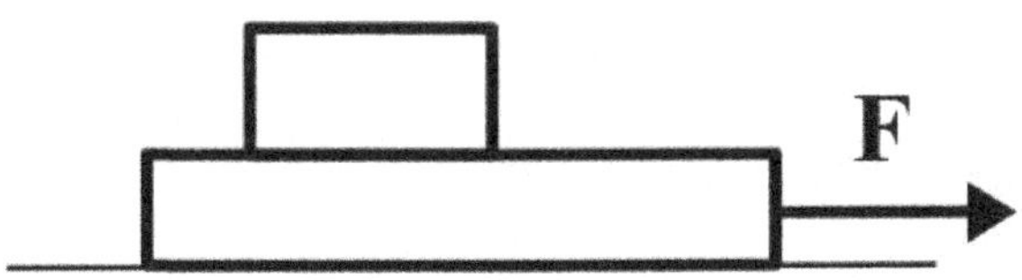

62) Un cuerpo descansa sobre otro. Si el de arriba tiene una masa de 20 kg y el de abajo de 90 kg y el coeficiente de rozamiento entre todas las superficies es 0'4, determina: a) La fuerza máxima para que no haya movimiento. b) La aceleración máxima del de abajo para que no deslice el de arriba. c) Aceleraciones para F = 900 N.
Solución: a) 440 N. b) 4 m/s².
c) 4'22 m/s², 4 m/s².

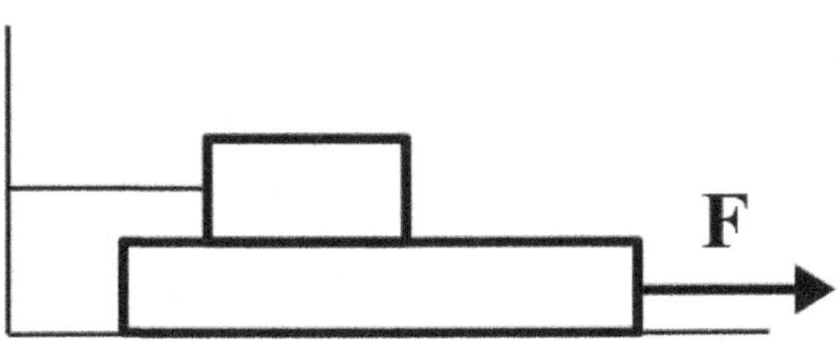

63) En el sistema de la figura, las masas son de 5 y 20 kg. El coeficiente de rozamiento es 0'3. Calcula: a) La fuerza mínima para que haya movimiento. b) La aceleración y la tensión si F = 120 N.
Solución: a) 90 N. b) 1'5 m/s², 20 N.

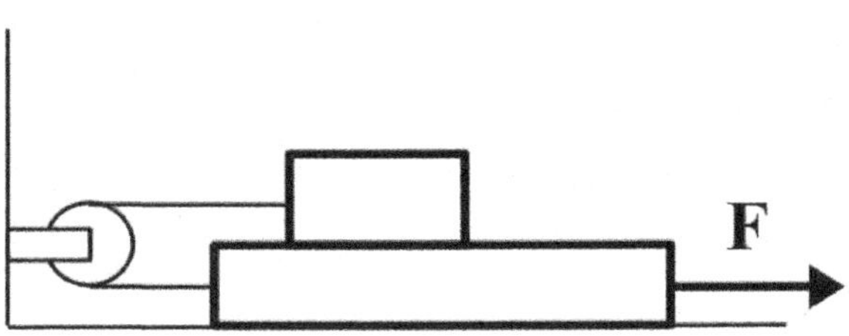

64) m_1 = 60 kg, m_2 = 20 kg, μ = 0'4.
Calcula: a) El valor mínimo de la fuerza para que haya movimiento. b) La aceleración y la tensión para F = 500 N.
Solución: a) 480 N. b) 0'25 m/s², 85 N.

65) Sobre un cuerpo de 2 kg actúan estas fuerzas: $\vec{F}_1 = 3 \cdot \vec{i} - 8 \cdot \vec{j}$ y $\vec{F}_2 = 7 \cdot \vec{i} + 4 \cdot \vec{j}$. Calcula el módulo de la la aceleración total.
Solución: 5'39 m/s^2.

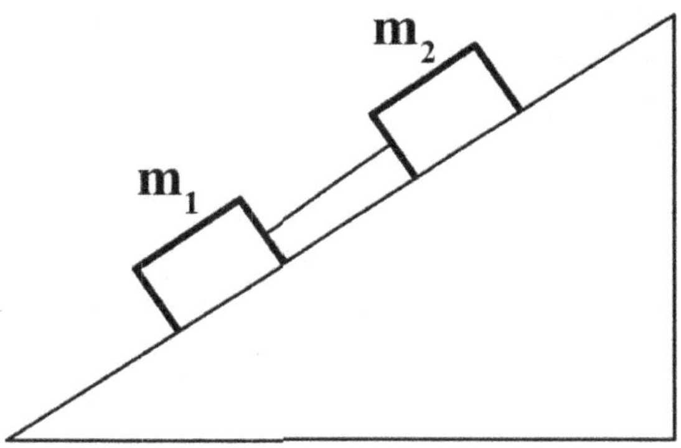

66) $m_1 = 70$ kg, $m_2 = 30$ kg, $\mu_1 = 0'35$, $\mu_2 = 0'45$, $\alpha = 50°$.
Calcula la aceleración y la tensión.
Solución: 4'76 m/s^2, 13'1 N.

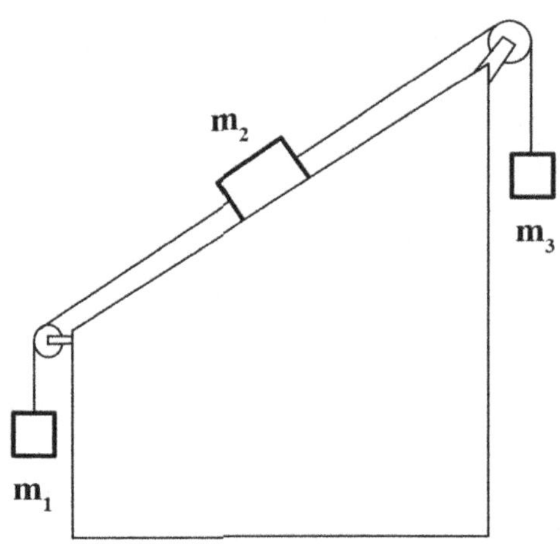

67) $m_1 = 40$ kg, $m_2 = 30$ kg, $m_3 = 10$ kg, $\mu = 0'45$, $\alpha = 60°$.
Calcula la aceleración y las tensiones.
Solución: 6'15 m/s^2, 154 N, 162 N.

Impulso mecánico y cantidad de movimiento

68) Una bola de béisbol de 150 g se mueve a 32 m/s y es bateada hacia la persona que lanza, adquiriendo una velocidad de 50 m/s en la misma dirección y sentido opuesto. La fuerza de quien batea actúa durante 0'355 s. Calcula: a) La fuerza promedio ejercida. b) El impulso ejercido sobre la pelota.
Solución: a) 34'6 N. b) 12'3 N·s.

69) Para probar el parachoques de un coche, se hace chocar el vehículo de 2500 kg a 60 km/h contra un muro de cemento. ¿Cuál es la fuerza media del impacto si ha durado 0'5 s?
Solución: 8'35·10^4 N.

70) Un balón de 200 g se mueve a 2 m/s. Durante 0'1 s se le comunica una fuerza de 50 N en la misma dirección y en el mismo sentido. Averigua su velocidad final y la variación de la cantidad de movimiento.
Solución: 27 m/s, 5 N·s.

71) En un partido de tenis, la bola nos viene a 100 km/h. ¿Con qué fuerza debemos golpear la pelota para devolverla al 80 % de esa velocidad si la fuerza actúa 0'15 s y la masa es de 57 g?
Solución: 19 N.

Conservación de la cantidad de movimiento

72) Un coche de 900 kg circula a 120 km/h y choca contra un camión de 2 toneladas que estaba parado. Si el coche sale despedido hacia atrás a 30 km/h, calcula la velocidad en km/h a la que saldrá despedido el camión.
Solución: 67'4 km/h.

73) Una bola de billar blanca parte del origen y se mueve a 2 m/s hacia la derecha. Choca contra una bola negra que estaba parada. Si la blanca sale a 0'5 m/s después del choque y a 30º hacia abajo, averigua el ángulo de salida de la bola negra y su velocidad.
Solución: 1'59 m/s, 9'25º hacia arriba.

74) Se dispara una bala de 40 g a 500 km/h contra un tronco de 300 kg que está en un plano horizontal. Averigua la velocidad de salida del conjunto.
Solución: 1'85 cm/s.

75) Una bola de masa 125 g se mueve con una velocidad de 2 m/s La bola golpea a otra de masa 1 kg que inicialmente está en reposo. Después del choque la primera bola retrocede con una velocidad de 1'5 m/s. Calcula la velocidad de la segunda masa.
Solución: 0'437 m/s.

76) Una persona está en una barca y lanza un paquete de 5 kg a una velocidad de 10 m/s. Calcula la velocidad de la barca inmediatamente después de lanzar el paquete suponiendo que estaba en reposo, sabiendo que la masa de la persona son 50 kg y la de la barca son 80 kg.
Solución: 0'385 m/s.

77) Una persona que caza va a 10 km/h y dispara un proyectil de 20 g a 750 m/s con una escopeta de 5'8 kg. ¿Cuál será la velocidad de retroceso de la escopeta? La persona tiene 90 kg de masa.
Solución: 0'18 m/s.

78) Un coche de 800 kg marcha a 40 m/s cuando choca frontalmente con otro coche de 1000 kg que circulaba a 25 m/s. Si después de la colisión ambos vehículos quedan unidos, determina la velocidad con la que se moverá el conjunto resultante de la colisión y el sentido.
Solución: 3'89 m/s, sentido: el del coche de 800 kg.

79) Dos coches de 700 kg y 850 kg circulan por calles perpendiculares a 20 m/s y 25 m/s, respectivamente. ¿Cuál será la velocidad de los vehículos juntos después del choque? ¿En qué dirección se moverán tras el choque?
Solución: 16'4 m/s, 56'6 º con respecto al eje OX.

80) Un avión de 3 ton vuela horizontalmente a 900 km/h. Lanza horizontalmente un cohete de 120 kg a 1500 km/h. Calcula la velocidad del avión en km/h en el momento después del lanzamiento.
Solución: 876 km/h.

81) Un cañón está montado sobre unos raíles de tren. El peso total de la estructura es de 2 ton y el cañón forma 50º con la horizontal. Si dispara un proyectil de 120 kg a 300 km/h, calcula: a) La velocidad de retroceso del cañón. b) Cuánto se moverá hasta pararse si el coeficiente de rozamiento es 0'05. c) La velocidad inicial que debería llevar el cañón para que el sistema se pare justo después del disparo.
Solución: a) 3'42 m/s. b) 11'7 m. c) 3'21 m/s.

82) Estamos jugando al billar y lanzamos una bola a 45º a 2 m/s contra otra que está quieta. Si la que estaba quieta sale a 30º a 1'5 m/s, calcula la velocidad y dirección de la primera bola.
Solución: 0'669 m/s, 80'2º.

83) Una granada estalla cuando va a 5 m/s y está formando 60º con la horizontal. Se divide en dos fragmentos: el primero, del doble de masa que el segundo, se mueve a 200 km/h formando 30º con la horizontal. ¿Cuáles son la dirección y velocidad en km/h del segundo fragmento?
Solución: 355 km/h, 154º.

Cuestiones

Dibujo de fuerzas

1) Dibuja las fuerzas de estos sistemas:

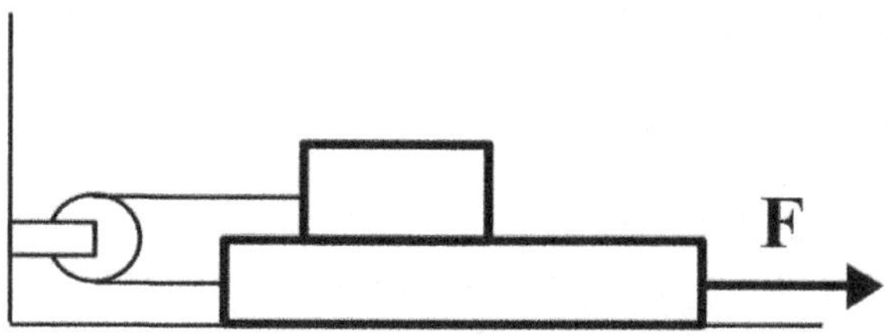

Un cuerpo sobre otro unidos por una cuerda

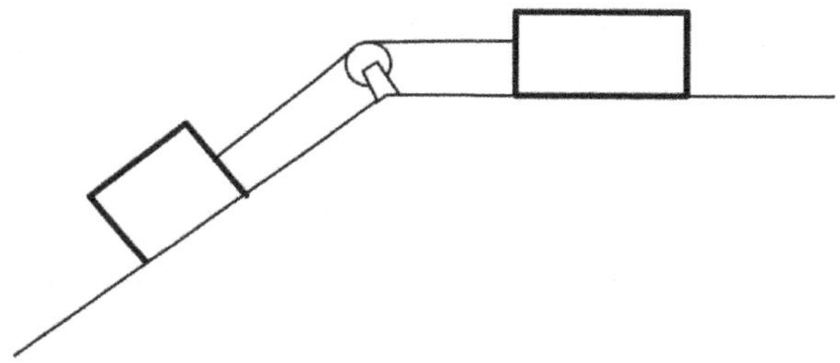

Dos cuerpos unidos por una cuerda

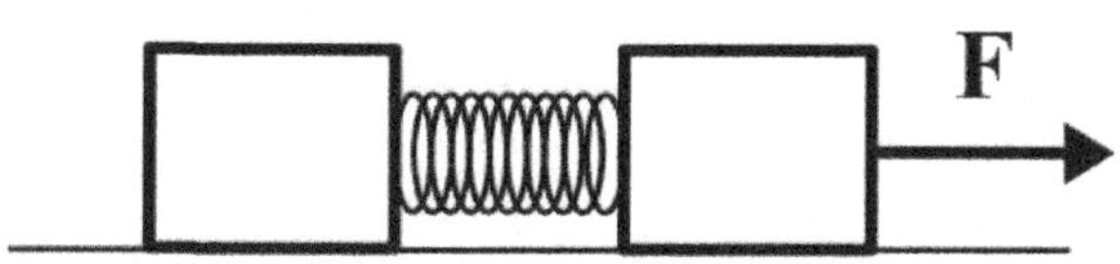

Dos cuerpos unidos por un muelle

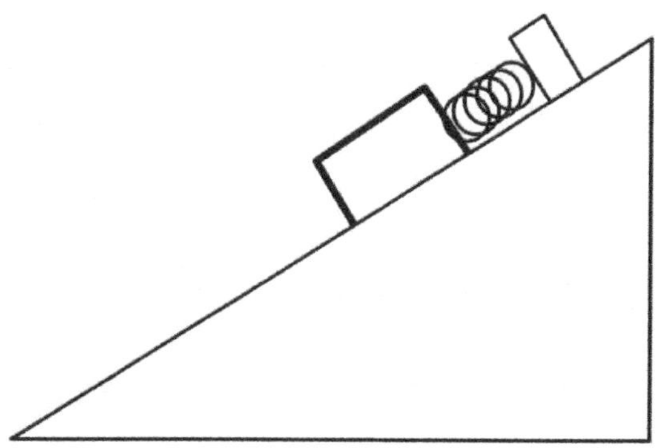

Cuerpo con muelle en plano inclinado

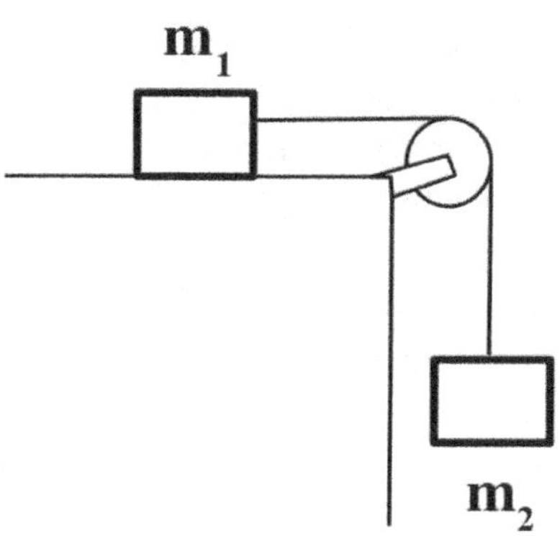

2) Para el sistema de la izquierda, determina:
a) La condición para que el sistema se mueva hacia la derecha con MRU.
b) La condición para que se mueva hacia la derecha con MRUA.
c) La condición para que se mueva hacia la izquierda con MRU.
d) La condición para que no se mueva.

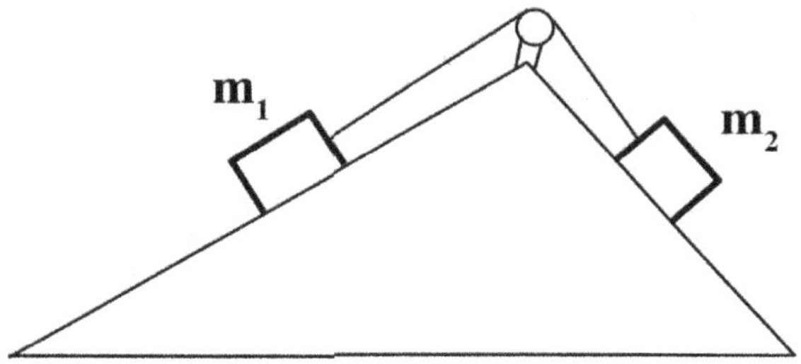

3) Determina la condición para que:
a) El sistema se mueva a la derecha con MRU.
b) Se mueva a la izquierda con MRU.
c) Se mueva a la derecha con MRUA.
d) Se mueva a la izquierda con MRUA.
e) No se mueva.

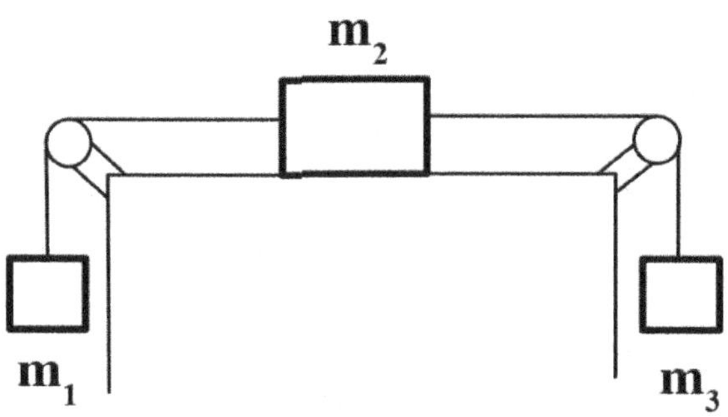

4) Determina la condición para que:
a) El sistema se mueva a la derecha con MRU.
b) Se mueva a la izquierda con MRU.
c) Se mueva a la derecha con MRUA.
d) Se mueva a la izquierda con MRUA.
e) No se mueva.

5) ¿Cuál es el peso máximo que se puede levantar con una polea? ¿Y con un polipasto?

6) ¿Se puede determinar el valor de g en un planeta con un muelle? ¿Y con un péndulo?

7) ¿Por qué las fuerzas de acción y reacción no se anulan?

8) ¿Verdadero o falso? Razónalo.
a) A toda fuerza le corresponde una aceleración.
b) La aceleración total de un cuerpo tiene la dirección y el sentido de la fuerza motriz.
c) La inercia no es proporcional a la masa, sino a la velocidad.
d) Si un cuerpo tiene un MRU es porque sobre él no actúa ninguna fuerza.

9) ¿Verdadero o falso? Razónalo.
a) Si un cuerpo no tiene aceleración, no actúa ninguna fuerza sobre él.
b) Para que un cuerpo esté en reposo, es condición necesaria y suficiente que su resultante sea nula.
c) El peso y la fuerza de la gravedad son fuerzas distintas.
d) La constante g es igual en todo el planeta.

10) ¿Verdadero o falso? Razónalo.

a) Cuando un cuerpo se arrastra, la fuerza de rozamiento depende de la superficie de contacto.

b) En la caída libre, la fuerza de rozamiento depende de la superficie de contacto.

c) Cuando un cuerpo flota en agua, el empuje es mayor que el peso.

d) La fuerza centrífuga aparece en SRIs (sistemas de referencia inerciales).

11) ¿Por qué es imposible empujar un coche desde el interior?

12) ¿Por qué un ciclista o un motorista tienen que tomar una curva inclinándose?

13) ¿Qué ocurriría si la Tierra dejase de rotar instantáneamente?

14) ¿Por qué los satélites artificiales no tienen formas aerodinámicas y los transbordadores espaciales y los cohetes sí las tienen?

15) Tenemos una polea con una cuerda muy larga. En un extremo hay un mono y en el otro hay una ristra de plátanos de exactamente el mismo peso que el mono. Si inicialmente están separados una cierta distancia y el mono empieza a trepar, ¿qué ocurrirá? ¿Qué debe hacer el mono para alcanzar los plátanos?

16) En la novela "De la Tierra a la Luna" de Julio Verne, se utiliza un cañón gigante para disparar una cápsula tripulada hasta la Luna. ¿Sería esto posible?

17) Un coche toma una curva con un radio R y a una velocidad constante. ¿Se conserva el momento lineal?

18) Un astronauta sale en el espacio al exterior de la nave para hacer unas reparaciones con una llave inglesa. Sufre un accidente y se le rompe el cable que le ataba a la nave. Si no tiene ningún medio de propulsión, ¿cómo podría volver a la nave?

19) Un asteroide viaja por el espacio a velocidad constante. Se está aproximando a un planeta. Indica qué ocurrirá si: a) Va directamente al planeta. b) Su trayectoria pasa al lado del planeta.

20) Imagínate que la Tierra no tiene magma en su interior, sino que es una enorme esfera de roca. Imagínate que le practicamos un agujero de un metro de diámetro de un extremo a otro de la Tierra en forma de cilindro gigantesco, pasando por el centro de la Tierra. Imagínate que dejamos caer una piedra dentro de ese cilindro. ¿Qué ocurriría?

21) a) En el parabrisas vertical de una camioneta se pone un paquete. ¿Qué aceleración debe llevar la camioneta para que no se caiga el paquete? b) Sin rozamiento con el aire, ¿qué le pasa al paquete de una camioneta que ha acelerado poco a poco hasta 200 km/h?

TEMA 4: TRABAJO, ENERGÍA Y POTENCIA

Esquema

1. Conceptos previos
2. Trabajo
3. Potencia
4. Energía
5. Conservación de la energía mecánica
6. Formulario

1. Conceptos previos

- Una fuerza conservativa es aquella cuyo valor depende sólo de la posición del cuerpo.
- Ejemplos de fuerzas conservativas: la fuerza de la gravedad (incluyendo al peso) y la fuerza elástica.
- Ejemplos de fuerzas no conservativas: la fuerza motriz o fuerza de avance y la fuerza de rozamiento.
- Propiedades de las fuerzas conservativas:

a) El trabajo que realizan sólo depende de las posiciones inicial y final y no del camino recorrido.
b) El trabajo realizado en un ciclo es cero.
c) La velocidad depende de la posición.
Ejemplos: un cuerpo que sube y que baja, un péndulo.

2. Trabajo

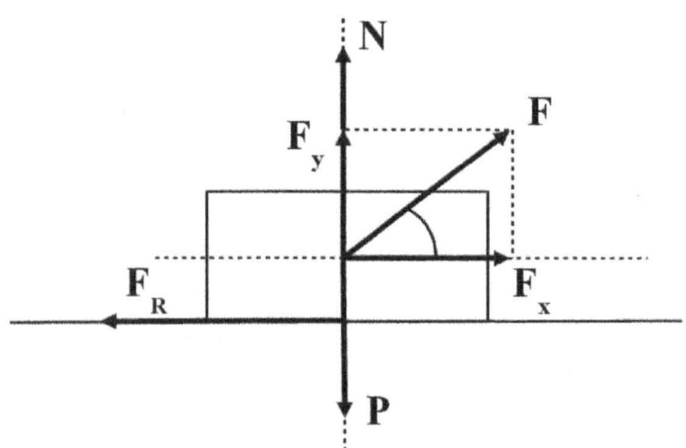

Trabajo de una fuerza F

- Se realiza un trabajo sobre un cuerpo cuando se le aplica una fuerza que le provoca un desplazamiento.
- En Física, el trabajo se define así:

$$W = F \cdot e \cdot \cos\alpha$$

Trabajo

- Si la fuerza va en el mismo sentido que el cuerpo: $\alpha = 0$, luego:

$$W = F \cdot e$$

Trabajo si la fuerza va en el mismo sentido que el cuerpo

- Si no hay desplazamiento, no hay trabajo, por muy grande que sea la fuerza. Se puede hacer un esfuerzo físico sin realizar un trabajo.

Ejemplos: - Al mantener en el aire unas pesas no se realiza trabajo.
- Al empujar una pared no se realiza trabajo.

Ejemplo 1: calcula el trabajo realizado sobre un cuerpo de 60 kg al que se le aplica una fuerza formando 30º con el sentido de desplazamiento si se desplaza 20 m, el coeficiente de rozamiento es 0'8 y parte del reposo.

$$W = F \cdot e \cdot \cos\alpha \quad ; \quad F_x - F_R = m \cdot a \quad ; \quad a = \frac{2 \cdot e}{t^2} = \frac{2 \cdot 20}{4^2} = 2'5 \ \frac{m}{s^2}$$

$$N = P - F_y = m \cdot g - F \cdot \text{sen}\ \alpha = 600 - 0'5 \cdot F \quad ; \quad F_R = \mu \cdot N = 480 - 0'4 \cdot F$$

$$F_x = F \cdot \cos\alpha = F \cdot \cos 30^\circ = 0'866 \cdot F \quad ; \quad 0'866 \cdot F - 480 + 0'4 \cdot F = 60 \cdot 2'5 \ \rightarrow \ F = 498 \text{ N}$$

$$W = F \cdot e \cdot \cos\alpha = 498 \cdot 20 \cdot \cos 30^\circ = 8626 \text{ J}$$

Ejercicio 1: calcula el trabajo realizado sobre un cuerpo de 80 kg si el coeficiente de rozamiento es 0'3 y alcanza 50 km/h en 3 s, partiendo del reposo si el ángulo es de 60º.
Solución: 8350 J.

- El trabajo también es el área de la gráfica F – e.

Ejemplo 2: determina el trabajo realizado por un cuerpo con esta gráfica:

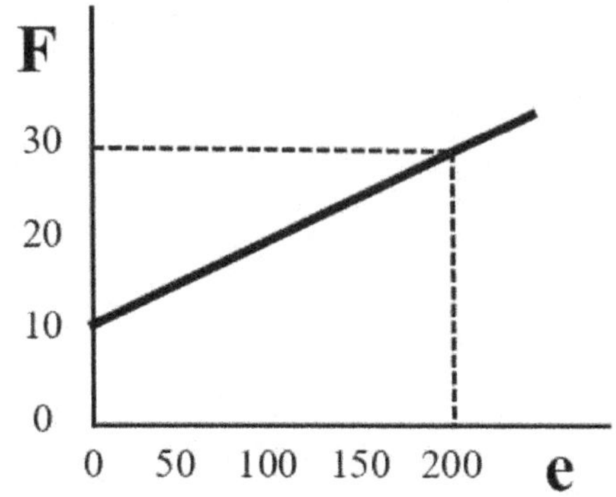

$$W = F \cdot e = s_1 + s_2 = 10 \cdot 200 + \frac{20 \cdot 200}{2} = 2000 + 2000 = 4000 \text{ J}$$

Ejercicio 2: determina el trabajo realizado por un cuerpo con esta gráfica:

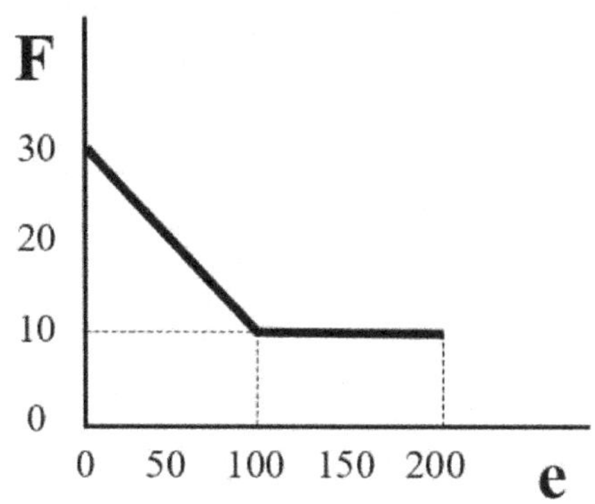

Solución: 3000 J.

3. La potencia

- La potencia mecánica media de una fuerza es el trabajo realizado por unidad de tiempo:

$$\text{Pot} = \frac{W}{t}$$

Potencia en función del trabajo

- Es decir: $1 \text{ vatio} = \dfrac{1 \; julio}{1 \; segundo}$

- Cuando la velocidad es constante y se conoce, la potencia se puede calcular así:

$$\text{Pot} = \frac{W}{t} = \frac{F \cdot e}{t} = \text{F} \cdot \frac{e}{t} = \text{F} \cdot \text{v}$$

$$\boxed{\text{Pot} = \text{F} \cdot \text{v}}$$

Potencia en función de la velocidad

- Otras unidades de potencia son el kilovatio (kW) y el caballo o caballo de vapor (CV).
- Sus equivalencias son: 1 kW = 1000 W; 1 CV = 736 W.

Ejemplo 3: ¿qué potencia se aplica sobre un cuerpo al que se le aplica una fuerza de 500 N y que se mueve a 20 km/h?

$$\text{v} = 20\ \frac{km}{h} = 5'56\ \frac{m}{s} \quad ; \quad \text{Pot} = \text{F} \cdot \text{v} = 500 \cdot 5'56 = 2780\ \text{W}$$

Ejercicio 3: calcula la potencia del motor de un coche en CV si la masa del coche es 800 kg, parte del reposo y alcanza 120 km/h en 6 s. El coeficiente de rozamiento vale 0'25. 1 CV = 736 W. Solución: 146 CV.

4. La energía

- Un cuerpo tiene energía cuando puede realizar un trabajo.
- La energía cinética es aquella que tiene un cuerpo en movimiento.
- La energía potencial es aquella que tiene un cuerpo gracias a su posición.
- La energía potencial gravitatoria es la energía que tiene un cuerpo gracias a su altura.
- La energía potencial elástica es aquella que tiene un cuerpo al comprimir o al estirar un cuerpo elástico. Ejemplo: una goma elástica o un muelle.
- La energía mecánica es la suma de las energías cinética y potencial.
- La energía interna es aquella que tiene un cuerpo gracias a su agitación molecular y a su estructura molecular.
- La energía ni se crea ni se destruye, se transforma. La energía se puede transformar en otro tipo de energía o en trabajo.
- Es posible transformar todo el trabajo en energía, pero es imposible transformar toda la energía en trabajo; en este último caso, siempre hay pérdidas en forma de calor.
- Tipos de energía según su naturaleza: mecánica, térmica o calorífica, eléctrica, magnética, luminosa o lumínica, sonora, química, atómica o nuclear y de la biomasa.
- Tipos de energía según su forma de producción: eléctrica, solar, eólica, de combustibles, nuclear, mareomotriz, geotérmica e hidroeléctrica.

- La energía se conserva y se degrada. Que se conserva significa que la cantidad de energía total del universo permanece constante. Que se degrada significa que, siempre que la energía se transforma en otro tipo de energía o en trabajo, parte se transforma en energía térmica.
- Cualquier tipo de energía se puede transformar totalmente en calor, pero el calor no se puede transformar totalmente en otro tipo de energía.
- Se dice que el calor es la forma más degradada de energía.
- Toda la energía no se puede transformar en trabajo. Todo el trabajo se puede transformar en calor. Todo el trabajo no se puede transformar en energía no térmica, pues siempre hay una pérdida de energía en forma de calor.
- La energía se puede acumular. Sin embargo, el trabajo y el calor no se pueden acumular. Ejemplo: es incorrecto decir: "Esta piedra tiene mucho calor".
- Las expresiones de las energías son:

$$\boxed{E = Ec + Ep}$$

Energía mecánica

$$\boxed{Ec = \frac{1}{2} \cdot m \cdot v^2}$$

Energía cinética

$$\boxed{Ep = m \cdot g \cdot h}$$

Energía potencial gravitatoria

$$\boxed{Ep = \frac{1}{2} \cdot k \cdot x^2}$$

Energía potencial elástica

- Otras unidades de energía son la caloría (cal) y el kilovatio hora (kW·h).
Equivalencias: 1 cal = 4'18 J ; 1 kW·h = $3'6 \cdot 10^6$ J.
- Para elevar un líquido a una determinada altura, la potencia mínima necesaria es:

$$Pot = \frac{W}{t} = \frac{m \cdot g \cdot h}{t} \quad \text{y la masa es: } m = d \cdot V$$

Ejemplo 4: un motor de 2 CV se emplea para subir agua a un depósito que está a 12 m de altura. ¿Cuántos m^3 podrá subir en una hora?

$$Pot = 2\ CV \cdot \frac{736 W}{1 CV} = 1472\ W \quad ; \quad Pot = \frac{W}{t} = \frac{m \cdot g \cdot h}{t} \quad \rightarrow \quad m = \frac{Pot \cdot t}{g \cdot h} =$$

$$= \frac{1472 \cdot 3600}{10 \cdot 12} = 4'42 \cdot 10^4\ g \quad ; \quad V = \frac{m}{d} = \frac{4'42 \cdot 10^4}{1} = 4'42 \cdot 10^4\ ml = 0'0442\ m^3$$

Ejercicio 4: mediante una bomba hidráulica se pretende subir 5 m^3 de agua por hora a un piso situado a 15 m de altura. ¿De qué potencia mínima en CV debe ser la bomba? ¿Y si la eficacia es del 80 %? 1 CV = 736 W. Solución: 0'283 CV, 0'354 CV.

5. Conservación de la energía mecánica

- El principio de conservación de la energía dice así: "la energía ni se crea ni se destruye, sólo se transforma" o bien "la energía total de un sistema aislado permanece constante". Este principio se cumple siempre.
- El principio de conservación de la energía mecánica dice así: "cuando un cuerpo se mueve gracias a fuerzas conservativas, la energía mecánica permanece constante". Las fuerzas conservativas son el peso, la fuerza de la gravedad y la fuerza elástica.
- La energía mecánica no se conserva si existe un trabajo de las fuerzas no conservativas, como el trabajo de rozamiento.
- Ejemplos: la energía mecánica se conserva: en el billar, en un cuerpo que cae por un plano inclinado, en muelles, en un cuerpo que cae, en un cuerpo que se lanza hacia arriba, en armas de fuego, etc.
- Teorema de las fuerzas vivas: $W_T = \Delta Ec$
- Trabajo realizado por fuerzas conservativas: $W_{FC} = -\ \Delta Ep$
- Trabajo total: $W_T = W_{FC} + W_{FNC} = -\ \Delta Ep + W_{FNC} = \Delta Ec$
- Conservación de la energía mecánica: $W_{FNC} = 0 \ \rightarrow \ -\ \Delta Ep = \Delta Ec$
- Conservación de la energía:

$$-\ \Delta Ep + W_{FNC} = \Delta Ec \ \rightarrow \ Ec_A + Ep_A + W_{FNC} = Ec_B + Ep_B$$

Ejemplo 5: un bloque de 1 kg de masa asciende por un plano inclinado que forma un ángulo de 30º con la horizontal. La velocidad inicial del bloque es de 10 $m\cdot s^{-1}$ y el coeficiente de rozamiento entre las superficies del bloque y el plano inclinado es 0'3. Determine mediante consideraciones energéticas: (i) La altura máxima a la que llega el bloque; (ii) el trabajo realizado por la fuerza de rozamiento. $g = 9'8\ m\cdot s^{-2}$.

$$Ec_A + Ep_A + W_{FNC} = Ec_B + Ep_B \quad ; \quad \frac{1}{2}\cdot m\cdot v_0^2 + 0 - F_R\cdot e = 0 + m\cdot g\cdot h$$

$$\text{sen}\,\alpha = \frac{h}{e} \ \rightarrow \ e = \frac{h}{sen\,\alpha} \quad ; \quad \frac{1}{2}\cdot m\cdot v_0^2 - \mu\cdot m\cdot g\cdot \cos\alpha\cdot \frac{h}{sen\,\alpha} = m\cdot g\cdot h \quad ;$$

$$\frac{1}{2}\cdot v_0^2 = g\cdot h + \mu\cdot g\cdot \cos\alpha \,.\, \frac{h}{sen\,\alpha}$$

$$h = \frac{\frac{1}{2}v_0^2}{g+\mu g.\frac{\cos\alpha}{sen\,\alpha}} = \frac{\frac{1}{2}\cdot 10^2}{9'8+0'3\cdot 9'8.\frac{\cos 30^o}{sen\,30^o}} = 3'36\ m \quad ; \quad e = \frac{3'36}{sen\,30^o} = 6'72\ m$$

$$W_R = F_R\cdot e\cdot \cos\beta = \mu\cdot m\cdot g\cdot \cos\alpha\cdot e\cdot \cos\beta = 0'3\cdot 1\cdot 9'8\cdot \cos 30^o\cdot 6'72\cdot \cos 180^o = -\ 19'8\ J$$

Ejercicio 5: un cuerpo de 3 kg se lanza hacia arriba con una velocidad de 20 $m \cdot s^{-1}$ por un plano inclinado 60º con la horizontal. Si el coeficiente de rozamiento entre el bloque y el plano es 0'3, calcule la distancia que recorre el cuerpo sobre el plano durante su ascenso y el trabajo realizado por la fuerza de rozamiento, comentando su signo. $g = 9'8\ m \cdot s^{-2}$.
Solución: 20'1 m, – 29'5 J.

6. Formulario

- Energía cinética: $Ec = \frac{1}{2} \cdot m \cdot v^2$

- Energía potencial gravitatoria: $Ep = m \cdot g \cdot h$

- Energía potencial elástica: $Ep = \frac{1}{2} \cdot k \cdot x^2$

- Energía mecánica: $E = Ec + Ep$

- Trabajo: $W = F \cdot e \cdot \cos \alpha$ (julios, J)

- Trabajo de rozamiento: $W_R = -F_R \cdot e$

- Potencia: $Pot = \frac{W}{t}$ (vatios, w)

- Potencia de un cuerpo con velocidad constante: $Pot = F \cdot v$

- Teorema de las fuerzas vivas: $W_T = \Delta Ec$

- Trabajo realizado por fuerzas conservativas: $W_{FC} = -\Delta Ep$

- Trabajo total: $W_T = W_{FC} + W_{FNC} = -\Delta Ep + W_{FNC} = \Delta Ec$

- Conservación de la energía mecánica: $W_{FNC} = 0 \rightarrow -\Delta Ep = \Delta Ec$

- Conservación de la energía:

$$-\Delta Ep + W_{FNC} = \Delta Ec \rightarrow Ec_A + Ep_A + W_{FNC} = Ec_B + Ep_B$$

PROBLEMAS Y CUESTIONES PROPUESTOS

Problemas

Trabajo

1) Un cuerpo circula a 20 km/h sobre un terreno de coeficiente de rozamiento 0'25. Le aplicamos una fuerza y alcanza 50 km/h en 7 s. Si el cuerpo tiene una masa de 60 kg, calcula el trabajo realizado por las dos fórmulas del trabajo.
Solución: $1'51 \cdot 10^4$ J.

2) Calcula el trabajo necesario para subir un cuerpo de 50 kg hasta 3 m de altura: a) A velocidad constante. b) A la aceleración constante de 2 m/s^2.
Solución: a) 1500 J. b) 1800 J.

3) Se aplica una fuerza de 150 N formando 24º con la horizontal sobre un cuerpo de 30 kg durante 3 s, partiendo del reposo. Calcula el trabajo realizado por cada fuerza si el coeficiente de rozamiento es 0'15.
Solución: $W_F = 2083$ J, $W_N = 0$, $W_{FR} = -546$ J, $W_P = 0$.

4) Por un suelo horizontal de coeficiente de rozamiento 0'35 arrastramos un cuerpo de 80 kg a lo largo de 54 m en 14 s, partiendo del reposo. Calcula el trabajo realizado si el ángulo de la fuerza es de 56º.
Solución: $2'06 \cdot 10^4$ J.

5) Calcula la relación entre el J y el kW·h.
Solución: 1 J = $2'78 \cdot 10^{-7}$ kW·h.

6) Un coche de 1300 kg sube una pendiente del 8 % y 500 m de longitud. Si empieza a 100 km/h y acaba a 70 km/h, calcula el trabajo realizado si el coeficiente de rozamiento es 0'4.
Solución: $2'85 \cdot 10^6$ J.

7) Un cuerpo circula a 35 km/h sobre un terreno horizontal en el que el coeficiente de rozamiento es 0'2. Le aplicamos una fuerza y alcanza 60 km/h en 8 s. Si el cuerpo tiene una masa de 90 kg, calcula el trabajo realizado por las dos fórmulas.
Solución: $2'75 \cdot 10^4$ J.

Potencia

8) Una moto parte del reposo y alcanza 50 km/h en 3 segundos. Calcula la potencia si la masa total es de 120 kg y el coeficiente de rozamiento es 0'4.
Solución: 7180 W.

9) Un coche de 800 kg sube una pendiente de 40º a la velocidad constante de 100 km/h. Calcula la potencia desarrollada por el motor en CV si el coeficiente de rozamiento vale 0'33. Dato: 1 CV = 736 W.
Solución: 271 CV.

10) Una bomba de agua tiene un caudal de 20 L/s y eleva el agua a 50 m de altura. Calcula la potencia desarrollada por el motor en CV. 1 CV = 736 W.
Solución: 13'6 CV.

11) Una bomba impulsa agua hasta un depósito de 6 metros cúbicos situado a 15 metros de altura. La bomba consume 0'8 CV. Averigua el tiempo necesario para llenar el depósito y el caudal de la bomba. 1 CV = 736 W.
Solución: 1530 s, 3'93 L/s.

12) Un cuerpo de 60 kg se mueve a 20 km/h sobre una superficie de coeficiente de rozamiento 0'26. Acelera y alcanza 80 km/h en 7 s. Calcula la potencia desarrollada por el motor en ese tiempo.
Solución: 4150 W.

13) Un coche de 1200 kg va a 80 km/h. Acelera y se pone a 120 km/h en 10 s. Calcula el trabajo desarrollado y la potencia si el coeficiente de rozamiento es 0'21.
Solución: $1'07 \cdot 10^6$ J, $1'07 \cdot 10^5$ W.

14) Calcula la potencia mínima para elevar 200 kg a 20 m en 8 s.
Solución: 5000 W.

15) ¿Qué potencia debe desarrollar una persona en bicicleta para subir a 20 km/h una pendiente del 5 % si la masa total es de 90 kg y la fuerza de rozamiento es un 3 % del peso?
Solución: 400 W.

16) Calcula la potencia en CV que debe desarrollar el motor de un coche de 850 kg para subir una pendiente del 8 % a 80 km/h. Coeficiente de rozamiento: 0'2. 1 CV = 736 W.
Solución: 71'6 CV.

Conservación de la energía

17) Un cuerpo cae desde 20 m de altura. ¿Con qué velocidad llegará al suelo?
Solución: 20 m/s.

18) Se dispara una bala hacia arriba a 300 km/h. Calcula la altura máxima alcanzada y la velocidad a los 50 m de altura.
Solución: 347 m, 77'1 m/s.

19) Desde la base de un plano inclinado 45° se lanza hacia arriba un cuerpo a 10 m/s. Si recorre 4 metros en el plano inclinado hasta detenerse, averigua el coeficiente de rozamiento.
Solución: 0'767.

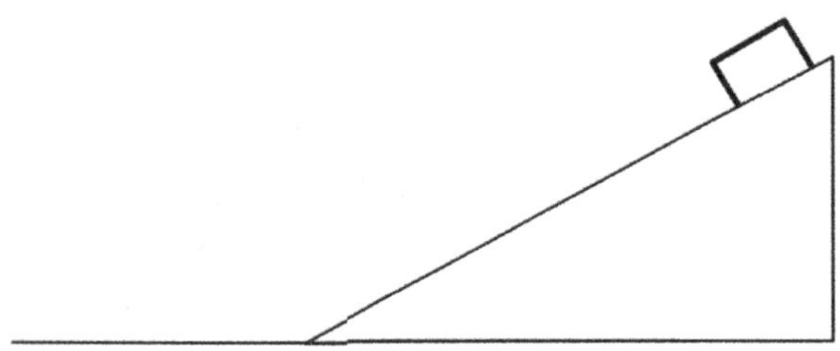

20) Desde lo alto de un plano inclinado 60°, se deja caer un cuerpo de 100 kg desde 5 m de altura. Al plano inclinado le sigue uno horizontal. Si el coeficiente de rozamiento es 0'25, calcula: a) Velocidad en la base del plano. b) Distancia recorrida hasta pararse.
Solución: a) 9'25 m/s. b) 17'1 m.

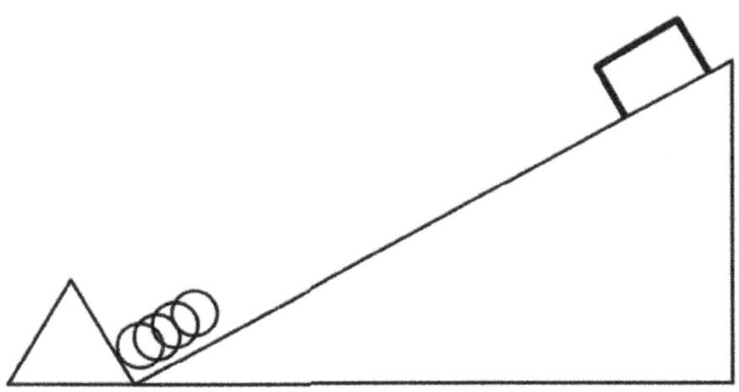

21) Un cuerpo de 90 kg se deja caer desde lo alto de un plano inclinado 60° y recorre 8 metros. En la base del plano inclinado hay un muelle de constante $1'44 \cdot 10^6$ N/m. El coeficiente de rozamiento es 0'3. Calcula: a) Cuánto se comprimirá el muelle. b) La velocidad con la que saldrá el cuerpo del muelle.
Solución: a) 0'0846 m. b) 10'7 m/s.

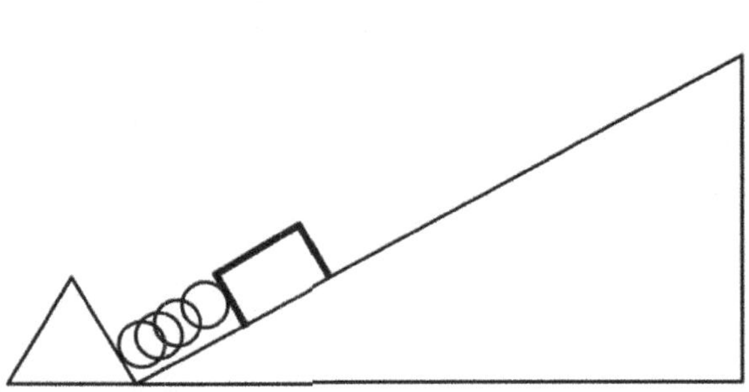

22) Un cuerpo de 12 kg está comprimiendo 5 cm un muelle de $3'57 \cdot 10^5$ N/m en la base de un plano inclinado 40°. Si se suelta el muelle y el coeficiente de rozamiento vale 0'2, calcula: a) Altura máxima alcanzada. b) Cuánto se comprimirá el muelle cuando vuelva el cuerpo.
Solución: a) 3 m. b) 0'0392 m.

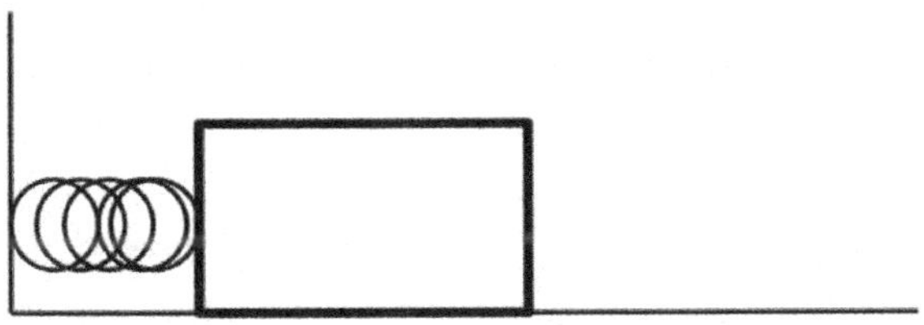

23) Un muelle de constante $1'5\cdot10^5$ N/m está comprimido 20 cm y tiene adosado un cuerpo de 25 kg. Si se suelta el muelle, ¿qué distancia recorrerá el cuerpo hasta pararse si el coeficiente de rozamiento vale 0'3?
Solución: 40 m.

24) Un cuerpo de 30 kg se dirige a 15 m/s contra un muelle de $2\cdot10^5$ N/m pegado a la pared. Si inicialmente estaba a 7 m del muelle y el coeficiente de rozamiento es 0'4, calcula cuánto se comprime el muelle, la velocidad al llegar al muelle y la velocidad al salir de él.
Solución: 0'159 m, 13 m/s, 13 m/s.

25) En una montaña rusa, un vagón asciende hasta 100 metros de altura. a) ¿Dónde alcanzaría su velocidad máxima? b) ¿A qué altura su velocidad es la mitad de la velocidad máxima? c) ¿A qué altura su energía cinética es la mitad del valor máximo?
Solución: b) 75'1 m. b) 50'1 m.

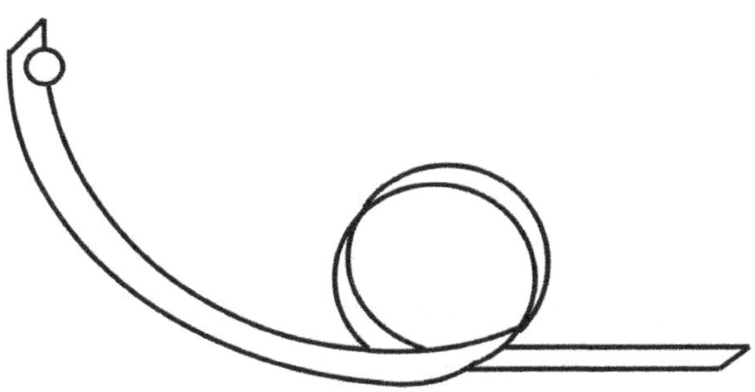

26) Se deja caer una bola desde una pista con un rizo. ¿Cuál debe ser la altura mínima de salida si el rizo tiene 10 m de radio?
Solución: 25 m.

27) Una bola de 200 g está suspendida del techo mediante un hilo de 80 cm. Se separa la bola de su posición de equilibrio hasta formar 30º con la vertical. Calcula la velocidad al pasar por la posición de equilibrio. Halla también la tensión en el punto más bajo y en los extremos.
Solución: 1'46 m/s, 2'53 N, 1'73 N.

28) Un péndulo está formado por un cuerpo de 225 g unido a una cuerda de 1'4 metros de longitud. Se deja caer el objeto desde el techo. Determina la velocidad del cuerpo y la tensión de la cuerda en el punto más bajo.
Solución: 5'29 m/s, 6'75 N.

29) Un péndulo está formado por una masa de 250 g atada a una cuerda de 85 cm que pende del techo. Si a 30 cm del techo hay un clavo en la pared vertical, averigua el nuevo ángulo si partió de 60º.
Solución: 76'9º.

30) Se dispara verticalmente hacia arriba una bala a 500 km/h. Calcula: a) La altura máxima alcanzada. b) La velocidad a los 50 m de altura cuando sube. c) La velocidad a los 50 m de altura cuando baja.
Solución: a) 966 m. b) 135 m/s. c) 135 m/s.

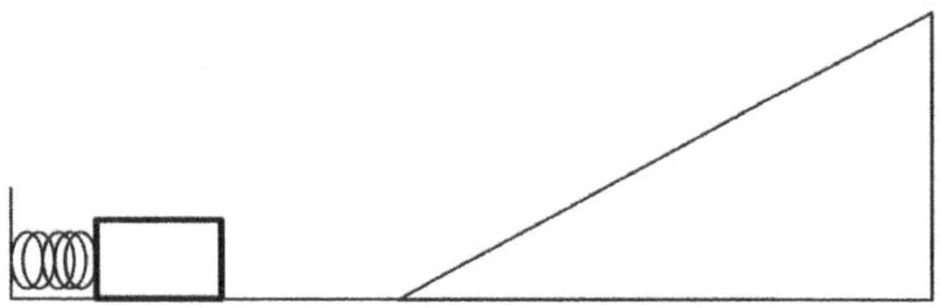

31) Un cuerpo de 5 kg está comprimiendo 7 cm un muelle de constante 20.000 N/m. Si el coeficiente de rozamiento es 0'23, la longitud del plano horizontal es de 3 m y el ángulo del plano es 60º, calcula la altura máxima alcanzada.
Solución: 0'256 m.

32) Se dispara una bala de 75 g a 800 km/h contra una pared. Calcula la resistencia de la pared si ha penetrado 6 cm en ella.
Solución: $3'08 \cdot 10^4$ N.

33) Un cuerpo se deja caer desde la parte superior de un plano inclinado 30º. Si ha recorrido 12 m y el coeficiente de rozamiento es 0'2: a) ¿Qué velocidad tendrá en la base del plano? b) Si al plano inclinado le sigue uno horizontal, también con rozamiento, ¿cuánto recorrerá horizontalmente hasta pararse?
Solución: a) 8'86 m/s. b) 19'6 m.

34) Un cuerpo de 100 kg cae desde 8 m de altura y choca contra un palo vertical. Si éste penetra medio metro en el suelo, calcula: a) La energía cinética del cuerpo al chocar contra el palo. b) La resistencia que opone el cuerpo a la penetración.
Solución: a) 8000 J. b) $1'6 \cdot 10^4$ N.

35) Una esfera de 2 kg se deja caer desde 10 m de altura sobre arena de playa. Calcula la resistencia de la arena a la penetración si la bola se ha hundido 20 cm.
Solución: 1000 N.

36) Se deja caer un cuerpo desde 10 m de altura desde un plano inclinado 40º. Al plano inclinado le sigue uno horizontal. Calcula cuánto recorre el cuerpo en el plano horizontal hasta pararse si hay rozamiento en los dos planos y el coeficiente vale 0'3.
Solución: 21'4 m.

37) En un callejón de 3 m de anchura hay un muelle clavado a la pared a cada lado. El de la izquierda es de constante 20000 N/m y el de la derecha es de 25000 N/m. Si un cuerpo de 5 kg comprime inicialmente 14 cm al de la izquierda y se suelta y si el coeficiente de rozamiento es 0'25, calcula: a) La velocidad a la que llega al muelle de la derecha. b) Cuánto se comprime el muelle de la derecha.
Solución: a) 7'96 m/s. b) 0'113 m.

38) Un muelle de 20 g y de 100 N/m se comprime verticalmente 5 cm contra el suelo y se suelta. Calcula la velocidad de salida y la altura máxima alcanzada.
Solución: 3'54 m/s, 0'625 m.

39) Un objeto de 2 kg con una velocidad inicial de 5 $m \cdot s^{-1}$ se desplaza 20 cm por una superficie horizontal para, a continuación, comenzar a ascender por un plano inclinado 30º. El coeficiente de rozamiento entre el objeto y ambas superficies es 0'1. Dibuje en un esquema las fuerzas que actúan sobre el objeto en ambas superficies y calcule la altura máxima que alcanza el objeto mediante consideraciones energéticas. g = 9'8 $m \cdot s^{-2}$.
Solución: 1'07 m.

40) Un cuerpo de 20 kg de masa se encuentra inicialmente en reposo en la parte más alta de una rampa que forma un ángulo de 30º con la horizontal. El cuerpo desciende por la rampa recorriendo 15 m, sin rozamiento, y cuando llega al final de la misma recorre 20 m por una superficie horizontal rugosa hasta que se detiene. Calcule el coeficiente de rozamiento entre el cuerpo y la superficie horizontal haciendo uso de consideraciones energéticas.
g = 9'8 $m \cdot s^{-2}$.
Solución: 0'375.

41) Sobre un bloque de 10 kg, inicialmente en reposo sobre una superficie horizontal rugosa, se aplica una fuerza de 40 N que forma un ángulo de 60º con la horizontal. El coeficiente de rozamiento entre el bloque y la superficie vale 0'2. Realice un esquema indicando las fuerzas que actúan sobre el bloque y calcule la variación de energía cinética del bloque cuando éste se desplaza 0'5 m. g = 9'8 $m \cdot s^{-2}$.
Solución: 3'65 J.

42) Un bloque de 1 kg de masa asciende por un plano inclinado que forma un ángulo de 30º con la horizontal. La velocidad inicial del bloque es de 10 $m \cdot s^{-1}$ y el coeficiente de rozamiento entre las superficies del bloque y el plano inclinado es 0'3. Determine mediante consideraciones energéticas: (i) La altura máxima a la que llega el bloque; (ii) el trabajo realizado por la fuerza de rozamiento. g = 9'8 $m \cdot s^{-2}$.
Solución: 3'36 m , – 17'1 J.

43) Un bloque de 2 kg se lanza hacia arriba por una rampa rugosa (μ = 0'3), que forma un ángulo de 30º con la horizontal, con una velocidad inicial de 6 $m \cdot s^{-1}$. Calcule la altura máxima que alcanza el bloque respecto del suelo. g = 9'8 $m \cdot s^{-2}$.
Solución: 1'21 m.

44) Un cuerpo de 3 kg se lanza hacia arriba con una velocidad de 20 $m \cdot s^{-1}$ por un plano inclinado 60º con la horizontal. Si el coeficiente de rozamiento entre el bloque y el plano es 0'3, calcule la distancia que recorre el cuerpo sobre el plano durante su ascenso y el trabajo realizado por la fuerza de rozamiento, comentando su signo. g = 9'8 $m \cdot s^{-2}$.
Solución: 20'1 m, – 88'6 J.

45) Un bloque de 5 kg desliza por una superficie horizontal mientras se le aplica una fuerza de 30 N en una dirección que forma 60º con la horizontal. El coeficiente de rozamiento entre la superficie y el cuerpo es 0'2. a) Dibuje en un esquema las fuerzas que actúan sobre el bloque y calcule el valor de dichas fuerzas. b) Calcule la variación de energía cinética del bloque en un desplazamiento de 0'5 m. g = 9'8 $m \cdot s^{-2}$.
Solución: a) P = 49 N, F_x = 15 N, F_y = 26 N, F_R = 4'6 N, ΔEc = 5'2 J.

46) Se deja caer un cuerpo, partiendo del reposo, por un plano inclinado que forma un ángulo de 30º con la horizontal. Después de recorrer 2 m llega al final del plano inclinado con una velocidad de 4 $m \cdot s^{-1}$ y continúa deslizándose por un plano horizontal hasta detenerse. La distancia recorrida en el plano horizontal es 4 m. Dibuje en un esquema las fuerzas que actúan sobre el bloque cuando se encuentra en el plano inclinado y determine el valor del coeficiente de rozamiento entre el cuerpo y el plano inclinado. g = 9'8 $m \cdot s^{-2}$.
Solución: 0'106.

47) Un bloque de 2 kg asciende por un plano inclinado que forma un ángulo de 30º con la horizontal. La velocidad inicial del bloque es de 10 $m \cdot s^{-1}$ y se detiene después de recorrer 8 m a lo largo del plano. a) Calcule el coeficiente de rozamiento entre el bloque y la superficie del plano. b) Calcule los cambios de la energía cinética, potencial y mecánica del bloque.
g = 9'8 $m \cdot s^{-2}$.
Solución: 0'159, ΔEc: – 100 J, ΔEp: 78'4 J, ΔE_M: – 21'6 J.

48) Por un plano inclinado 30º respecto a la horizontal desciende un bloque de 100 kg y se aplica sobre el bloque una fuerza paralela al plano que lo frena, de modo que desciende a velocidad constante. El coeficiente de rozamiento entre el plano y el bloque es 0'2. a) Dibuje en un esquema las fuerzas que actúan sobre el bloque y calcule el valor de la fuerza. b) Explique las transformaciones energéticas que tienen lugar en el deslizamiento del bloque y calcule la variación de su energía potencial en un desplazamiento de 20 m. g = 9'8 $m \cdot s^{-2}$.
Solución: 320 N, – 9800 J.

49) Un bloque de 5 kg se desliza con velocidad constante por una superficie horizontal rugosa al aplicarle una fuerza de 20 N en una dirección que forma un ángulo de 60º sobre la horizontal. a) Dibuje en un esquema todas las fuerzas que actúan sobre el bloque, indique el valor de cada una de ellas y calcule el coeficiente de rozamiento del bloque con la superficie. b) Determine el trabajo total de las fuerzas que actúan sobre el bloque cuando se desplaza 2 m y comente el resultado obtenido. $g = 9'8\ m\cdot s^{-2}$.
Solución: $P = 49$ N, $F_x = 10$ N, $F_y = 17'3$ N, $F_R = 10$ N, $W_T = 0$ J, $\mu = 0'316$.

50) Un bloque de 2 kg se lanza hacia arriba por una rampa rugosa ($\mu = 0'2$), que forma un ángulo de 30º con la horizontal, con una velocidad de $6\ m\cdot s^{-1}$. Tras su ascenso por la rampa, el bloque desciende y llega al punto de partida con una velocidad de $4'2\ m\cdot s^{-1}$. a) Dibuje en un esquema las fuerzas que actúan sobre el bloque cuando asciende por la rampa y, en otro esquema, las que actúan cuando desciende e indique el valor de cada fuerza. b) Calcule el trabajo de la fuerza de rozamiento en el ascenso del bloque y comente el signo del resultado obtenido. $g = 9'8\ m\cdot s^{-2}$.
Solución: $P = 19'6$ N, $P_x = 9'8$ N, $P_y = 17$ N, $F_R = 3'4$ N, $W_R = -9'18$ J.

51) Un cuerpo de 5 kg, inicialmente en reposo, se desliza por un plano inclinado de superficie rugosa que forma un ángulo de 30º con la horizontal, desde una altura de 0'4 m. Al llegar a la base del plano inclinado, el cuerpo continúa deslizándose por una superficie horizontal rugosa del mismo material que el plano inclinado. El coeficiente de rozamiento dinámico entre el cuerpo y las superficies es de 0'3. a) Dibuje en un esquema las fuerzas que actúan sobre el cuerpo en su descenso por el plano inclinado y durante su movimiento a lo largo de la superficie horizontal. ¿A qué distancia de la base del plano se detiene el cuerpo? b) Calcule el trabajo que realizan todas las fuerzas que actúan sobre el cuerpo durante su descenso por el plano inclinado. $g = 10\ m\cdot s^{-2}$.
Solución: 0'641 m, 9'61 J.

52) Un bloque de 2 kg se encuentra situado en la parte superior de un plano inclinado rugoso de 5 m de altura. Al liberar el bloque, se desliza por el plano inclinado llegando al suelo con una velocidad de $6\ m\cdot s^{-1}$. a) Analice las transformaciones energéticas que tienen lugar durante el deslizamiento y represente gráficamente las fuerzas que actúan sobre el bloque. b) Determine los trabajos realizados por la fuerza gravitatoria y por la fuerza de rozamiento. $g = 9'8\ m\cdot s^{-2}$.
Solución: – 62 J, 98 J.

53) Un bloque de 200 kg asciende con velocidad constante por un plano inclinado 30º respecto a la horizontal bajo la acción de una fuerza paralela a dicho plano. El coeficiente de rozamiento entre el bloque y el plano es 0'1. a) Dibuje en un esquema las fuerzas que actúan sobre el bloque y explique las transformaciones energéticas que tienen lugar durante su deslizamiento. b) Calcule el valor de la fuerza que produce el desplazamiento del bloque y el aumento de su energía potencial en un desplazamiento de 20 m. $g = 9'8\ m\cdot s^{-2}$.
Solución: 1150 N, 19600 J.

Cuestiones

1) ¿Verdadero o falso? Razónalo.
a) El trabajo de una fuerza perpendicular al movimiento es siempre cero.
b) La energía se conserva siempre.
c) La energía mecánica se conserva siempre.
d) Todo el trabajo se puede convertir en energía y toda la energía se puede convertir en trabajo.

2) ¿Verdadero o falso? Razónalo.
a) Normalmente, el trabajo de rozamiento es negativo.
b) La tensión en un péndulo no realiza trabajo.
c) Si se duplica la velocidad de un cuerpo, se duplica su energía.
d) Si un coche está frenando, su energía cinética es negativa.

3) ¿Verdadero o falso? Razónalo.
a) El kW·h es una unidad de potencia.
b) El trabajo sobre un cuerpo se invierte en aumentar su energía cinética.
c) El trabajo de las fuerzas conservativas aumenta la energía potencial del cuerpo.
d) Si un cuerpo se mueve a velocidad constante, no realiza trabajo.

4) ¿Verdadero o falso? Razónalo.
a) Sólo las fuerzas conservativas realizan trabajo.
b) La disminución de la energía cinética contribuye siempre al aumento de la energía potencial y al contrario.
c) Un móvil aumenta su energía potencial mientras actúa sobre él una fuerza.
d) La energía no se conserva si hay rozamiento.

5) ¿A qué es igual el trabajo realizado por un receptor de béisbol que detiene una pelota a 150 km/h?

6) Si la energía mecánica permanece constante, ¿sólo actúan fuerzas conservativas sobre el cuerpo?

7) Pon ejemplos de fuerzas conservativas y de fuerzas no conservativas.

8) Si sobre una partícula actúan fuerzas conservativas y no conservativas, razona cómo cambian las energías cinética, potencial y mecánica de la partícula.

9) Un cuerpo desciende por un plano inclinado. Justifica qué les ocurre a sus energías cinética, potencial y mecánica si: a) No hay rozamiento. b) Hay rozamiento.

10) Un automóvil desciende por un tramo pendiente con el freno accionado y mantiene constante su velocidad. Razona los cambios energéticos que se producen.

11) Una masa M se mueve desde el punto A hasta el B de la figura y posteriormente desciende hasta el C. Compare el trabajo mecánico realizado en el desplazamiento A → B → C con el que se hubiera realizado en un desplazamiento horizontal desde A hasta C. a) Si no hay rozamiento. b) En presencia de rozamiento. Justifique las respuestas.

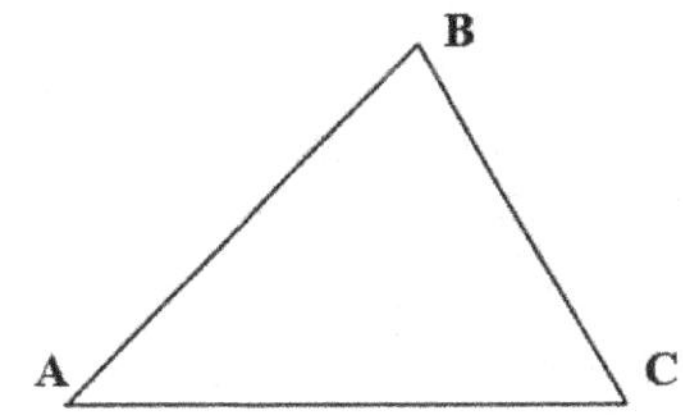

12) ¿Qué trabajo se realiza al sostener un cuerpo durante un tiempo t con una fuerza F?

13) Una partícula se mueve bajo la acción de una sola fuerza conservativa. El módulo de su velocidad decrece inicialmente, pasa por cero momentáneamente y más tarde crece. a) Pon un ejemplo real en el que se observe este comportamiento. b) Describe la variación de energía potencial y la de la energía mecánica de la partícula durante ese movimiento.

TEMA 5: MOVIMIENTO ARMÓNICO SIMPLE

Esquema

1. Conceptos previos
2. Estudio cinemático
3. Estudio dinámico
4. Formulario

1. Conceptos previos

- Un cuerpo se mueve con M.A.S. (movimiento armónico simple) cuando oscila a un lado y a otro de la posición de equilibrio. Ejemplo: un muelle o un péndulo.
- Es la proyección de un MCU sobre una línea recta.

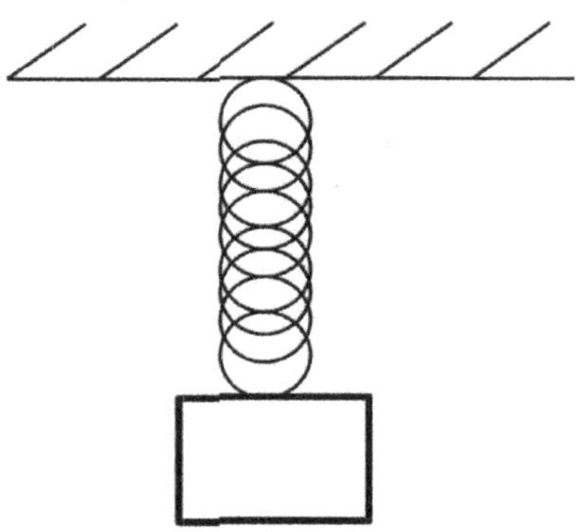

M.A.S.

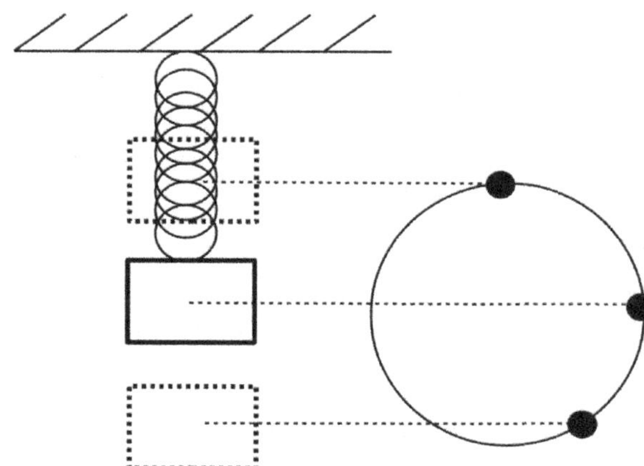

Proyección de un MCU

- El MAS está producido por una fuerza recuperadora directamente proporcional a la elongación, es decir, a la distancia a la posición de equilibrio.
- Magnitudes del M.A.S.:
  * La elongación, y o x: es la distancia del cuerpo a la posición de equilibrio (m).
  * La amplitud, A: es la elongación máxima (m).
  * Frecuencia angular, ω: es el ritmo de oscilación (rad/s).
  * Período, T: tiempo en realizar una oscilación completa (s).
  * Frecuencia, f: número de oscilaciones por unidad de tiempo (Hz).
  * Fase, φ: ángulo que indica el estado de oscilación en el que se encuentra el móvil (rad).
  * Fase inicial, φ_0 : fase para tiempo cero (rad).

* Fuerza recuperadora o fuerza elástica, F: fuerza que produce el movimiento y que es proporcional a la distancia a la posición de equilibrio (N).
* Constante recuperadora o constante elástica, k: es una constante característica del muelle (N/m).
* Energía cinética, Ec: es la energía que tiene el cuerpo gracias a su movimiento (J).
* Energía potencial, Ep: es la energía que tiene el cuerpo gracias a su posición (J).
* Energía mecánica, E_M: es la energía total que tiene el cuerpo que oscila (J).

2. Estudio cinemático

- Elongación: $y = A\cdot \text{sen}\ (\omega\cdot t + \varphi_0)$, en la que x representa la posición del móvil y se denomina elongación, A es la elongación máxima y se denomina amplitud (en metros), ω es la frecuencia angular (en rad/s) y φ_0 es la fase inicial (en rad).

- Frecuencia angular: $\omega = \dfrac{2\cdot\pi}{T} = 2\cdot\pi\cdot f = \sqrt{\dfrac{k}{m}}$

- Velocidad: $v = \dfrac{dy}{dt} = A\cdot\omega\cdot\cos\ (\omega\cdot t + \varphi_0)$

- Aceleración: $a = \dfrac{dv}{dt} = -A\cdot\omega^2\cdot \text{sen}\ (\omega\cdot t) = -\omega^2\cdot y$

Ejemplo 1: un cuerpo de 2 kg oscila horizontalmente en un muelle de constante 100 N/m con un desfase de 45º. Averigua la ecuación de movimiento, la velocidad a los 3 s y la aceleración a los 3 s si la elongación máxima es de 30 cm.

$$\omega = \sqrt{\frac{k}{m}} = \sqrt{\frac{100}{2}} = 7'07\ \frac{rad}{s} \quad ; \quad \varphi_0 = 45^o = \frac{\pi}{4}\ \text{rad}$$

$$x = A\cdot \text{sen}\ (\omega\cdot t + \varphi_0) = 0'3\cdot \text{sen}\left(7'07\cdot t + \frac{\pi}{4}\right)$$

$$v = \frac{dx}{dt} = 0'3\cdot 7'07\cdot\cos\left(7'07\cdot t + \frac{\pi}{4}\right) = 2'12\cdot\cos\left(7'07\cdot t + \frac{\pi}{4}\right)$$

$$a = \frac{dv}{dt} = -2'12\cdot 7'07\cdot \text{sen}\left(7'07\cdot t + \frac{\pi}{4}\right) = -15\cdot \text{sen}\left(7'07\cdot t + \frac{\pi}{4}\right)$$

Para t = 3 s: v = – 2'12 m/s; $a = 0'0637\ m/s^2$

Ejercicio 1: un cuerpo realiza un MAS con un período de 2 s y una amplitud de 35 cm. Averigua su ecuación de movimiento vertical y su velocidad y su aceleración a los 5 s.
Solución: $y = 0'35 \cdot \text{sen}(\pi \cdot t)$, $v = -1'1$ m/s, $a = 0$.

	Elongación, x	Velocidad, v	Aceleración, a
Extremo superior	Máxima = + A	0	Máxima = $-\omega^2 \cdot A$
Posición de equilibrio	0	Máxima = $A \cdot \omega$	Mínima = 0
Extremo inferior	Máxima = – A	0	Máxima = $-\omega^2 \cdot A$

- La elongación y la aceleración son funciones del seno y la velocidad del coseno. Esto supone que la elongación y la velocidad adquieren sus valores máximos en los extremos y el mínimo en la posición de equilibrio. Con la velocidad, ocurre al contrario.

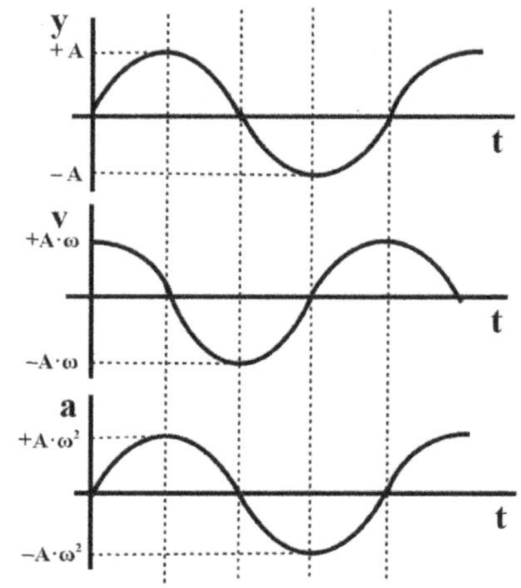

3. Estudio dinámico

- Elongación: $y = A \cdot \text{sen}(\omega \cdot t + \varphi_0)$

- Velocidad: $v = \dfrac{dy}{dt} = A \cdot \omega \cdot \cos(\omega \cdot t + \varphi_0)$

- Aceleración: $a = \dfrac{dv}{dt} = -A \cdot \omega^2 \cdot \text{sen}(\omega \cdot t + \varphi_0) = -\omega^2 \cdot y$

- Fuerza elástica: $F = -k \cdot y$

- Frecuencia angular: $F = m \cdot a = -m \cdot \omega^2 \cdot y = -k \cdot y \rightarrow k = m \cdot \omega^2 \rightarrow \omega = \sqrt{\dfrac{k}{m}}$

- Energía cinética: $Ec = \frac{1}{2}.m \cdot v^2 = \frac{1}{2}.m \cdot A^2 \cdot \omega^2 \cdot \cos^2(\omega \cdot t + \phi_0)$

- Energía potencial: $Ep = \frac{1}{2}.k \cdot y^2 = \frac{1}{2}.m \cdot \omega^2 \cdot A^2 \cdot sen^2(\omega \cdot t + \phi_0)$

- Energía mecánica:

$$E_M = Ec + Ep = \frac{1}{2}.m \cdot A^2 \cdot \omega^2 \cdot \cos^2(\omega \cdot t + \phi_0) + \frac{1}{2}.m \cdot \omega^2 \cdot A^2 \cdot sen^2(\omega \cdot t + \phi_0) = \frac{1}{2}.m \cdot \omega^2 \cdot A^2 =$$

$$= \frac{1}{2}.k \cdot A^2$$

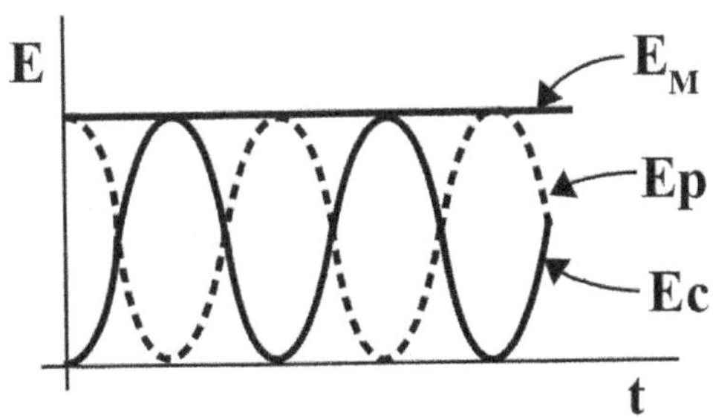

Gráfica energía – tiempo

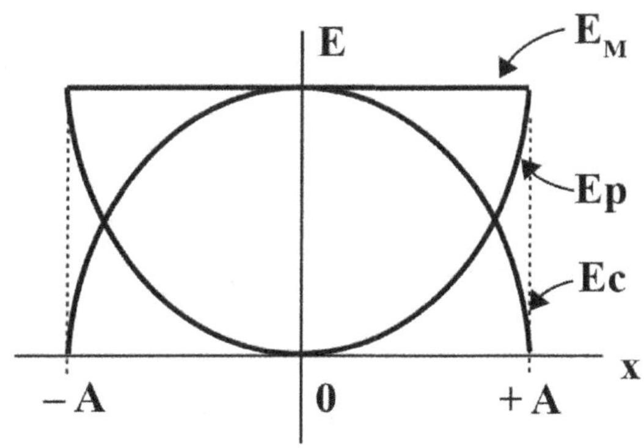

Gráfica energía – posición

	Elongación, x	Ec	Ep
Extremo superior	Máxima = + A	0	Máxima = $\frac{1}{2}.k \cdot A^2$
Posición de equilibrio	0	Máxima = $\frac{1}{2}.k \cdot A^2$	0
Extremo inferior	Máxima = – A	0	Máxima = $\frac{1}{2}.k \cdot A^2$

- La energía mecánica es siempre constante, por ser la fuerza elástica conservativa. La energía potencial se va convirtiendo en cinética y la cinética en potencial.

4. Formulario

- Ecuación del movimiento o elongación:

$y = A \cdot sen\,(\omega \cdot t + \varphi_0)$ (si el movimiento es vertical)

o bien: $x = A \cdot sen\,(\omega \cdot t + \varphi_0)$ (si el movimiento es horizontal)

- Período, T: $T = \frac{2 \cdot \pi}{\omega}$

- Período de un péndulo: $T = 2 \cdot \pi \cdot \sqrt{\frac{L}{g}}$

- Frecuencia de un péndulo, f: $f = \frac{1}{2 \cdot \pi} \cdot \sqrt{\frac{g}{L}}$

- Frecuencia, f (o ν): $f = \frac{1}{T} = \frac{\omega}{2 \cdot \pi}$; $f = \frac{1}{2 \cdot \pi} \cdot \sqrt{\frac{k}{m}}$

- Fase, φ : $\varphi = \omega \cdot t + \varphi_0$

- Frecuencia angular, ω: $\omega = \sqrt{\frac{k}{m}}$

- Velocidad, v: $v = \frac{dy}{dt} = A \cdot \omega \cdot \cos\,(\omega \cdot t + \varphi_0)$

- Velocidad máxima, $v_{máx}$: $v_{max} = A \cdot \omega$

- Aceleración, a: $a = \frac{dv}{dt} = -A \cdot \omega^2 \cdot sen\,(\omega \cdot t + \varphi_0)$

- Aceleración máxima, a_{max} : $a_{max} = -A \cdot \omega^2$

- Fuerza recuperadora o fuerza elástica: $F = k \cdot y$, o bien: $F = k \cdot x$

- Energía cinética, Ec: $Ec = \frac{1}{2}.m \cdot v^2 = \frac{1}{2}.m \cdot A^2 \cdot \omega^2 \cdot \cos^2(\omega \cdot t + \phi_0)$

- Energía potencial, Ep: $Ep = \frac{1}{2}.k \cdot y^2 = \frac{1}{2}.m \cdot \omega^2 \cdot A^2 \cdot sen^2(\omega \cdot t + \phi_0)$

- Energía mecánica, E_M: $E_M = \frac{1}{2}.k \cdot A^2$

PROBLEMAS Y CUESTIONES PROPUESTOS

Problemas

1) Un cuerpo realiza un MAS con un período de 0'3 s y un desfase de 30º. Averigua su expresión general y su velocidad y aceleración a los 10 s si la máxima elongación es de 20 cm. ¿Para qué tiempos se anula su velocidad? ¿Y su aceleración?

Solución: y = 0'2·sen $\left(\frac{20\cdot\pi\cdot t}{3}+\frac{\pi}{6}\right)$, – 3'63 m/s, – 43'9 m/s^2, $t=\frac{3\cdot n+1}{20}$, $t=\frac{6\cdot n-1}{40}$, (n = 0, 1, 2, ...)

2) Un cuerpo realiza un movimiento armónico simple en el eje x con una frecuencia de 40 Hz, un desfase de 45º y una amplitud de 30 cm. Averigua su elongación, su velocidad y aceleración a los 20 s. ¿Para qué tiempos se anula su aceleración?

Solución: 0'212 m, 53'3 m/s, – 1'34·10^4 m/s^2, $t=\frac{4\cdot n-1}{320}$ (n = 0, 1, 2, ...)

3) Un bloque de masa m = 10 kg realiza un movimiento armónico simple. En la figura adjunta se representa su elongación, y, en función del tiempo, t:

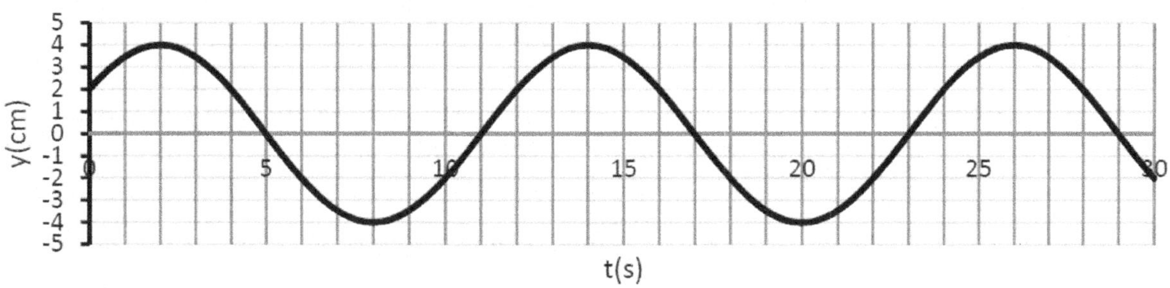

a) Escriba la ecuación del movimiento armónico simple con los datos que se obtienen de la gráfica. b) Determine la velocidad y la aceleración del bloque en el instante t = 5 s.

Solución: a) y = 0'04·sen $\left(\frac{\pi\cdot t}{6}+\frac{\pi}{6}\right)$. b) v = – 0'0209 $\frac{m}{s}$, a = 0.

4) La energía mecánica de una partícula que realiza un movimiento armónico simple a lo largo del eje X y en torno al origen vale 3·10^{-5} J y la fuerza máxima que actúa sobre ella es de 1'5·10^{-3} N. a) Obtenga la amplitud del movimiento. b) Si el periodo de la oscilación es de 2 s y en el instante inicial la partícula se encuentra en la posición x_0 = 2 cm, escriba la ecuación de movimiento.

Solución: a) 0'04 m. b) x = 0'04·sen $\left(\pi\cdot t+\frac{\pi}{6}\right)$.

5) Sobre una superficie horizontal hay un muelle de constante elástica desconocida, comprimido 4 cm, junto a un bloque de 100 g. Al soltarse el muelle impulsa al bloque, que choca contra otro muelle de constante elástica 16 $N \cdot m^{-1}$ y lo comprime 10 cm. Suponga que las masas de los muelles son despreciables y que no hay pérdidas de energía por rozamiento. a) Determine la constante elástica del primer muelle. b) Si tras el choque con el segundo muelle el bloque se queda unido a su extremo y efectúa oscilaciones, determine la frecuencia de oscilación.

Solución: a) 100 $\frac{N}{m}$. b) 2'01 Hz.

6) Un cuerpo de 80 g, unido al extremo de un resorte horizontal, describe un movimiento armónico simple de amplitud 5 cm. a) Escriba la ecuación de movimiento del cuerpo sabiendo que su energía cinética máxima es de $2'5 \cdot 10^{-3}$ J y que en el instante t = 0 el cuerpo pasa por su posición de equilibrio. b) Represente gráficamente la energía cinética del cuerpo en función de la posición e indique el valor de la energía mecánica del cuerpo.
Solución: a) x = 0'05·sen (5·t). b) $2'5 \cdot 10^{-3}$ J.

7) Una partícula que oscila horizontalmente se encuentra a 3 cm a la derecha para tiempo cero. Su velocidad es de – 12 cm/s. Si el período es de 0'5 s, calcula: a) La ecuación de movimiento. b) La velocidad y la aceleración a los 4 s. c) La velocidad y la aceleración máximas.
Solución: a) $x=0'0315 \cdot sen(4 \cdot \pi \cdot t-1'26)$. b) 0'121 m/s, 4'74 m/s^2.
c) 0'396 m/s, 4'97 m/s^2.

8) Una partícula realiza un MAS de 20 cm y tarda 2 s en realizar media oscilación. Determina: a) La ecuación de movimiento. b) La velocidad y la aceleración máximas. c) Los tiempos para los que se anulan la velocidad y la aceleración.
Solución: a) $y=0'2 \cdot sen\left(\frac{\pi \cdot t}{2}\right)$. b) 0'314 m/s, 0'493 m/s^2.
c) Velocidad máxima: t = 2·n (n = 0, 1, 2 …)
Aceleración máxima: t = 2·n + 1 (n = 0, 1, 2...)

9) Un cuerpo de 300 g oscila en un resorte de constante 20 N/m con una amplitud de 5 cm. Calcula: a) La velocidad y la aceleración cuando la elongación es de 3 cm. b) Los valores máximos de la velocidad y la aceleración.
Solución: a) 0'327 m/s, – 2 m/s^2. b) 0'409 m/s, 3'34 m/s^2.

10) Un cuerpo de 40 g realiza un MAS horizontalmente, recorriendo 16 cm en un ciclo completo. Si la aceleración máxima es 36 cm/s^2, averigua: el período, la frecuencia, la constante recuperadora, la energía mecánica y la velocidad a los 2 cm.
Solución: 2'96 s, 0'338 Hz, 0'18 N/m, $5'76 \cdot 10^{-4}$ J, 0'164 m/s.

11) Un péndulo de 2 m de longitud tiene un período de 2'84 s. Calcula: a) El valor de g. b) La amplitud si la velocidad de la bola en la parte inferior es de 40 cm/s. c) La ecuación de movimiento.
Solución: a) 9'79 m/s^2. b) 0'181 m. c) $x = 0'181 \cdot sen\ (2'21 \cdot t)$

12) Una masa de 200 g unida a un muelle de 40 N/m realiza un MAS. Si la amplitud es de 10 cm, calcula: a) La energía potencial máxima. b) La energía cinética para x = 3 cm. c) Las energías cuando la aceleración es de 8 cm/s^2.
Solución: a) 0'2 J. b) 0'182 J. c) Ec: 0'2 J, Ep: 0.

Cuestiones

1) a) Explique las características cinemáticas de un movimiento armónico simple. b) Dos partículas de igual masa, m, unidas a dos resortes de constantes k_1 y k_2 ($k_1 > k_2$), describen movimientos armónicos simples de igual amplitud. ¿Cuál de las dos partículas tiene mayor energía cinética al pasar por su posición de equilibrio? ¿Cuál de las dos oscila con mayor periodo? Razone las respuestas.

2) Comente la siguiente frase: "Si se aumenta la energía mecánica de una partícula que describe un movimiento armónico simple, la amplitud y la frecuencia del movimiento también aumentan".

3) Un cuerpo de masa m sujeto a un resorte de constante elástica k describe un movimiento armónico simple. Indique cómo variaría la frecuencia de oscilación si: i) la constante elástica se duplicara; ii) la masa del cuerpo se triplicara. Razone sus respuestas.

4) Dos bloques, de masas M y m, están unidos al extremo libre de sendos resortes idénticos, fijos por el otro extremo a una pared, y descansan sobre una superficie horizontal sin rozamiento. Los bloques se separan de su posición de equilibrio una misma distancia A y se sueltan. Razone qué relación existe entre las energías potenciales cuando ambos bloques se encuentran a la misma distancia de sus puntos de equilibrio.

5) Una partícula de masa m sujeta a un muelle de constante k describe un movimiento armónico simple expresado por la ecuación: $x(t) = A\ \text{sen}\ (\omega \cdot t + \varphi)$. Represente gráficamente la posición y la aceleración de la partícula en función del tiempo durante una oscilación. Explique ambas gráficas y la relación entre las dos magnitudes representadas.

6) a) Describa el movimiento armónico simple y comente sus características dinámicas. b) Un oscilador armónico simple está formado por un muelle de masa despreciable y una partícula de masa, m, unida a uno de sus extremos. Se construye un segundo oscilador con un muelle idéntico al del primero y una partícula de masa diferente, m'. ¿Qué relación debe existir entre m' y m para que la frecuencia del segundo oscilador sea el doble que la del primero?

7) Una partícula de masa m está unida a un extremo de un resorte y realiza un movimiento armónico simple sobre una superficie horizontal. Determine la expresión de la energía mecánica de la partícula en función de la constante elástica de resorte, k, y de la amplitud de la oscilación, A.

8) Demuestre que en un oscilador armónico simple la aceleración es proporcional al desplazamiento de la posición de equilibrio pero de sentido contrario.

9) a) Energía mecánica de un oscilador armónico simple. Utilice una representación gráfica para explicar la variación de las energías cinética, potencial y mecánica en función de la posición. b) Dos partículas de masas m_1 y m_2 ($m_2 > m_1$), unidas a resortes de la misma constante k, describen movimientos armónicos simples de igual amplitud. ¿Cuál de las dos partículas tiene mayor energía cinética al pasar por su posición de equilibrio? ¿Cuál de las dos pasa por esa posición a mayor velocidad? Razone las respuestas.

10) Escriba la ecuación de un movimiento armónico simple. ¿Cómo cambiarían las variables de dicha ecuación si el periodo del movimiento fuera doble? ¿Y si la energía mecánica fuera doble?

11) Un movimiento armónico simple viene descrito por la ecuación: $x(t) = A \cdot \text{sen}\ (\omega \cdot t + \delta)$. a) Escriba la velocidad y la aceleración de la partícula en función del tiempo y explique cómo varían a lo largo de una oscilación. b) Deduzca las expresiones de las energías cinética y potencial en función de la posición y explique sus cambios a lo largo de la oscilación.

12) Una partícula describe un movimiento armónico simple de amplitud A y frecuencia f. Explique cómo varían la amplitud, la frecuencia del movimiento y la energía mecánica de la partícula al duplicar el periodo de oscilación.

TEMA 6: CAMPOS GRAVITATORIO Y ELÉCTRICO

Esquema

1. Conceptos previos

- Concepto de campo: un campo es una perturbación del espacio provocada por una masa o por una carga eléctrica.
- Se dice que hay campo en una región del espacio cuando cada punto de ese espacio tiene un valor para la magnitud física correspondiente.
- Los campos pueden ser gravitatorios, eléctricos o magnéticos.
- Existe campo gravitatorio cuando una masa experimenta una fuerza en esa zona del espacio.
- Existe campo eléctrico cuando una carga experimenta una fuerza en esa zona del espacio.
- Un campo tiene tres elementos en cada punto: la intensidad, las líneas de fuerza y el potencial.
- El universo está compuesto de materia, energía y espacio vacío.
- La materia está compuesta por átomos y moléculas.
- Los átomos están formados por neutrones, protones y electrones. Es decir, la materia está formada por partículas cargadas y por partículas no cargadas.
- Normalmente, la mayoría de los cuerpos no tienen carga, es decir, el número de protones es igual al número de electrones.
- Se dice que un cuerpo está cargado cuando el número de electrones es distinto al de protones.
- La rama de la Física que estudia las cargas eléctricas se llama electricidad. A menudo, se estudia conjuntamente con el magnetismo y la disciplina recibe el nombre de electromagnetismo, porque los fenómenos eléctricos y los fenómenos magnéticos están relacionados.
- La electricidad se divide en electrostática (estudio de las cargas en reposo) y la electrocinética (estudio de las cargas en movimiento dentro de conductores).

- Un cuerpo se carga porque se mueven sus electrones, no sus protones.
- Un cuerpo puede cargarse por frotamiento, por contacto o por inducción.
- Por frotamiento, un cuerpo se carga al ganar o perder electrones debido a la energía de la fricción. Uno de los cuerpos frotados adquiere una carga y el otro cuerpo la carga opuesta.
- Algunos cuerpos tienen tendencia a ganar electrones y otros a perderlos. Ejemplo: la lana los pierde y el vidrio los gana.
- Al cargar por contacto, los dos cuerpos adquieren carga del mismo signo.
- La carga por inducción consiste en que un cuerpo cargado se acerca a un cuerpo neutro y reordena sus cargas eléctricas.

Frotamiento

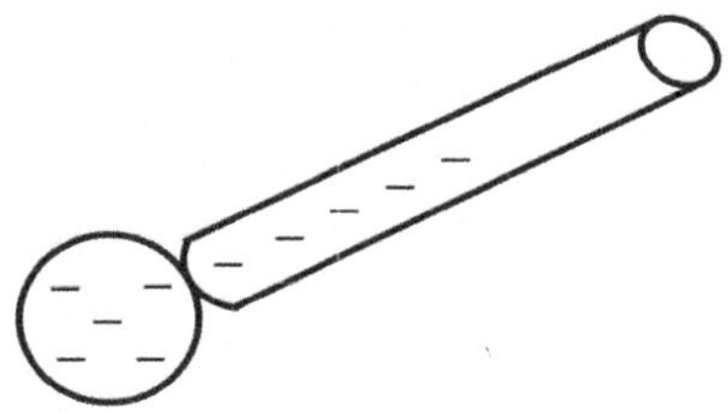

Contacto

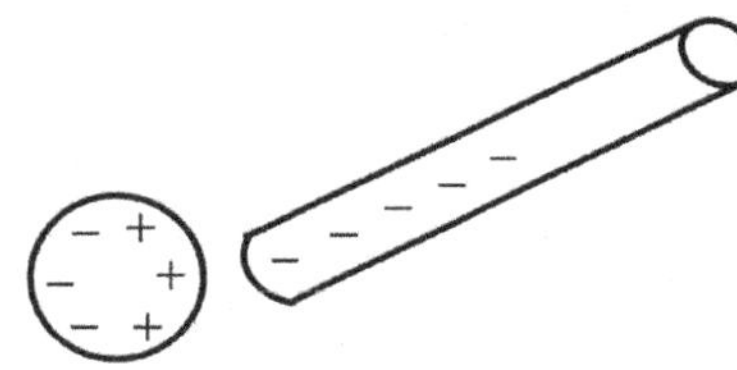

Inducción

- Cuantización de la carga eléctrica: cualquier carga eléctrica que adquiere un cuerpo (positiva o negativa) es un múltiplo de la carga del electrón.
- Conservación de la carga eléctrica: en un sistema aislado, la carga eléctrica total permanece constante, es decir, la suma de las cargas positivas y negativas no varía.
- Las líneas de fuerza de un campo eléctrico son líneas imaginarias tangentes en cada punto al vector intensidad de campo.
- Un campo eléctrico uniforme es aquel en el que las líneas de campo son paralelas.
- Una superficie equipotencial es aquella en la que todos sus puntos tienen el mismo potencial eléctrico.

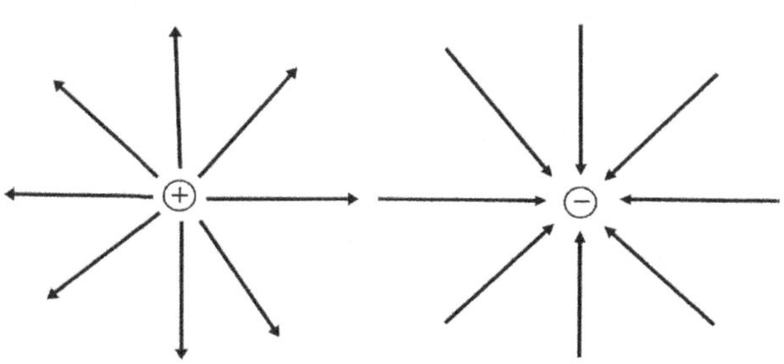

Líneas de campo

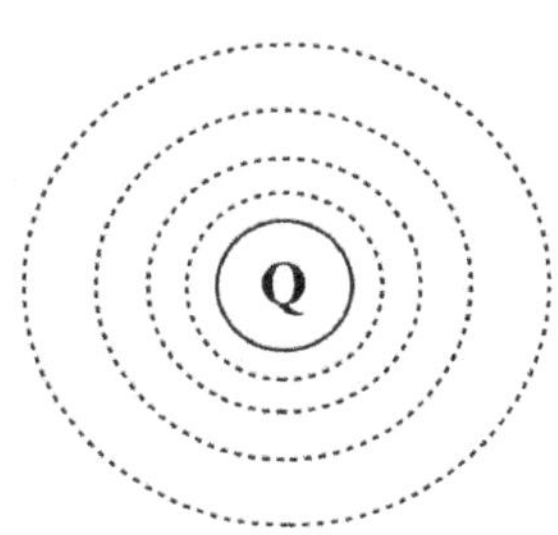

Superficies equipotenciales

- Convenio de signos: el trabajo que realiza un campo moviendo una carga es positivo. Si el trabajo lo realiza una fuerza externa en contra del campo, el trabajo es negativo.

- La energía potencial eléctrica de una carga en un campo es el trabajo necesario para llevar esa carga desde un punto hasta el infinito.
- Las cargas positivas se mueven espontáneamente en el sentido del campo eléctrico y las negativas en sentido contrario.
- Las cargas positivas se mueven espontáneamente desde puntos de mayor potencial hasta puntos de menor potencial. Las cargas negativas, al contrario.
- Un trabajo eléctrico positivo significa que la carga se mueve en el sentido espontáneo. Un trabajo negativo significa que la carga se mueve en el sentido no espontáneo gracias a una fuerza externa.
- Para mover las cargas en el sentido no espontáneo, hace falta una fuerza externa.
- En un conductor en equilibrio, las cargas se distribuyen uniformemente por la superficie. El campo eléctrico es nulo en el interior y distinto de cero y perpendicular en la superficie.
- Los materiales no conductores se llaman aislantes o dieléctricos.
- En un material aislante, las cargas eléctricas pueden estar en cualquier punto del mismo y no se pueden desplazar.
- Cuando dos cuerpos entran en contacto, estando al menos uno de ellos cargados, las cargas se reparten hasta que los dos tienen el mismo potencial eléctrico, V.
- Un campo uniforme es aquel cuyas líneas de campo son paralelas entre sí. La intensidad del campo crece en el sentido de las flechas:

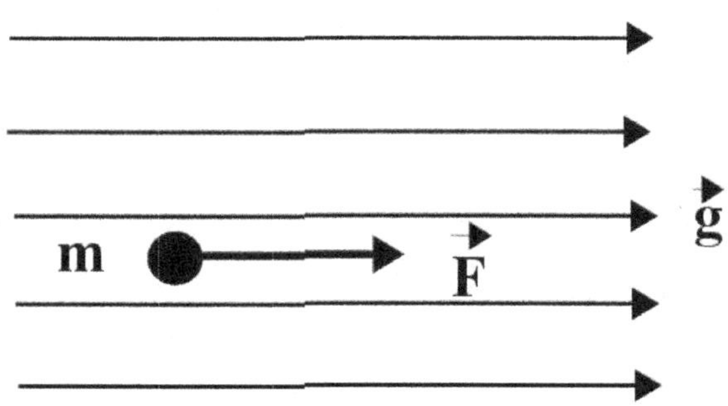

Campo gravitatorio uniforme

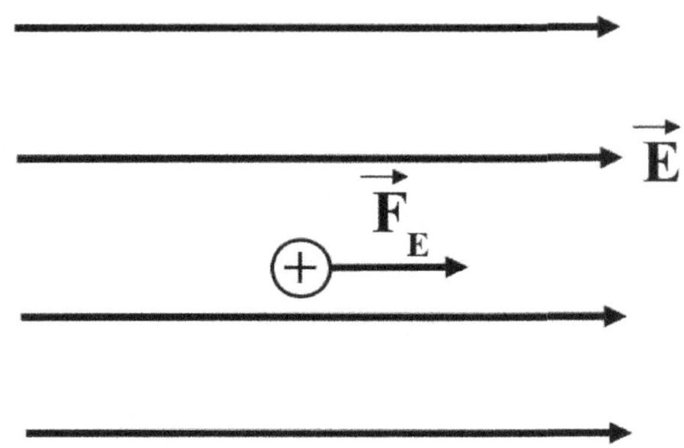

Campo eléctrico uniforme

- Un satélite es un cuerpo que orbita (que gira) alrededor de otro. En los satélites se cumple que:

$$F_G = F_C \rightarrow \frac{G \cdot M \cdot m}{r^2} = \frac{m \cdot v^2}{r} \rightarrow v = \frac{G \cdot M}{r} \quad \text{(velocidad orbital)}$$

$$\text{Además:} \quad T = \frac{2 \cdot \pi \cdot r}{v} \quad \text{(período de revolución)}$$

2. Campo gravitatorio

2.1. Ley de gravitación universal

- Fue enunciada por Isaac Newton.
- La fuerza con la que se atraen dos masas es directamente proporcional al producto de sus masas e inversamente proporcional al cuadrado de la distancia que las separa.

$$F_G = G \cdot \frac{M \cdot m}{r^2}$$

2.2. Leyes de Kepler

- Son leyes que regulan el movimiento de satélites alrededor de planetas o de planetas alrededor de estrellas.

* Primera ley de Kepler: los planetas giran alrededor del Sol en trayectorias elípticas, ocupando el Sol uno de los focos:

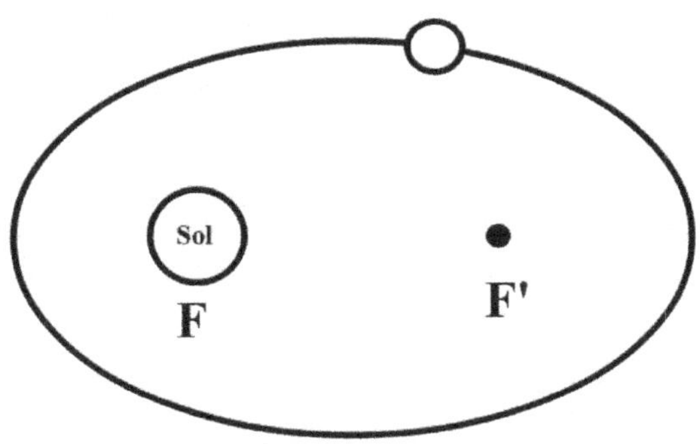

Primera ley de Kepler

* Segunda ley de Kepler: el vector de posición del planeta barre áreas iguales en tiempos iguales:

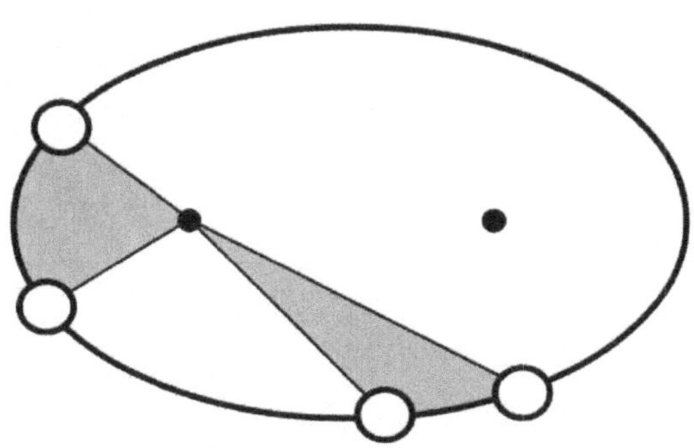

Segunda ley de Kepler

* Tercera ley de Kepler: el cociente entre el cuadrado del período de revolución y el cubo del radio medio de la órbita es una constante para todos los planetas: $\frac{T^2}{r^3}$ = constante

2.3. Magnitudes del campo gravitatorio

- Momento angular: es el momento de la cantidad de movimiento. Es una magnitud vectorial.

$$\vec{L}=\vec{r}\,x\,\vec{p}=\vec{r}\,x\,m\cdot\vec{v}=m\cdot\vec{r}\,x\,\vec{v} \quad ; \quad L = m\cdot r\cdot v\cdot \text{sen}\,\alpha \quad \left(\frac{kg\cdot m^2}{s}\right)$$

- Fuerza gravitatoria: dada por la ley de gravitación universal:

$$F_G = G\cdot \frac{M\cdot m}{r^2} \quad (N)$$

- Campo gravitatorio: es la fuerza por unidad de masa en cada punto del espacio:

$$g = \frac{F_G}{m} = \frac{G\cdot M}{r^2} \quad \left(\frac{m}{s^2}\right)$$

- Energía potencial: es el trabajo necesario para separar las masas desde la distancia que se encuentran hasta el infinito.

$$Ep = G\cdot \frac{M\cdot m}{r} \quad (J)$$

- Potencial gravitatorio: es la energía potencial gravitatoria por unidad de masa en cada punto del espacio:

$$V = \frac{Ep}{m} = \frac{G\cdot M}{r} \quad \left(\frac{J}{kg}\right)$$

- Trabajo gravitatorio: energía necesaria para trasladar una masa de un punto a otro:

$$W = -\Delta Ep = Ep_1 - Ep_2 = -m\cdot\Delta V = m\cdot(V_1 - V_2) \quad (J)$$

- Las magnitudes vectoriales son: momento angular, fuerza y campo.
- Las magnitudes escalares son: energía potencial y potencial.

Ejemplo 1: un cuerpo de 2 ton se encuentra en el origen de coordenadas. Calcula todas las magnitudes gravitatorias en el punto (3000, 5000) m.

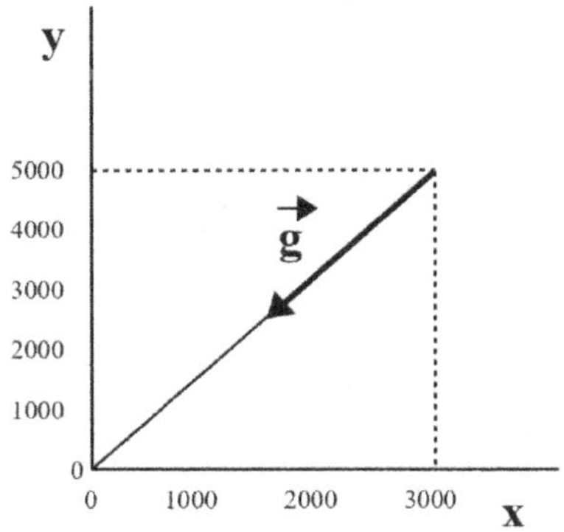

$$r = \sqrt{x^2+y^2} = \sqrt{3000^2+5000^2} = $$

$$= 5831 \text{ m}$$

$$\cos\alpha = \frac{x}{r} = \frac{3000}{5831} = 0'514$$

$$\text{sen}\,\alpha = \frac{y}{r} = \frac{5000}{5831} = 0'857$$

- Campo gravitatorio: $g = \dfrac{G\cdot M}{r^2} = \dfrac{6'67\cdot 10^{-11}\cdot 2000}{5831^2} = 3'92\cdot 10^{-15}\ \dfrac{m}{s^2}$

$$\vec{g} = -g\cdot\cos\alpha\cdot\vec{i} - g\cdot sen\,\alpha\cdot\vec{j} = -3'92\cdot 10^{-15}\cdot 0'514\cdot\vec{i} - 3'92\cdot 10^{-15}\cdot 0'857\cdot\vec{j} =$$

$$= -2'01\cdot 10^{-15}\cdot\vec{i} - 3'36\cdot 10^{-15}\cdot\vec{j}$$

- Potencial gravitatorio: $V = \dfrac{G\cdot M}{r} = \dfrac{6'67\cdot 10^{-11}\cdot 2000}{5831} = 2'29\cdot 10^{-11}\ \dfrac{J}{kg}$

Ejercicio 1: un cuerpo de 500 kg se encuentra en el punto A (2,7) m. Calcula el campo y el potencial gravitatorios en el punto B (5,0) m. Solución: $5'74\cdot 10^{-10}$ m/s^2, $4'38\cdot 10^{-9}$ J/kg.

3. Campo eléctrico

3.1. Ley de Coulomb

- La fuerza con la que se atraen o se repelen dos cargas es directamente proporcional al producto de las cargas e inversamente proporcional al cuadrado de la distancia que las separa:

$$F_E = K\cdot \frac{Q_1\cdot Q_2}{r^2} \quad (N)$$

3.2. Magnitudes del campo eléctrico

- Fuerza eléctrica: dada por la ley de Coulomb:

$$F_E = K \cdot \frac{Q_1 \cdot Q_2}{r^2} \quad (N)$$

- Campo eléctrico: es la fuerza por unidad de carga en cada punto del espacio:

$$E = \frac{F_E}{Q_2} = \frac{K \cdot Q_1}{r^2} \quad \left(\frac{m}{s^2}\right)$$

- Energía potencial: es el trabajo necesario para separar las cargas desde la distancia que se encuentran hasta el infinito.

$$Ep = K \cdot \frac{Q_1 \cdot Q_2}{r} \quad (J)$$

- Potencial eléctrico: es la energía potencial eléctrica por unidad de carga en cada punto del espacio:

$$V = \frac{Ep}{Q_2} = \frac{K \cdot Q_1}{r} \quad (V)$$

- Trabajo eléctrico: energía necesaria para trasladar una carga de un punto a otro:

$$W = -\Delta Ep = Ep_1 - Ep_2 = -Q_2 \cdot \Delta V = Q_2 \cdot (V_1 - V_2) \quad (J)$$

- Las magnitudes vectoriales son: fuerza y campo.
- Las magnitudes escalares son: energía potencial y potencial.

Ejemplo 2: una carga de 8 μC está situada en el punto (6,– 4) m. Averigua las magnitudes eléctricas en el punto (– 5,– 2) m.

$$r = \sqrt{(x_2 - x_1)^2 + (y_2 - y_1)^2} =$$

$$= \sqrt{(-5-6)^2 + (-2+4)^2} =$$

$$= \sqrt{11^2 + 2^2} = 11'2 \text{ m}$$

$$\cos\alpha = \frac{x_2 - x_1}{r} = \frac{-5-6}{11'2} = -0'982 \quad ; \quad \text{sen}\,\alpha = \frac{y_2 - y_1}{r} = \frac{-2+4}{11'2} = 0'179$$

- Campo eléctrico: $E = \frac{K \cdot Q_1}{r^2} = \frac{9 \cdot 10^9 \cdot 8 \cdot 10^{-6}}{11'2^2} = 574 \; \frac{N}{C}$

$$\vec{E} = E \cdot \cos\alpha \cdot \vec{i} + E \cdot sen\alpha \cdot \vec{j} = 574 \cdot (-0'982) \cdot \vec{i} + 574 \cdot 0'179 \cdot \vec{j} =$$

$$= -564 \cdot \vec{i} + 103 \cdot \vec{j} \quad \frac{N}{C}$$

- Potencial eléctrico: $V = \frac{K \cdot Q_1}{r} = \frac{9 \cdot 10^9 \cdot 8 \cdot 10^{-6}}{11'2} = 6430$ V

Ejercicio 2: una carga de – 5 μC se encuentra en el origen de coordenadas. Calcula las magnitudes eléctricas en el punto (– 3,7) m. $K = 9 \cdot 10^9 \; \frac{N \cdot m^2}{C^2}$.

Solución: 775 N/C, – 5906 V.

4. Analogías y diferencias entre ambos campos

* Analogías:
- Son fuerzas centrales, es decir, están dirigidas hacia el punto que las origina.
- Son fuerzas conservativas, es decir, solamente dependen de la distancia.
- Ambas son inversamente proporcionales al cuadrado de la distancia.
- El momento angular se conserva.

* Diferencias:

Interacción electrostática	**Interacción gravitatoria**
No es universal, sólo la presentan los cuerpos cargados	Es universal, la presentan todos los cuerpos
Puede ser atractiva o repulsiva	Es siempre atractiva
La constante de proporcionalidad (k) depende del medio	La constante de proporcionalidad (G) no depende del medio, es universal
Es muy grande	Es muy pequeña
Puede actuar junto con la fuerza magnética	Actúa sola

5. Principio de superposición

- El efecto conjunto de varias masas o de varias cargas es la suma de los efectos de las masas o de las cargas por separado:

Fuerza: $\vec{F}=\sum \vec{F}_i=\vec{F}_1+\vec{F}_2+...$

Campo gravitatorio: $\vec{g}=\sum \vec{g}_i=\vec{g}_1+\vec{g}_2+...$

Campo eléctrico: $\vec{E}=\sum \vec{E}_i=\vec{E}_1+\vec{E}_2+...$

Energía potencial: $V=\sum V_i=V_1+V_2+...$

Potencial: $Ep=\sum Ep_i=Ep_1+Ep_2+...$

Ejemplo 3: dos masas iguales de 50 kg se sitúan en los puntos A (0,0) m y B (6,0) m. Calcule el valor de la intensidad del campo gravitatorio en el punto P (3,3) m.

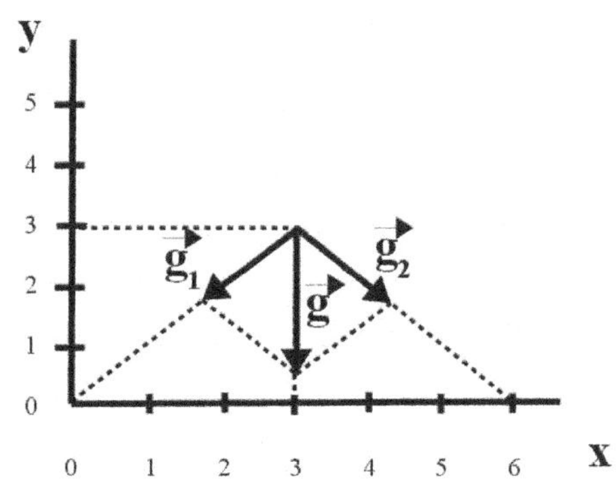

$r=\sqrt{3^2+3^2}$ = 4'24 m

$g_1 = g_2 = \dfrac{G\cdot m}{r^2} = \dfrac{6'67\cdot 10^{-11}\cdot 50}{4'24^2} =$

$= 1'85\cdot 10^{-10}\ \dfrac{m}{s^2}$

$\vec{g}_1=-g_1\cdot\cos\alpha\cdot\vec{i}-g_1\cdot sen\alpha\cdot\vec{j} = -1'85\cdot 10^{-10}\cdot\cos 45^{o}\cdot\vec{i}-1'85\cdot 10^{-10}\cdot sen\,45^{o}\cdot\vec{j} =$

$= -1'31\cdot 10^{-10}\cdot\vec{i}-1'31\cdot 10^{-10}\cdot\vec{j}$

$\vec{g}_2=+g_2\cdot\cos\alpha\cdot\vec{i}-g_2\cdot sen\alpha\cdot\vec{j} = +1'85\cdot 10^{-10}\cdot\cos 45^{o}\cdot\vec{i}-1'85\cdot 10^{-10}\cdot sen 45^{o}\cdot\vec{j} =$

$= +1'31\cdot 10^{-10}\cdot\vec{i}-1'31\cdot 10^{-10}\cdot\vec{j}$

$\vec{g}=\vec{g}_1+\vec{g}_2=2\cdot(-1'31\cdot 10^{-10})\cdot\vec{j}=-2'62\cdot 10^{-10}\cdot\vec{j}\ \dfrac{m}{s^2}$; g = $2'62\cdot 10^{-10}\ \dfrac{m}{s^2}$

Ejercicio 3: una masa m_1, de 500 kg, se encuentra en el punto (0,4) m y otra masa m_2, de 500 kg, en el punto (-3,0) m. Determine el trabajo de la fuerza gravitatoria para desplazar una partícula m_3, de 250 kg, desde el punto (3,0) m hasta el punto (0,-4) m.
$G = 6'67 \cdot 10^{-11}\ N \cdot m^2 \cdot kg^{-2}$. Solución: $-\ 6'75 \cdot 10^{-6}$ J.

6. Formulario

Campo gravitatorio

- Momento angular: $\vec{L}=\vec{r}\,x\,\vec{p}=\vec{r}\,x\,m\cdot\vec{v}=m\cdot\vec{r}\,x\,\vec{v}$; L = m·r·v·sen α $\left(\frac{kg\cdot m^2}{s}\right)$

- Fuerza gravitatoria: $F_G = G\cdot \frac{M\cdot m}{r^2}$ (N)

- Campo gravitatorio: $g = \frac{F_G}{m} = \frac{G\cdot M}{r^2}$ $\left(\frac{m}{s^2}\right)$

- Energía potencial: $Ep = G\cdot \frac{M\cdot m}{r}$ (J)

- Potencial gravitatorio: $V = \frac{Ep}{m} = \frac{G\cdot M}{r}$ $\left(\frac{J}{kg}\right)$

- Trabajo gravitatorio: $W_{AB} = -\Delta Ep = Ep_A - Ep_B = -m\cdot\Delta V = m\cdot(V_A - V_B)$ (J)

Campo eléctrico

- Fuerza eléctrica: dada por la ley de Coulomb: $F_E = K\cdot \frac{Q_1\cdot Q_2}{r^2}$ (N)

- Campo eléctrico: $E = \frac{F_E}{Q_2} = \frac{K\cdot Q_1}{r^2}$ $\left(\frac{m}{s^2}\right)$

- Energía potencial: $Ep = K\cdot \frac{Q_1\cdot Q_2}{r}$ (J)

- Potencial eléctrico: $V = \frac{Ep}{Q_2} = \frac{K\cdot Q_1}{r}$ (V)

- Trabajo eléctrico: $W = -\Delta Ep = Ep_1 - Ep_2 = -Q_2\cdot\Delta V = Q_2\cdot(V_1 - V_2)$ (J)

- Magnitudes vectoriales: la fuerza (F), el campo gravitatorio (g) y el campo eléctrico (E).

- Magnitudes escalares: el potencial (V), la energía potencial eléctrica (Ep) y el trabajo (W).

PROBLEMAS Y CUESTIONES PROPUESTOS

Problemas

Campo gravitatorio

1) La masa de Marte es aproximadamente la décima parte de la masa de la Tierra y su radio la mitad del radio terrestre. Calcule cuál sería la masa y el peso en la superficie de Marte de una persona que en la superficie terrestre tuviera un peso de 700 N. $g_T = 9'8\ m \cdot s^{-2}$.
Solución: 71'4 kg, 280 N.

2) Se desea situar un satélite de 100 kg de masa en una órbita circular a 100 km de altura alrededor de la Tierra. (i) Determine la velocidad inicial mínima necesaria para que alcance dicha altura; (ii) una vez alcanzada dicha altura, calcule la velocidad que habría que proporcionarle para que se mantenga en órbita.
$G = 6'67 \cdot 10^{-11}\ N \cdot m^2 \cdot kg^{-2}$; $M_T = 5'98 \cdot 10^{24}$ kg; $R_T = 6370$ km
Solución: 1342 $\frac{m}{s}$, 7852 $\frac{m}{s}$.

3) En la superficie de un planeta de 2000 km de radio, la aceleración de la gravedad es de 3 $m \cdot s^{-2}$. Calcule: (i) La masa del planeta; (ii) la velocidad de escape de un cuerpo desde la superficie. $G = 6'67 \cdot 10^{-11}\ N \cdot m^2 \cdot kg^{-2}$.
Solución: $1'8 \cdot 10^{23}$ kg, 3465 $\frac{m}{s}$.

4) Dos masas puntuales $m_1 = 2$ kg y $m_2 = 3$ kg se encuentran situadas respectivamente en los puntos (0,2) m y (0,– 3) m. Calcule el trabajo necesario para trasladar una masa $m_3 = 1$ kg desde el punto (0,0) m al punto (1,0) m. $G = 6'67 \cdot 10^{-11}\ N \cdot m^2 \cdot kg^{-2}$.
Solución: – 10^{-11} J.

5) Un satélite de masa $2 \cdot 10^3$ kg describe una órbita circular de 5500 km en torno a la Tierra. Calcule: a) La velocidad orbital. b) La velocidad con la que llegaría a la superficie terrestre si se dejara caer desde esa altura con velocidad inicial nula.
$G = 6'67 \cdot 10^{-11}\ N \cdot m^2 \cdot kg^{-2}$; $M_T = 5'98 \cdot 10^{24}$ kg; $R_T = 6370$ km.
Solución: 5797 $\frac{m}{s}$, 7616 $\frac{m}{s}$.

6) Un satélite artificial de 100 kg se mueve en una órbita circular alrededor de la Tierra con una velocidad de $7'5 \cdot 10^3\ m \cdot s^{-1}$. Calcule: a) El radio de la órbita. b) La energía potencial del satélite. c) La energía mecánica del satélite.
$G = 6'67 \cdot 10^{-11}\ N \cdot m^2 \cdot kg^{-2}$; $M_T = 5'98 \cdot 10^{24}$ kg; $R_T = 6370$ km.
Solución: $7'09 \cdot 10^6$ m, $- 5'63 \cdot 10^9$ J, $- 2'81 \cdot 10^9$ J.

7) Sabiendo que el radio de Marte es 0'531 veces el radio de la Tierra y que la masa de Marte es 0'107 veces la masa de la Tierra. Determine: (i) El valor de la gravedad en la superficie de Marte. (ii) El tiempo que tardaría en llegar al suelo una piedra de 1 kg de masa que se deja caer desde una altura de 10 m sobre la superficie de Marte.
$G = 6'67 \cdot 10^{-11}\ N \cdot m^2 \cdot kg^{-2}$; $M_T = 5'98 \cdot 10^{24}$ kg; $R_T = 6370$ km.

Solución: 3'73 $\frac{m}{s^2}$, 2'32 s.

8) Un tornillo de 150 g, procedente de un satélite, se encuentra en órbita a 900 km de altura sobre la superficie de la Tierra. Calcule la fuerza con que se atraen la Tierra y el tornillo y el tiempo que tarda el tornillo en pasar sucesivamente por el mismo punto.
$G = 6'67 \cdot 10^{-11}\ N \cdot m^2 \cdot kg^{-2}$; $R_T = 6'37 \cdot 10^6$ m; $M_T = 5'97 \cdot 10^{24}$ kg.
Solución: 1'13 N, 6172 s.

9) Dos masas iguales, de 50 kg, se encuentran situadas en los puntos (– 3,0) m y (3,0) m. Calcule el trabajo necesario para desplazar una tercera masa de 30 kg desde el punto (0,4) m al punto (0,– 4) m y comente el resultado obtenido. $G = 6'67 \cdot 10^{-11}\ N \cdot m^2 \cdot kg^{-2}$.
Solución: 0 J.

10) Según la NASA, el asteroide que en 2013 cayó sobre Rusia explotó cuando estaba a 20 km de altura sobre la superficie terrestre y su velocidad era 18 $km \cdot s^{-1}$. Calcule la velocidad del asteroide cuando se encontraba a 30.000 km de la superficie de la Tierra. Considere despreciable el rozamiento del aire.
$G = 6'67 \cdot 10^{-11}\ N \cdot m^2 \cdot kg^{-2}$; $M_T = 5'97 \cdot 10^{24}$ kg; $R_T = 6'37 \cdot 10^6$ m.

Solución: $1'49 \cdot 10^4$ $\frac{m}{s}$.

Campo eléctrico

11) Dos cargas puntuales $q_1 = 5 \cdot 10^{-6}$ C y $q_2 = -5 \cdot 10^{-6}$ C están situadas en los puntos A (0,0) m y B (2,0) m respectivamente. Calcule el valor del campo eléctrico en el punto C (2,1) m.
$K = 9 \cdot 10^9\ N \cdot m^2 \cdot C^{-2}$.

Solución: $4'18 \cdot 10^4$ $\frac{N}{C}$.

12) Dos cargas positivas q_1 y q_2 se encuentran situadas en los puntos (0,0) m y (3,0) m respectivamente. Sabiendo que el campo eléctrico es nulo en el punto (1,0) m y que el potencial electrostático en el punto intermedio entre ambas vale $9 \cdot 10^4$ V, determine los valores de dichas cargas. $K = 9 \cdot 10^9\ N \cdot m^2 \cdot C^{-2}$.
Solución: $3 \cdot 10^{-6}$ C, $1'2 \cdot 10^{-5}$ C.

13) Una carga $q_1 = 8\cdot10^{-9}$ C está fija en el origen de coordenadas, mientras que otra carga, $q_2 = -10^{-9}$ C, se halla, también fija, en el punto (3,0) m. Determine: (i) El campo eléctrico, debido a ambas cargas, en el punto A (4,0) m. (ii) El trabajo realizado por el campo para desplazar una carga puntual $q = -2\cdot10^{-9}$ C desde A (4,0) m hasta el punto B (0,4) m. ¿Qué significado físico tiene el signo del trabajo? $K = 9\cdot10^9\ N\cdot m^2\cdot C^{-2}$.

Solución: 4'5 $\frac{N}{C}$, $1'44\cdot10^{-8}$ J.

14) Una esfera metálica de 24 g de masa colgada de un hilo muy fino de masa despreciable, se encuentra en una región del espacio donde existe un campo eléctrico uniforme y horizontal. Al cargar la esfera con $6\cdot10^{-3}$ C, sufre una fuerza debida al campo eléctrico que hace que el hilo forme un ángulo de 30º con la vertical. (i) Represente gráficamente esta situación y haga un diagrama que muestre todas las fuerzas que actúan sobre la esfera. (ii) Calcule el valor del campo eléctrico y la tensión del hilo. $g = 9'8\ m\cdot s^{-2}$.

Solución: 0'272 N, 22'6 $\frac{N}{C}$.

15) Una carga de $2'5\cdot10^{-8}$ C se coloca en una región donde hay un campo eléctrico de intensidad $5'0\cdot10^4\ N\cdot C^{-1}$, dirigido en el sentido positivo del eje Y. Calcule el trabajo que la fuerza eléctrica efectúa sobre la carga cuando ésta se desplaza 0'5 m en una dirección que forma un ángulo de 30º con el eje X.
Solución: $3'12\cdot10^{-4}$ J.

16) Una carga de $3\cdot10^{-6}$ C se encuentra en el origen de coordenadas y otra carga de $-3\cdot10^{-6}$ C está situada en el punto (1,1) m. Calcule el trabajo para desplazar una carga de $5\cdot10^{-6}$ C desde el punto A (1,0) m hasta el punto B (2,0) m, e interprete el resultado.
$K = 9\cdot10^9\ N\cdot m^2\cdot C^{-2}$.
Solución: 0'028 J.

17) En el átomo de hidrógeno, el electrón se encuentra sometido al campo eléctrico creado por el protón. Calcule el trabajo realizado por el campo eléctrico para llevar el electrón desde un punto P_1, situado a $5'3\cdot10^{-11}$ m del núcleo, hasta otro punto P_2, situado a $4'76\cdot10^{-10}$ m del núcleo. Comente el signo del trabajo. $K = 9\cdot10^9\ N\cdot m^2\cdot C^{-2}$; $e = 1'6\cdot10^{-19}$ C.
Solución: $-3'86\cdot10^{-18}$ J.

18) Se coloca una carga puntual de $4\cdot10^{-9}$ C en el origen de coordenadas y otra carga puntual de $-3\cdot10^{-9}$ C en el punto (0,1) m. Calcule el trabajo que hay que realizar para trasladar una carga de $2\cdot10^{-9}$ C desde el punto (1,2) m hasta el punto (2,2) m. $K = 9\cdot10^9\ N\cdot m^2\cdot C^{-2}$.
Solución: $-7'29\cdot10^{-9}$ J.

19) Determine la carga negativa de una partícula, cuya masa es 3'8 g, para que permanezca suspendida en un campo eléctrico de 4500 $N \cdot C^{-1}$. Haga una representación gráfica de las fuerzas que actúan sobre la partícula. $g = 9'8\ m \cdot s^{-2}$.
Solución: $8'28 \cdot 10^{-6}$ C.

20) Dos cargas puntuales iguales, de – 3 μC cada una, están situadas en los puntos A (2,5) m y B (8,2) m. a) Represente en un esquema las fuerzas que se ejercen entre las cargas y calcule la intensidad de campo eléctrico en el punto P (2,0) m. b) Determine el trabajo necesario para trasladar una carga de 1 μC desde el punto P (2,0) m hasta el punto O (0,0). Comente el resultado obtenido. $K = 9 \cdot 10^{9}\ N \cdot m^{2} \cdot C^{-2}$.

Solución: 1444 $\frac{N}{C}$, $- 1'38 \cdot 10^{-3}$ J.

Cuestiones

Campo gravitatorio

1) Razone la veracidad o falsedad de las siguiente frase: en un campo gravitatorio una masa en reposo comienza a moverse hacia donde su energía potencial disminuye.

2) Si la masa y el radio de la Tierra se duplican, razone si las siguientes afirmaciones son correctas: (i) El periodo orbital de la Luna se duplica. (ii) Su velocidad orbital permanece constante.

3) Un satélite artificial describe una órbita circular en torno a la Tierra. a) ¿Cómo cambiaría su velocidad orbital si la masa de la Tierra se duplicase, manteniendo constante su radio? b) ¿Y su energía mecánica?

4) Dibuje las líneas de campo gravitatorio de dos masas puntuales de igual valor y separadas una cierta distancia. ¿Existe algún punto donde la intensidad de campo gravitatorio se anula? ¿Y el potencial gravitatorio? Razone sus respuestas.

5) Explique qué se entiende por velocidad orbital y deduzca su expresión para un satélite que describe una órbita circular alrededor de la Tierra. ¿Cuál es mayor, la velocidad orbital de un satélite de 2000 kg o la de otro de 1000 kg? Razone sus respuestas.

6) Defina velocidad de escape y deduzca razonadamente su expresión.

7) ¿A qué altura de la superficie terrestre la intensidad del campo gravitatorio se reduce a la cuarta parte de su valor sobre dicha superficie? Exprese el resultado en función del radio de la Tierra, R_T.

8) Indique las características de la interacción gravitatoria entre dos masas puntuales.

9) Para calcular la energía potencial gravitatoria se suelen utilizar las fórmulas Ep = m·g·h y Ep = $-\dfrac{G \cdot M \cdot m}{R_T}$. Indique la validez de ambas expresiones y dónde se sitúa el sistema de referencia que utiliza cada una de ellas.

10) Un bloque de masa m tiene un peso P sobre la superficie terrestre. Indique justificadamente cómo se modificaría el valor de su peso en los siguientes casos: (i) Si la masa de la Tierra se redujese a la mitad sin variar su radio. (ii) Si la masa de la Tierra no variase pero su radio se redujese a la mitad.

Campo eléctrico

11) Una partícula cargada positivamente se mueve en la misma dirección y sentido de un campo eléctrico uniforme. Responda razonadamente a las siguientes cuestiones: (i) ¿Se detendrá la partícula? (ii) ¿Se desplazará la partícula hacia donde aumenta su energía potencial?

12) Considere dos cargas eléctricas + q y – q situadas en dos puntos A y B. Razone cuál sería el potencial electrostático en el punto medio del segmento que une los puntos A y B. ¿Puede deducirse de dicho valor que el campo eléctrico es nulo en dicho punto? Justifique su respuesta.

13) Explique qué son las líneas de campo eléctrico y las superficies equipotenciales. Razone si es posible que se puedan cortar dos líneas de campo. Dibuje las líneas de campo y las superficies equipotenciales correspondientes a una carga puntual positiva.

14) Considere un campo eléctrico en una región del espacio. El potencial electrostático en dos puntos A y B (que se encuentran en la misma línea de campo) es V_A y V_B, cumpliéndose que $V_A > V_B$. Se deja libre una carga Q en el punto medio del segmento AB. Razone cómo es el movimiento de la carga en función de su signo.

15) En una región del espacio existe un campo eléctrico uniforme. Si una carga negativa se mueve en la dirección y sentido del campo, ¿aumenta o disminuye su energía potencial? ¿Y si la carga fuera positiva? Razone las respuestas.

16) En la figura se muestra en color gris una región del espacio en la que hay un campo electrostático uniforme E. Un electrón, un protón y un neutrón penetran en la región del campo con velocidad constante $\mathbf{v} = v\cdot\mathbf{i}$ desde la izquierda. Explique razonadamente cómo es el movimiento de cada partícula si se desprecian los efectos de la gravedad.

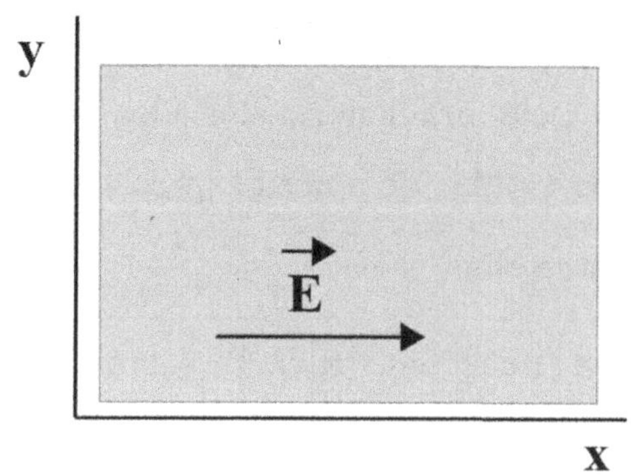

17) Para dos puntos A y B de una región del espacio, en la que existe un campo eléctrico uniforme, se cumple que $V_A > V_B$. Si dejamos libre una carga negativa en el punto medio del segmento que une A con B, ¿a cuál de los dos puntos se acerca la carga? Razone la respuesta.

18) Discuta la veracidad de las siguientes afirmaciones: i) "Al analizar el movimiento de una partícula cargada positivamente en un campo eléctrico observamos que se desplaza espontáneamente hacia puntos de potencial mayor". ii) "Dos esferas de igual carga se repelen con una fuerza F. Si duplicamos el valor de la carga de cada una de las esferas y también duplicamos la distancia entre ellas, el valor F de la fuerza no varía".

19) a) Explique cómo se define el campo eléctrico creado por una carga puntual. b) Razone cuál es el valor del campo eléctrico en el punto medio entre dos cargas de valores q y $-2\cdot q$.

20) a) Explique las características del campo eléctrico y por qué es un campo conservativo. b) Una partícula cargada penetra en un campo eléctrico con velocidad paralela al campo y en sentido contrario al mismo. Describa cómo influye el signo de la carga eléctrica en su trayectoria.

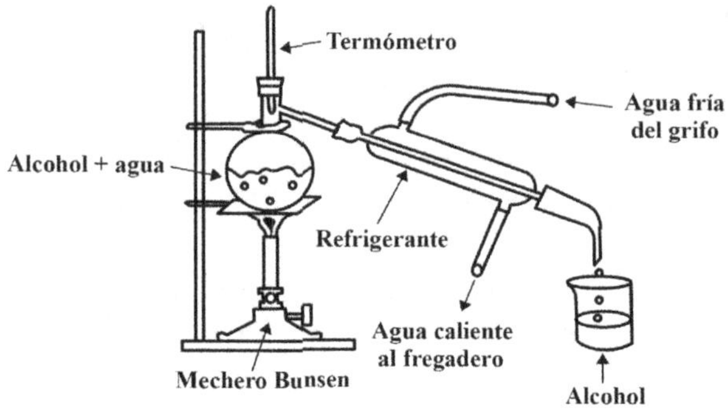
Termómetro
Agua fría del grifo
Alcohol + agua
Refrigerante
Agua caliente al fregadero
Mechero Bunsen
Alcohol

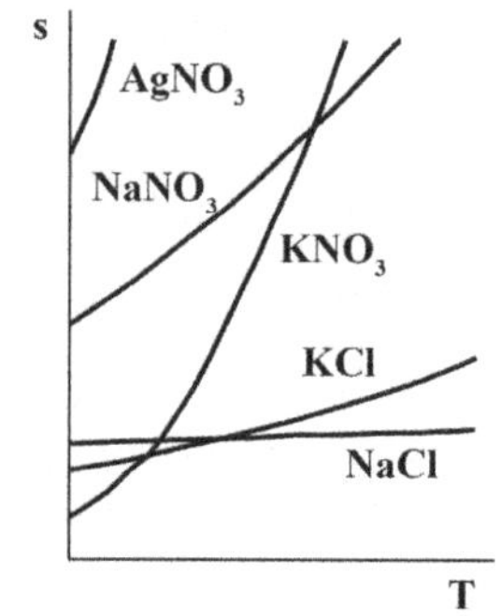
s
AgNO3
NaNO3
KNO3
KCl
NaCl
T

QUÍMICA

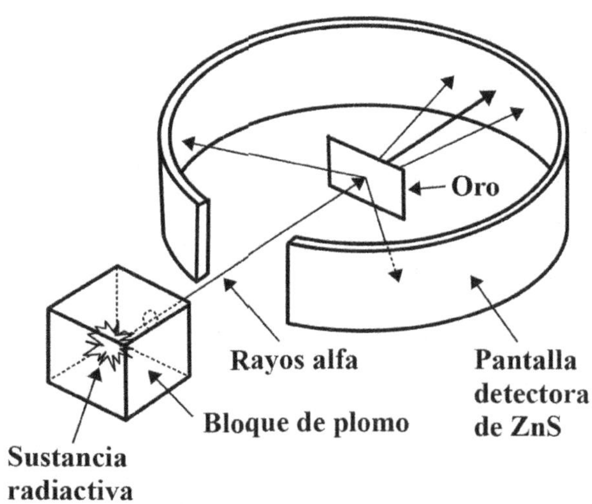
Oro
Rayos alfa
Pantalla detectora de ZnS
Bloque de plomo
Sustancia radiactiva

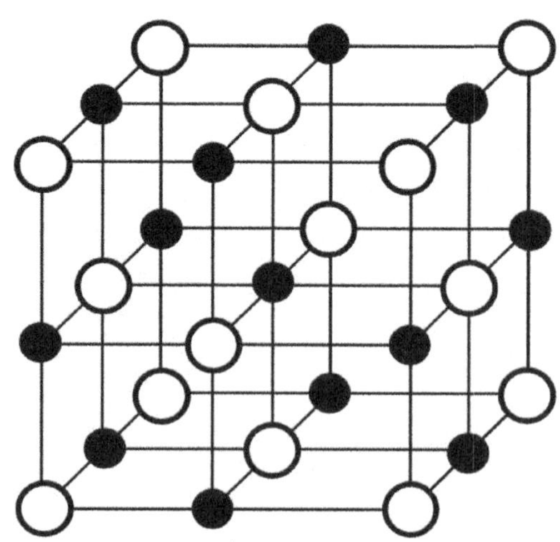

TEMA 7: MATERIAL DE LABORATORIO

1. Pipeta graduada

2. Pipeta aforada

3. Émbolo para pipetas

4. Perilla de goma

5. Bureta

6. Matraz de fondo redondo

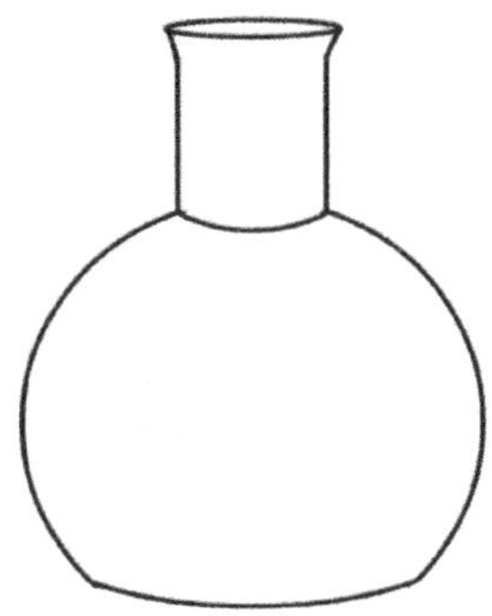

7. Matraz de fondo plano

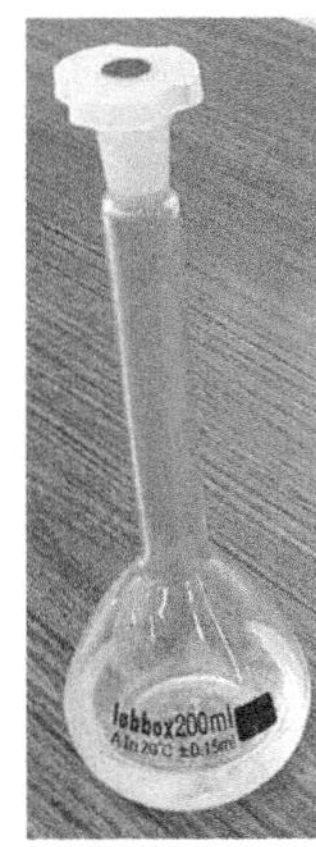

8. Matraz aforado

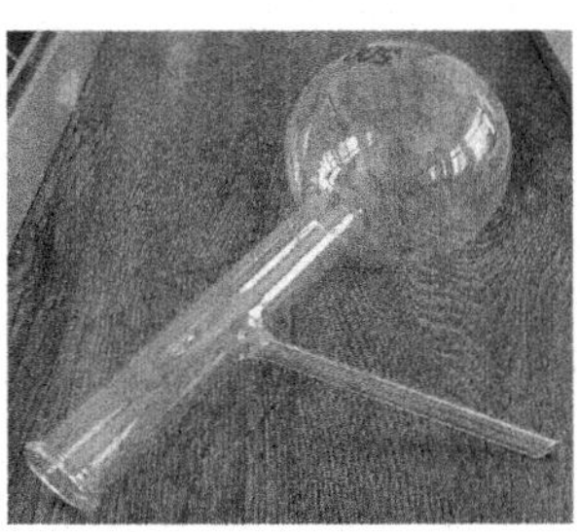

9. Matraz de destilación

10. Erlenmeyer

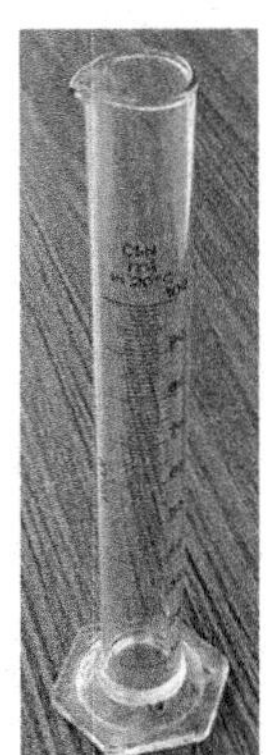

11. Probeta

12. Frasco transparente

13. Frasco topacio

14. Vaso de precipitados

15. Cristalizador

16. Vidrio de reloj

17. Cápsula de porcelana

18. Crisol

19. Mortero

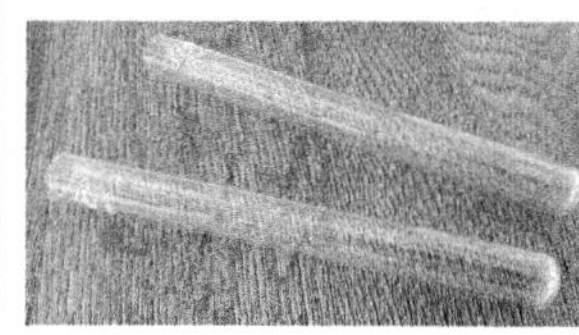

20. Tubos de ensayo

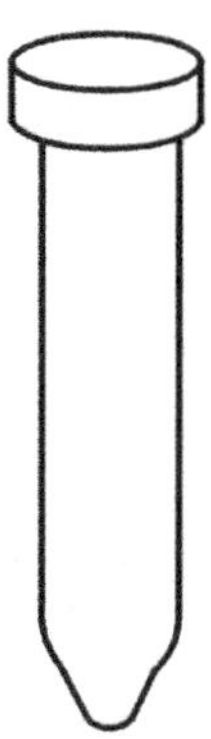

21. Tubo de centrífuga o cono de centrífuga

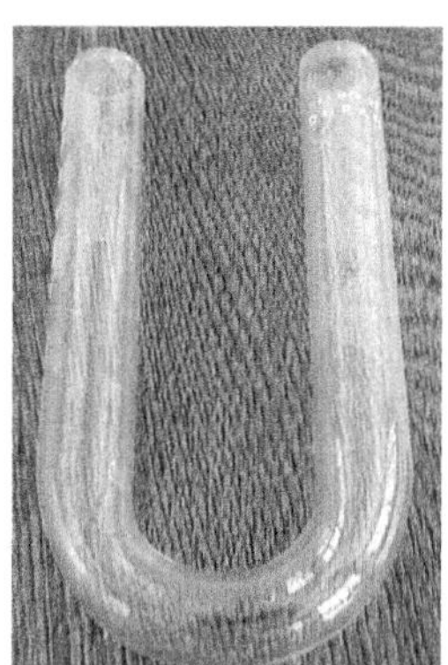

22. Tubo en U

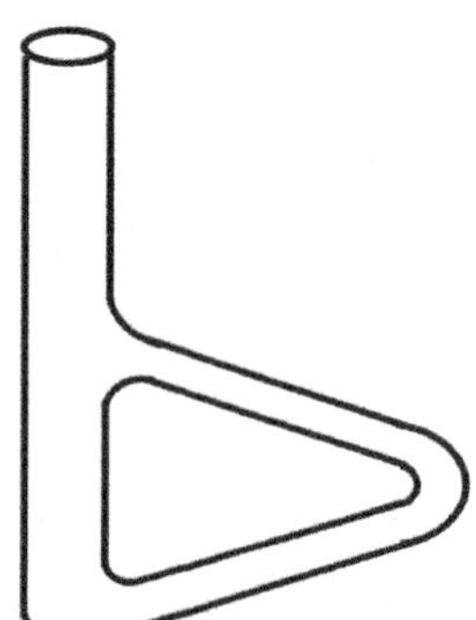

23. Tubo de Thiele

24. Cuentagotas

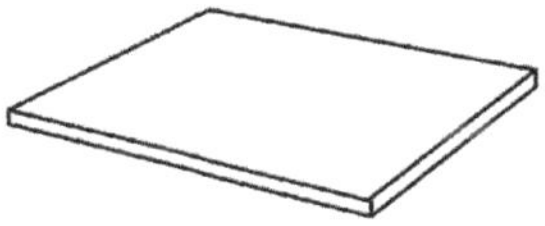

25. Vidrio plano

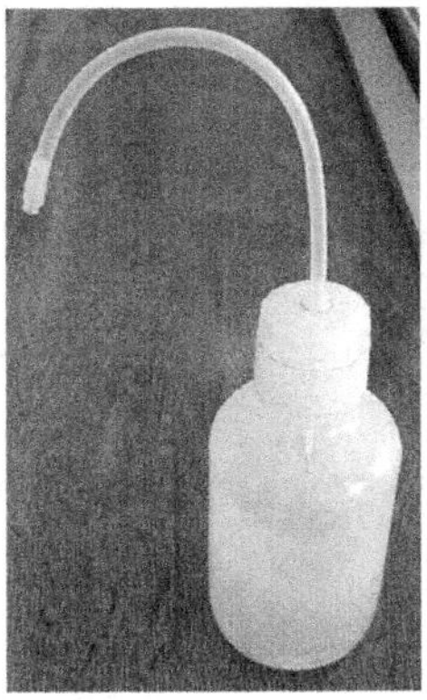

26. Frasco lavador

27. Mechero de alcohol

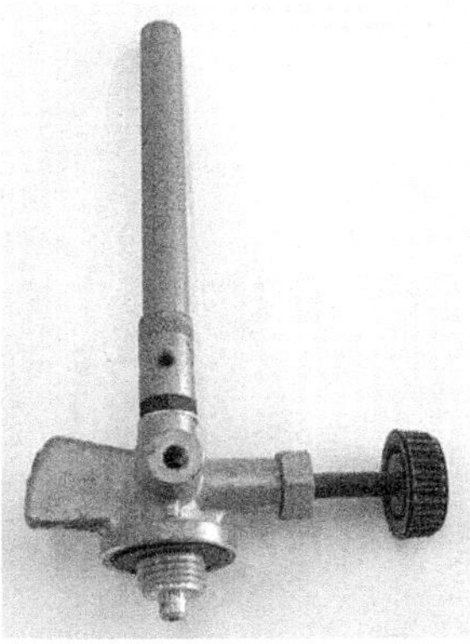

28. Mechero Bunsen

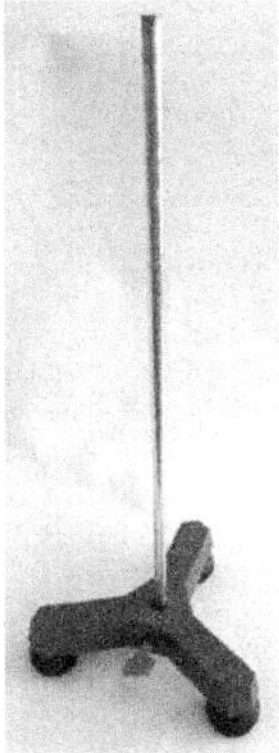

29. Soporte de hierro

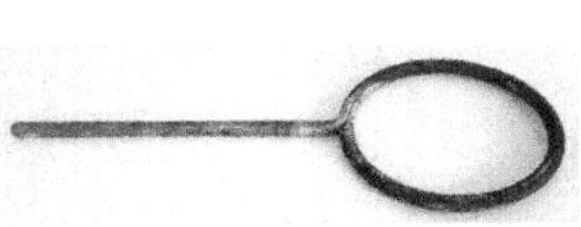

30. Anillo de hierro

31. Pinza de doble nuez

32. Pinza para buretas

33. Bombona

34. Mariposa o palomilla

35. Tela metálica con centro de amianto

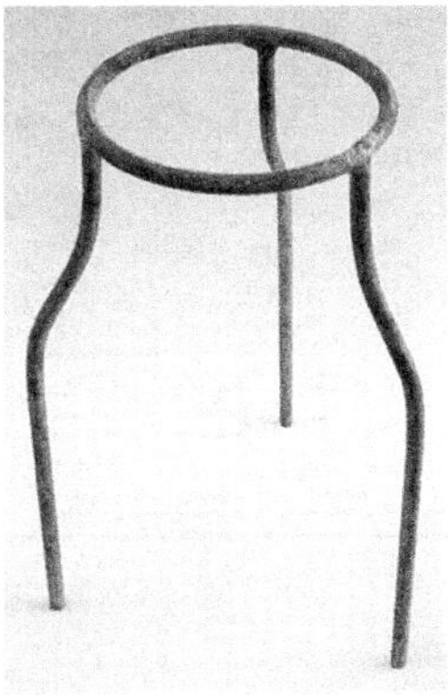

36. Trípode

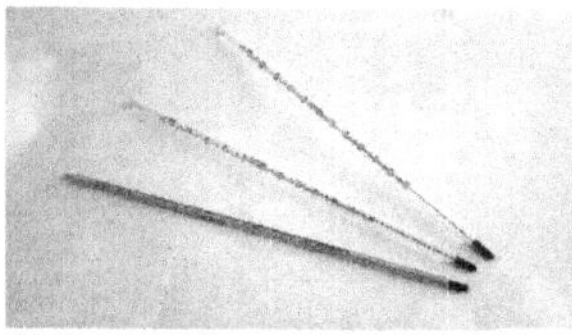

37. Termómetros

38. Varilla de agitación

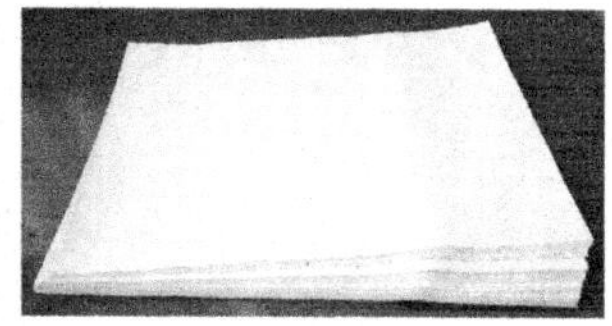

39. Papel de filtro

40. Triángulo para filtrar

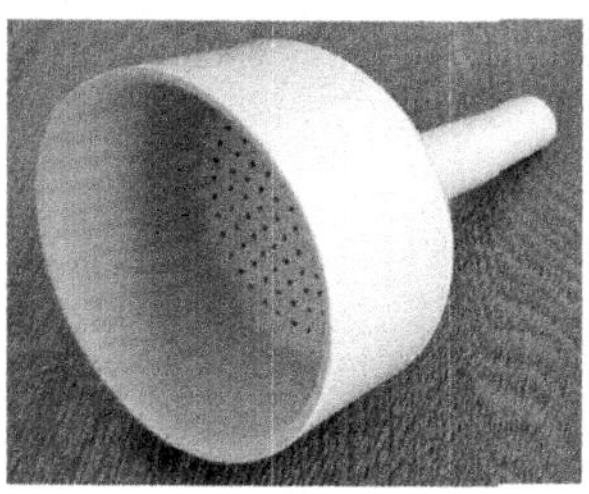

41. Embudo de Buchner

42. Kitasato

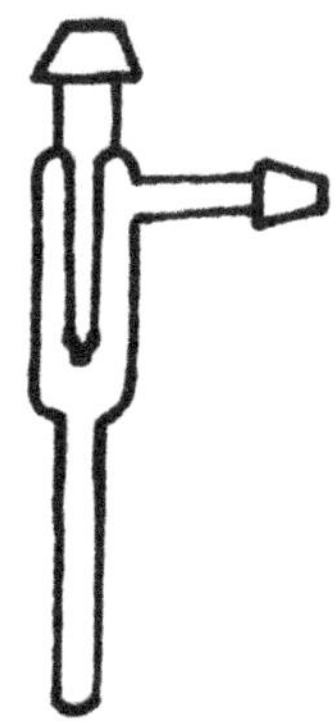

43. Trompa de vacío

44. Triángulo de tierra pipa o de silimanita

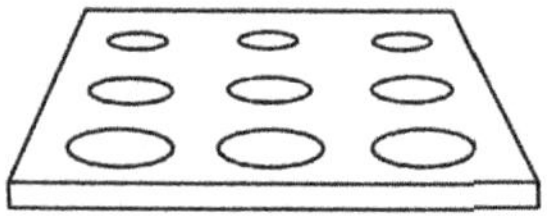

45. Placa de porcelana con excavaciones

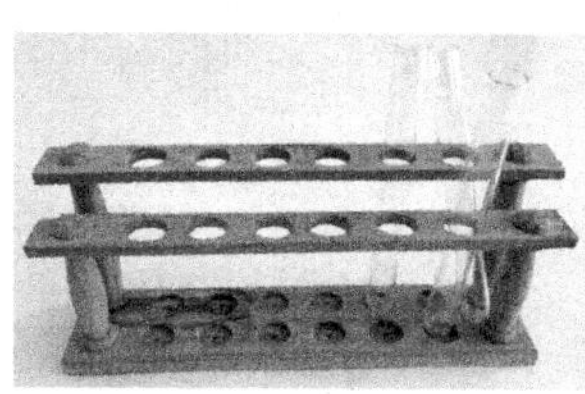

46. Gradilla para tubos de ensayo

47. Soporte para pipetas

48. Desecador

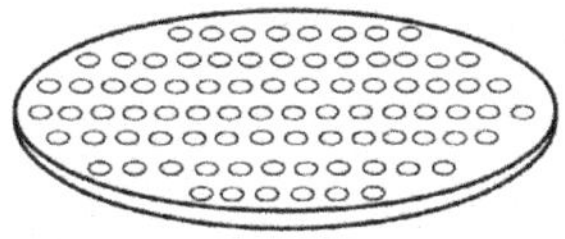

49. Disco de porcelana para desecadores

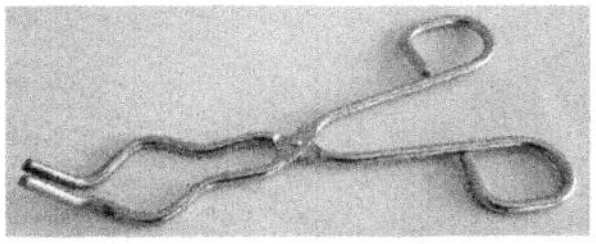

50. Pinza para crisoles

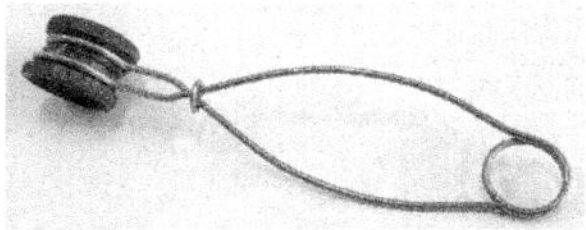

51. Pinza metálica para tubos de ensayo

52. Pinza de madera para tubos de ensayo

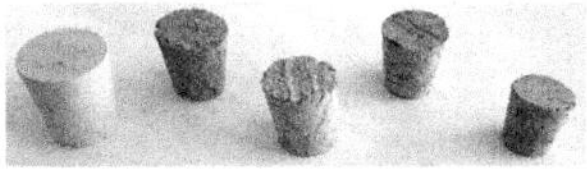

53. Tapones

54. Tapones horadados

55. Tubos acodados

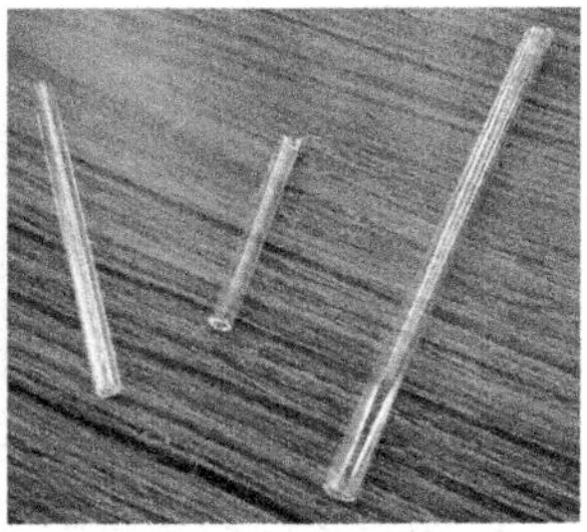

56. Tubos rectos de vidrio

57. Goma para tubos

58. Cortatapones o taladratapones

59. Afilador para cortatapones

60. Tubo de seguridad

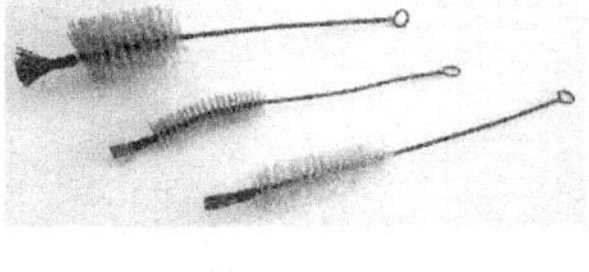

61. Escobillas o escobillones

62. Embudo de decantación

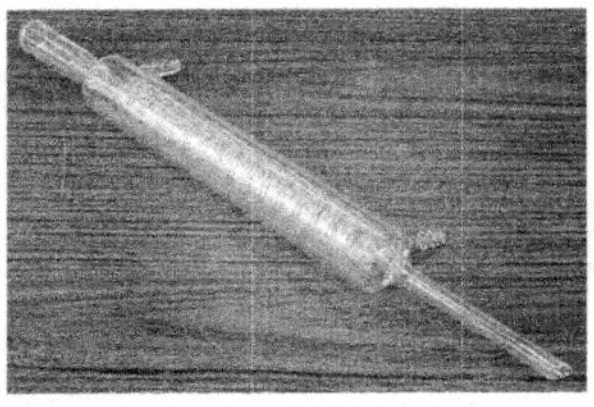

63. Refrigerante

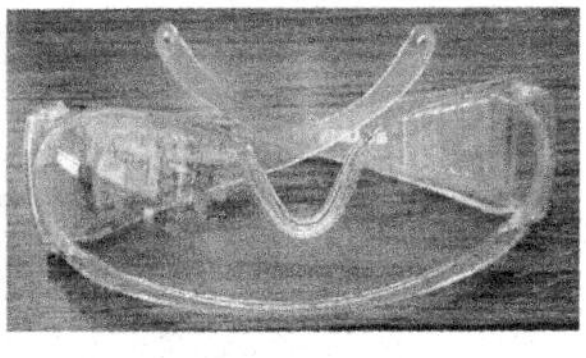

64. Gafas protectoras

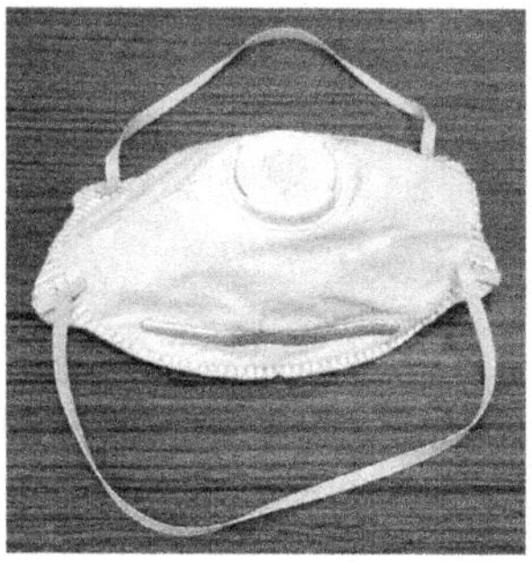

65. Mascarilla

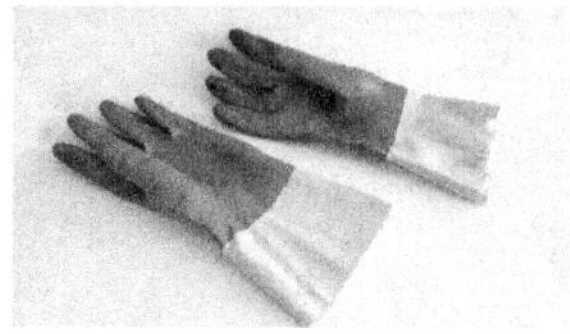

66. Guantes de goma

67. Guantes térmicos

68. Espátula

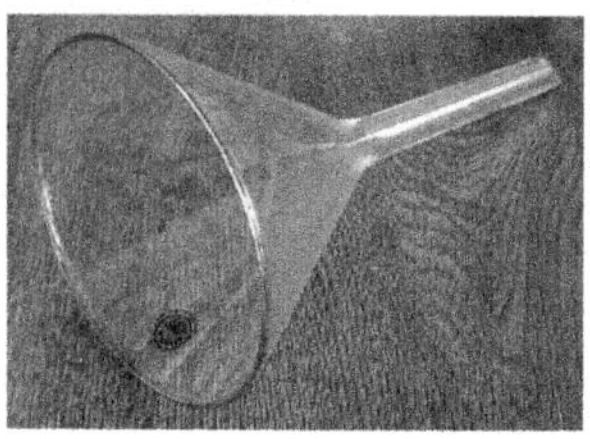

69. Embudo

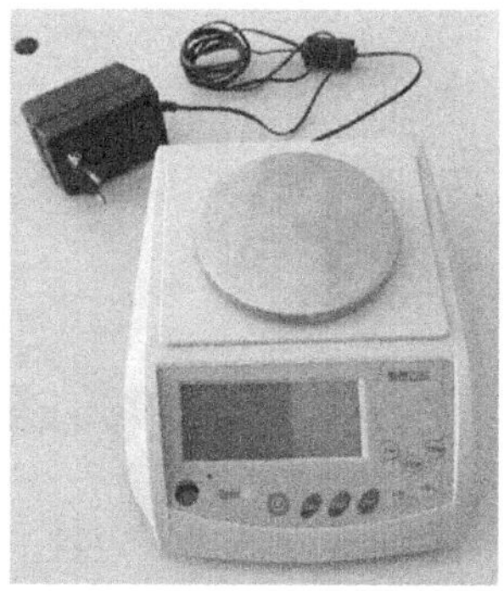

70. Balanza digital

71. Calorímetro

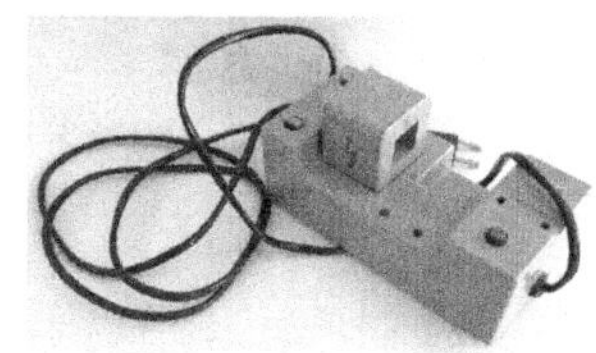

72. Cronovibrador

73. Banco óptico

74. Barómetro

75. Bobina

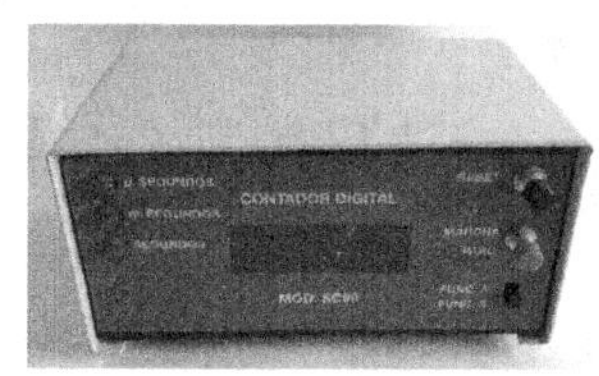

76. Contador digital

77. Fuente de alimentación

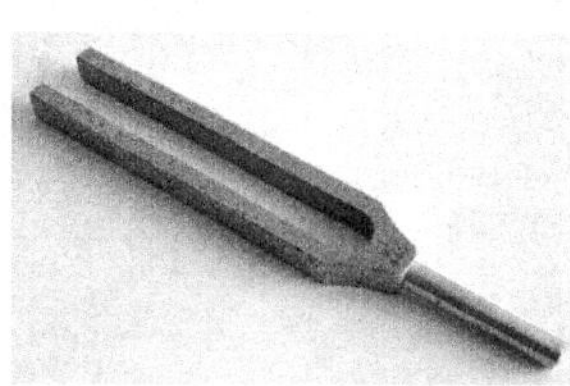

78. Diapasón

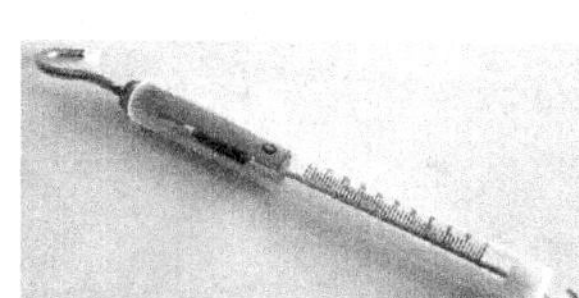

79. Dinamómetro

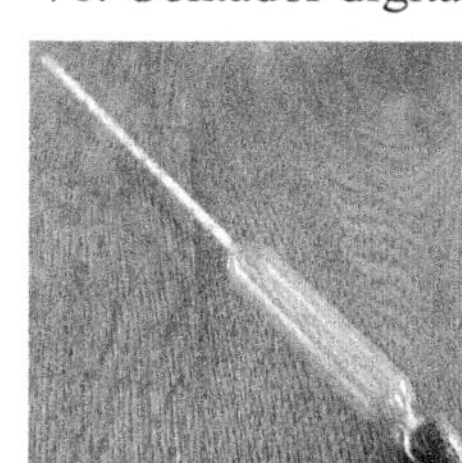

80. Densímetro

1) Pipeta graduada: mide volúmenes de líquidos con gran exactitud. Se puede utilizar para medir varios valores del volumen.
2) Pipeta aforada: mide volúmenes de líquidos con gran exactitud. Se puede utilizar para medir un solo valor del volumen.
3) Émbolo para pipetas: se utiliza unido a la pipeta. Sirve para aspirar líquidos peligrosos y/o fumantes (que desprenden gases).
4) Perilla de goma: se utiliza unido a la pipeta. Sirve para aspirar líquidos peligrosos y/o fumantes.
5) Bureta: mide volúmenes de líquidos con gran exactitud. Se utiliza para hacer volumetrías o valoraciones. Una volumetría consiste en determinar la concentración desconocida de una disolución midiendo el volumen que reacciona con una disolución de concentración conocida.
6) Matraz de fondo redondo: sirve para calentar mezclas de líquidos, normalmente en una destilación.
7) Matraz de fondo plano: sirve para calentar líquidos encima de una rejilla de amianto.
8) Matraz aforado: sirve para preparar disoluciones. Aforado significa que tiene un aforo. Aforo significa una señal en el vidrio.
9) Matraz de destilación: sirve para calentar una mezcla de líquidos que se va a destilar.
10) Matraz erlenmeyer o erlenmeyer: sirve para colocar la disolución de concentración desconocida en una volumetría o valoración.
11) Probeta: mide volúmenes de líquidos con poca exactitud.
12) Frascos transparentes o corrientes: sirve para contener sólidos o líquidos.
13) Frascos topacio: sirve para contener sólidos o líquidos que se descomponen con la luz.
14) Vaso de precipitados: sirve para mezclar líquidos o para calentar líquidos encima de la rejilla de amianto.
15) Cristalizador: sirve para dejar enfriar una disolución saturada y obtener cristales.
16) Vidrio de reloj: sirve para pesar sólidos.
17) Cápsula de porcelana: sirve para calentar sustancias sólidas o líquidas.
18) Crisol: sirve para fundir sustancias.
19) Mortero: sirve para machacar sustancias que se necesitan en estado pulverulento.
20) Tubos de ensayo: sirve para hacer reacciones químicas o pruebas a pequeña escala.
21) Tubo de centrífuga o cono de centrífuga: sirve para separar los componentes de una mezcla heterogénea por centrifugación.
22) Tubo en U: sirve para conectar las disoluciones en una pila química. También sirve para hacer experiencias de presión y de vasos comunicantes.
23) Tubo de Thiele: sirve para medir el punto de fusión de un sólido.
24) Cuentagotas: sirve para añadir una sustancia gota a gota.
25) Vidrio plano: sirve para mezclar reactivos en pequeñas cantidades.
26) Frasco lavador: sirve para llevar agua destilada a cualquier recipiente.
27) Mechero de alcohol: sirve para calentar mezclas suavemente.
28) Mechero Bunsen: sirve para calentar mezclas intensamente.
29) Soporte de hierro: sirve para sostener sistemas como un sistema de destilación.

30) Anillo de hierro o arandela soporte: sirve para sostener embudos de decantación en los soportes de hierro.
31) Pinza de doble nuez: sirve para conectar dos barras en el soporte de hierro.
32) Pinza para buretas: sirve para sostener buretas en los soportes de hierro.
33) Bombona: sirve para contener gas y se usa conectado al mechero Bunsen.
34) Mariposa o palomilla: sirve para regular la forma de la llama de un mechero Bunsen.
35) Tela metálica con centro de amianto: sirve para repartir el calor uniformemente en el recipiente que se está calentando y para evitar que éste se resquebraje y/o se ennegrezca.
36) Trípode: sirve para sostener la rejilla de amianto. Debajo se coloca el mechero Bunsen.
37) Termómetro: sirve para medir temperaturas. Nunca se debe utilizar para agitar.
38) Varilla de agitación: sirve para agitar. La agitación se realiza para disolver un producto o para homogeneizar la temperatura de una mezcla.
39) Papel de filtro: sirve para filtrar mezclas heterogéneas, junto con el embudo.
40) Triángulo para filtrar: sirve para sostener el embudo en una filtración.
41) Embudo de Buchner: sirve para filtrar al vacío, junto con el kitasato. Filtrando al vacío se consigue filtrar más rápido, mejor y que el filtrado esté seco.
42) Kitasato: sirve para filtrar al vacío, junto al embudo de Buchner. Filtrando al vacío se consigue filtrar más rápido, mejor y que el filtrado esté seco.
43) Trompa de vacío o trompa de agua: sirve para provocar el vacío en filtraciones al vacío. Se coloca en un grifo.
44) Triángulo de tierra pipa o triángulo de silimanita: sirve para sostener un crisol o una cápsula de porcelana sobre un trípode mientras se calienta.
45) Placa de porcelana con excavaciones: sirve para hacer reacciones químicas a pequeña escala.
46) Gradilla para tubos de ensayo: sirve para mantener derechos los tubos de ensayo. Si están llenos, evita que se derramen. Si están recién lavados, se colocan invertidos para que escurran.
47) Soporte para pipetas: sirve para contener pipetas.
48) Desecador: sirve para secar sustancias que no se pueden calentar. Para ello, se coloca un producto desecante abajo, un disco en medio y el producto a secar, arriba.
49) Disco de porcelana para desecadores: es la pieza del desecador que separa la sustancia desecante de la que se va a desecar.
50) Pinza para crisoles: sirve para coger crisoles calientes.
51) Pinza metálica para tubos de ensayo: sirve para coger tubos de ensayo calientes.
52) Pinza de madera para tubos de ensayo: sirve para coger tubos de ensayo calientes.
53) Tapones: sirve para tapar frascos, matraces y otros recipientes.
54) Tapones horadados: sirve para tapar frascos y colocar un tubo en medio.
55) Tubo acodado: sirve para introducirlo en los tapones horadados.
56) Tubos rectos de vidrio: sirve para introducirlo en los tapones horadados.
57) Goma para tubos: sirve para conectar un refrigerador con el grifo o con el fregadero.
58) Cortatapones o taladratapones: sirve para cortar tapones al calibre necesario.
59) Afilador para cortatapones: sirve para afilar los cortatapones.

60) Tubo de seguridad: sirve para evitar salpicaduras en tubos que se están calentando. Se introduce por el tapón horadado.
61) Escobillas o escobillones: sirve para limpiar tubos de ensayo. Las hay de varios calibres y tamaños.
62) Embudo de decantación: sirve para separar mezclas heterogéneas por decantación.
63) Refrigerante: sirve para refrigerar una corriente de vapor en una destilación y condensarla.
64) Gafas protectoras: sirve para evitar daños en los ojos al manejar sustancias corrosivas.
65) Mascarilla: sirve para proteger la boca de salpicaduras de líquidos corrosivos. Filtra un poco el aire pero no debe usarse con gases venenosos, pues lo traspasa. Sirve para filtrar polvo en el aire.
66) Guantes de goma: sirve para evitar quemaduras en las manos provocadas por líquidos corrosivos, como los ácidos fuertes o las bases fuertes.
67) Guantes térmicos: sirve para ponérselos en las manos y agarrar recipientes calientes.
68) Espátula: sirve para tomar pequeñas cantidades de sólido en forma de polvo.
69) Embudo: sirve para trasvasar un líquido de un recipiente a otro o bien para hacer filtraciones, junto a un papel de filtro.
70) Balanza digital: sirve para pesar fácilmente pequeñas cantidades de sustancia.
71) Calorímetro: sirve para medir calores específicos y temperaturas finales de mezcla.
72) Cronovibrador: para hacer experiencias de caída libre en las que se anota un punto en una cinta cada 0'02 s.
73) Banco óptico: para hacer experimentos con lentes y espejos.
74) Barómetro: para medir la presión atmosférica.
75) Bobina: para crear un campo magnético mediante una corriente eléctrica.
76) Contador digital: para medir el tiempo una vez que un cuerpo pasa a través de una puerta digital.
77) Fuente de alimentación: transformador eléctrico de 220 V a 1'5, 3, 4'5, 9 ó 12 V.
78) Diapasón: para crear un sonido de una determinada frecuencia al ser golpeado.
79) Dinamómetro: para medir fuerzas o para pesar.
80) Densímetro: para medir la densidad de un líquido por la profundidad a la que se sumerge.

TEMA 8: LA TABLA PERIÓDICA

En la tabla periódica están todos los elementos existentes ordenados por orden creciente de número atómico y de tal forma que en la misma columna haya elementos de propiedades parecidas.

Las columnas verticales se llaman grupos y las filas horizontales se llaman períodos. La tabla periódica o sistema periódico tiene 7 períodos y 18 columnas.

Lo normal es aprenderse la tabla memorizando los dos primeros períodos y, después, aprenderse todos los elementos por grupos.

Reglas mnemotécnicas para aprenderse los primeros de cada grupo:

Primer período: **H** y **He**

Segundo período: **LiBe**rate. **B**uen **C**azador **N**unca **O**lvida el **F**usil **N**egro.

Metales de transición:

E**Sc**óndete, **Ti**o, **V**ete **C**o**r**riendo.
Mo**n**te una **F**e**rretería **Co**n **Ni**colás y **COBRE** **Z**a**n**ahorias.

TABLA PERIÓDICA Y CONFIGURACIÓN ELECTRÓNICA

Periodo	Grupo 1	Grupo 2	Grupo 3	Grupo 4	Grupo 5	Grupo 6	Grupo 7	Grupo 8	Grupo 9	Grupo 10	Grupo 11	Grupo 12	Grupo 13	Grupo 14	Grupo 15	Grupo 16	Grupo 17	Grupo 18
	ALCA LINOS	ALCA LINO TÉRRE OS	GRUPO DEL ESCAN DIO	GRUPO DEL TITA NIO	GRUPO DEL VANA DIO	GRUPO DEL CRO MO	GRUPO DEL MAN GA NESO	GRUPO DEL HIE RRO	GRUPO DEL CO BALTO	GRUPO DEL NÍ QUEL	GRUPO DEL COBRE	GRUPO DEL CINC	TÉ RRE OS	CARBO NOIDE OS	NITRO GENOI DEOS	ANFÍ GENOS /CAL CÓGE NOS	HALÓ GENOS	GASES NO BLES/ INER TES
	ns^1	ns^2	$(n-1)d^1$ ns^2	$(n-1)d^2$ ns^2	$(n-1)d^3$ ns^2	$(n-1)d^4$ ns^2	$(n-1)d^5$ ns^2	$(n-1)d^6$ ns^2	$(n-1)d^7$ ns^2	$(n-1)d^8$ ns^2	$(n-1)d^9$ ns^2	$(n-1)d^{10}$ ns^2	ns^2 np^1	ns^2 np^2	ns^2 np^3	ns^2 np^4	ns^2 np^5	ns^2 np^6
n = 1							**H** HIDRÓ GENO											**He** HELIO
n = 2	**Li** LITIO	**Be** BERI LIO											**B** BORO	**C** CAR BONO	**N** NITRÓ GENO	**O** OXÍGE NO	**F** FLÚOR	**Ne** NEÓN
n = 3	**Na** SODIO	**Mg** MAG NESIO											**Al** ALUMI NIO	**Si** SILICIO	**P** FÓS FORO	**S** AZU FRE	**Cl** CLORO	**Ar** ARGÓN
n = 4	**K** POTA SIO	**Ca** CAL CIO	**Sc** ESCAN DIO	**Ti** TITA NIO	**V** VANA DIO	**Cr** CRO MO	**Mn** MAN GA NESO	**Fe** HIE RRO	**Co** COBAL TO	**Ni** NÍ QUEL	**Cu** COBRE	**Zn** ZINC/ CINC	**Ga** GALIO	**Ge** GER MANIO	**As** ARSÉ NICO	**Se** SELE NIO	**Br** BRO MO	**Kr** CRIP TÓN
n = 5	**Rb** RUBI DIO	**Sr** ES TRON CIO	**Y** ITRIO	**Zr** CIRCO NIO	**Nb** NIOBIO	**Mo** MOLIB DENO	**Tc** TECNE CIO	**Ru** RUTE NIO	**Rh** RODIO	**Pd** PALA DIO	**Ag** PLATA	**Cd** CAD MIO	**In** INDIO	**Sn** ESTA ÑO	**Sb** ANTI MONIO	**Te** TELU RO	**I** IODO/ YODO	**Xe** XENÓN
n = 6	**Cs** CESIO	**Ba** BARIO	**La** LANTA NO	**Hf** HAF NIO	**Ta** TÁNTA LO	**W** WOL FRA MIO	**Re** RENIO	**Os** OSMIO	**Ir** IRIDIO	**Pt** PLA TINO	**Au** ORO	**Hg** MERCU RIO	**Tl** TALIO	**Pb** PLOMO	**Bi** BIS MUTO	**Po** POLO NIO	**At** AS TATO	**Rn** RADÓN
n = 7	**Fr** FRAN CIO	**Ra** RADIO	**Ac** ACTI NIO															

TEMA 9: FORMULACIÓN Y NOMENCLATURA INORGÁNICAS

Esquema

1. Valencias y números de oxidación.
2. Reglas para formular.
3. Elementos químicos.
4. Óxidos.
5. Peróxidos.
6. Hidruros.
7. Hidróxidos.
8. Sales binarias.
9. Hidrácidos.
10. Oxiácidos.
11. Oxisales.
12. Sales ácidas.
13. Iones.
14. Tabla resumen.

1. Valencias y números de oxidación

- La valencia de un elemento es el número de enlaces que forma o que puede formar.

Ejemplos:

Fórmula normal (molecular)	H_2O	PCl_3	CO
Fórmula con enlaces (desarrollada)	H – O – H	Cl – P – Cl | Cl	C = O
Valencias:	H: 1 O: 2	P: 3 Cl: 1	C: 2 O: 2

- El número de oxidación de un elemento es la carga que tiene o que parece tener. Coincide numéricamente con la valencia pero, además, tiene carga.
- En los ejemplos anteriores, los números de oxidación serían:

Números de oxidación:	H: + 1 O: + 2	P: + 3 Cl: – 1	C: + 2 O: – 2

- Las valencias más comunes de los elementos más comunes son:

METALES

Li, Na, K, Rb, Cs, Fr: 1

Be, Mg, Ca, Sr, Ba, Ra: 2

Cr: 2, 3, 6

Mn: 2, 3, 4, 6, 7

Fe, Co, Ni: 2, 3

Pd, Pt: 2, 4

Cu: 1, 2

Ag: 1

Au: 1, 3

Zn, Cd: 2

Hg: 1, 2

Al, Ga, In: 3

Tl: 1, 3

Sn, Pb: 2, 4

Bi: 3, 5

NO METALES

H: 1

N: 1, 2, 3, 4, 5

P: 3, 5

O: 2

S, Se: 2, 4, 6

F: 1

Cl, Br, I: 1, 3, 5, 7

C: 2, 4

SEMIMETALES O METALOIDES

B: 3

Si, Ge: 4

As, Sb: 3, 5

Te, Po: 2, 4, 6

NÚMEROS DE OXIDACIÓN

								H +1, -1									He -
Li +1	Be +2											B +3, -3	C +2, +4, -4	N +1, +2, +3, +4, +5, -3	O -1, -2	F -1	Ne -
Na +1	Mg +2											Al +3	Si +2, +4, -4	P +3, +5, -3	S +2, +4, +6, -2	Cl +1, +3, +5, +7, -1	Ar -
K +1	Ca +2	Sc +3	Ti +2, +3, +4	V +2, +3, +4, +5	Cr +2, +3, +6	Mn +2, +3, +4, +6, +7	Fe +2, +3	Co +2, +3	Ni +2, +3	Cu +1, +2	Zn +2	Ga +3	Ge +2, +4	As +3, +5, -3	Se +2, +4, +6, -2	Br +1, +3, +5, +7, -1	Kr -
Rb +1	Sr +2	Y +3	Zr +3, +4	Nb +2, +3, +4, +5	Mo +2, +3, +4, +5, +6	Tc +4, +5, +6, +7	Ru +2, +3, +4, +5, +6, +7	Rh +2, +3, +4, +5, +6	Pd +2, +4	Ag +1	Cd +2	In +3	Sn +2, +4	Sb +3, +5, -3	Te +2, +4, +6, -2	I +1, +3, +5, +7, -1	Xe -
Cs +1	Ba +2	La +3	Hf +3, +4	Ta +3, +4, +5	W +2, +3, +4, +5, +6	Re +2, +3, +4, +6, +7	Os +2, +3, +4, +5, +6, +7, +8	Ir +2, +3, +4, +5, +6	Pt +2, +4	Au +1, +3	Hg +1, +2	Tl +1, +3	Pb +2, +4	Bi +3, +5	Po +2, +4, +6, -2	At +1, +5, -1	Rn -
Fr +1	Ra +2	Ac +3															

2. Reglas para formular

a) Se combina un elemento con número de oxidación positivo con otro de número de oxidación negativo.

b) Se escribe primero el elemento más electropositivo y después el más electronegativo. El carácter electropositivo aumenta en este orden:

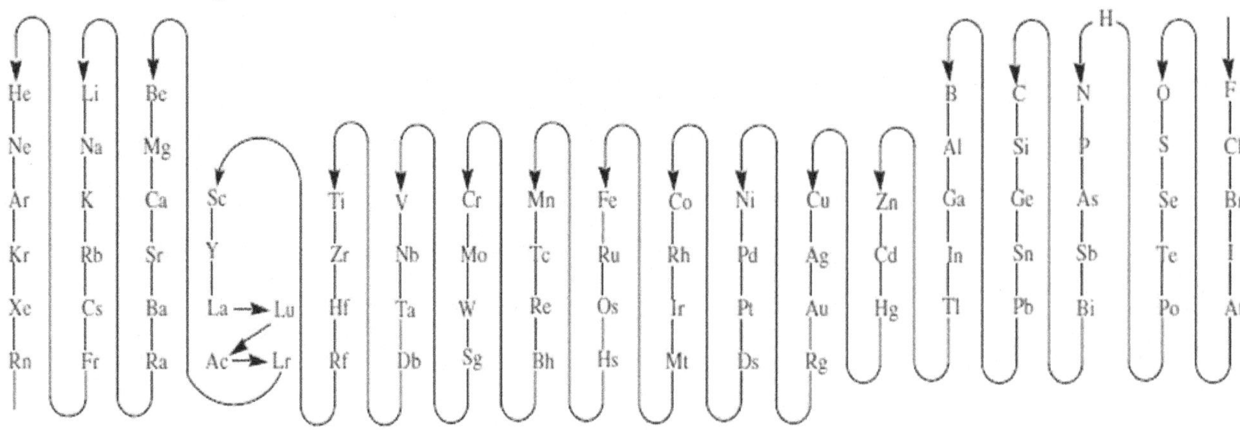

- Es decir, se escribe primero el que esté más a la izquierda y después el que esté más a la derecha en el esquema anterior.

Ejemplo: el sodio y el cloro: ClNa Incorrecto — NaCl Correcto

Ejemplo: el cloro y el oxígeno: Cl_2O_3 Incorrecto — O_3Cl_2 Correcto

- Si están en la misma columna, se escribe primero el que esté más abajo.

CSi Incorrecto — SiC Correcto

c) Se intercambian las valencias y se simplifica si se puede.
Ejemplo: el calcio y el oxígeno: $Ca_2O_2 \rightarrow CaO$

3. Elementos químicos

- Hay que conocer el nombre y el símbolo de los elementos de la tabla periódica. La mayoría de los elementos existen sólo en estado atómico. Unos pocos pueden existir como átomos o como moléculas. Son los siguientes: H_2, N_2, O_2, O_3 (ozono), F_2, Cl_2, Br_2, I_2, P_4, S_8.
- Si el elemento no está en la lista anterior, se nombran con su nombre que aparece en la tabla periódica. Si el elemento está en la lista anterior, se nombra así:
* En estado atómico: - (Elemento) atómico
 - Mono(elemento): nomenclatura IUPAC.
* En estado molecular: - (Elemento) molecular
 - (Prefijo)(elemento): nomenclatura IUPAC.

Los prefijos correspondientes a los números del 1 al 10 son:

Números	1	2	3	4	5	6	7	8	9	10
Prefijos	mono	di	tri	tetra	penta	hexa	hepta	octa	nona	deca

Ejemplos: F_2: diflúor o flúor molecular, F: flúor atómico o monoflúor.

Ejercicio 1: a) Nombra: H, Fe, H_2, P_4.
b) Formula: azufre molecular, ozono, nitrógeno atómico, dicloro.

4. Óxidos

- Fórmula general: MO o XO, siendo: M = metal o semimetal, X = no metal.
- Son compuestos con oxígeno unido a cualquier elemento.

La nomenclatura es la acción de nombrar. Existen varios tipos:

Nomenclaturas:

* IUPAC o sistemática: utiliza prefijos.
* Stock: utiliza números.
* Tradicional o antigua: acaba en oso o ico. Se usa poco actualmente.
* Común o común aceptada: sólo la tienen algunas sustancias.

a) Nomenclatura IUPAC: (Prefijo numérico)óxido de (prefijo numérico)(elemento)

Ejemplos: FeO: monóxido de hierro.
Fe_2O_3: trióxido de dihierro.

b) Nomenclatura de Stock: Óxido de (elemento) (valencia en números romanos)

Ejemplo: Fe_2O_3: óxido de hierro (III)

- No hay que confundir valencia con subíndice. El subíndice es el número que tiene a su derecha el elemento. La valencia es el número que el elemento le ha dado al otro elemento y que tiene que estar en la tabla de valencias.

Fórmula	Subíndice del Fe	Valencia del Fe
FeO	1	2
Fe_2O_3	2	3

Ejemplos: FeO: óxido de hierro (II)
Fe_2O_3: óxido de hierro (III)

- Si el elemento tiene una única valencia, entonces no se escribe.

Ejemplo: Al_2O_3: óxido de aluminio.

Ejercicio 2: completa la tabla:

Fórmula	IUPAC	Stock
Na_2O		
	Pentaóxido de difósforo	
		Óxido de antimonio (V)
SO_3		
	Dióxido de carbono	

5. Peróxidos

- Son compuestos con el oxígeno en la forma: O_2^{2-} . El oxígeno tiene valencia 1 y número de oxidación – 1.
- Se nombran por la IUPAC y por la Stock.

Ejemplos:

Compuesto	IUPAC	Stock	Común
Li_2O_2	Dióxido de dilitio	Peróxido de litio	-
CaO_2	Dióxido de calcio	Peróxido de calcio	-
H_2O_2	Dióxido de dihidrógeno	Peróxido de hidrógeno	Agua oxigenada

Ejercicio 3: nombra: Cs_2O_2, CuO_2 , $Fe_2(O_2)_3$, MgO_2 , Hg_2O_2.

6. Hidruros

- Son compuestos con H. Tipos de hidruros:
  - * Metálicos: MH
  - * Volátiles: XH, siendo X = B, C, Si, Ge, N, P, As, Sb.

a) Hidruros metálicos.

Fórmula general: MH.

- Se nombran igual que los óxidos, pero en lugar de óxido, se dice hidruro.

Ejemplo:

Fórmula	**IUPAC**	**Stock**
FeH_2	Dihidruro de hierro	Hidruro de hierro (II)

b) Hidruros volátiles.

Fórmula general: XH, siendo:

X	B	C	Si	Ge	N	P	As	Sb
Valencia	3	4	4	4	3	3	3	3

- Se nombran por la IUPAC y mediante nombres comunes.

Ejemplo:

Fórmula	**IUPAC**	**Común**
NH_3	Trihidruro de nitrógeno	Amoniaco

- Los nombres comunes son:

BH_3: borano CH_4: metano SiH_4: silano NH_3: amoniaco

PH_3: fosfano AsH_3: arsano SbH_3: estibano

Ejercicio 4: completa esta tabla:

Fórmula	**IUPAC**	**Stock**	**Común**
AuH_3			
	Dihidruro de magnesio		
			Silano
		Hidruro de cobre (II)	
NH_3			

7. Hidróxidos

- Fórmula general: $M(OH)_a$, siendo: a = 1, 2, 3, 4, ...
- Son compuestos con el grupo OH, que tiene valencia 1.

Ejemplos: LiOH, $Fe(OH)_2$, $Fe(OH)_3$.

- Se nombran por la IUPAC y la Stock, pero, en vez de óxido, se utiliza la palabra hidróxido.

Ejemplo:

Fórmula	IUPAC	Stock
$Fe(OH)_3$	Trihidróxido de hierro	Hidróxido de hierro (III)

Ejercicio 5: completa la tabla:

Fórmula	IUPAC	Stock
LiOH		
	Trihidróxido de níquel	
		Hidróxido de plomo (IV)
$Al(OH)_3$		
	Dihidróxido de estaño	

8. Sales binarias

- Fórmula general: MX
- Son compuestos con un metal y un no metal.
- En las sales binarias, los no metales utilizan su número de oxidación negativo:

No metal	Número de oxidación
F, Cl, Br, I	– 1
S, Se, Te	– 2
N, P, As, Sb	– 3
C, Si	– 4

Ejemplos: CaF_2, Fe_3P_2, CaSe.

Ejemplo:

Fórmula	**IUPAC**	**Stock**
Fe_3P_2	Difosfuro de trihierro	Fosfuro de hierro (II)

Ejercicio 6: completa la tabla:

Fórmula	**IUPAC**	**Stock**
CaTe		
	Disulfuro de estaño	
		Bromuro de cinc
Fe_3P_2		
	Antimoniuro de aluminio	

9. Hidrácidos

- Los ácidos se caracterizan todos al formularlos porque empiezan por hidrógeno.
- Hay dos tipos de ácidos:
  - Hidrácidos: no tienen oxígeno
  - Oxiácidos: sí tienen oxígeno

- Fórmula general de los hidrácidos: HX, siendo X = F, Cl, Br, I, S, Se, Te.
  Valencias = 1, 1, 1, 1, 2, 2, 2.

- Se nombran como (Elemento X)uro de hidrógeno.

Ejemplo: HF: fluoruro de hidrógeno H_2S: sulfuro de hidrógeno

- Si el ácido está disuelto en agua, entonces se nombra y se formula de manera distinta. Se formula igual que antes pero añadiéndole a la fórmula (ac), indicando que está disuelto en medio acuoso.

Ejemplo: HF(ac).

- Se nombran así: ácido (elemento X)hídrico.

Ejemplos: HF(ac): ácido fluorhídrico, HCl(ac): ácido clorhídrico

Ejercicio 7: nombra: HBr(ac), HI(ac), H_2S(ac), H_2Se(ac), H_2Te(ac).

10. Oxiácidos

- Fórmula general: HXO

siendo: X = B, C, Si, N, P, As, Sb, S, Se, Te, Cl, Br, I, Cr, Mn.

Elemento	B	C	Si	N	P	As	Sb	S	Se	Te	Cl	Br	I	Cr	Mn
Valencias en los oxiácidos	3	4		3 5		3 5		2 4 6			1 3 5 7			6	4 6 7

- Se utiliza aún mucho la tradicional para los oxiácidos por ser más breve que otras.

- Se nombran así: $\text{Ácido}\left\{\begin{array}{l}\text{hipo}\\ \text{per}\\ \text{-}\end{array}\right\}\text{(elemento X)}\left\{\begin{array}{l}\text{ico}\\ \\ \text{oso}\end{array}\right.$

Ejemplos: ácido hipocloroso, ácido clórico.

- Los prefijos hipo y per y los sufijos oso e ico se utilizan dependiendo del número de valencias del elemento:

Nº valencias	Terminaciones	Valencias	Nombres
1	– ico	C: 4	- ácido carbónico
2	– oso, – ico	Sb: 3, 5	- ácido antimonioso - ácido antimónico
3	hipo – oso, – oso, – ico	S: 2, 4, 6	- ácido hiposulfuroso - ácido sulfuroso - ácido sulfúrico
4	hipo – oso, – oso, – ico, per – ico	Cl: 1, 3, 5, 7	- ácido hipocloroso - ácido cloroso - ácido clórico - ácido perclórico

- Tenemos dos casos:
* Pasar de nombre a fórmula:
a) Se averigua la valencia del elemento X observando el prefijo y el sufijo.
b) El número de oxígenos es tal que, multiplicado por dos, supere a la valencia del elemento X.
c) El número de H se calcula así: nº de oxígenos·2 – valencia de X.

Ejemplo: formula el ácido sulfúrico.
a) Como el nombre acaba en ico y las valencias del S son 3 (2, 4 y 6), ico corresponde a la tercera valencia. Es decir, la valencia es 6.
b) El número de oxígenos es 4, ya que $4 \cdot 2 = 8$, que es mayor que 6.
c) El número de hidrógenos es $4 \cdot 2 - 6 = 8 - 6 = 2$
La fórmula pedida es H_2SO_4.

Ejercicio 8: formula: ácido hipocloroso, ácido brómico y ácido selenioso.

* Pasar de fórmula a nombre:
a) Se averigua la valencia del elemento X así:
Valencia de X = nº de oxígenos·2 – nº de hidrógenos.
b) Dependiendo del número de valencias del elemento X, le ponemos el prefijo y el sufijo correspondientes.
Ejemplo: nombra el H_2SeO_2.
a) Valencia de $X = 2 \cdot 2 - 2 = 4 - 2 = 2$
b) El selenio (Se) tiene 3 valencias (2, 4 y 6). La valencia 2 es la primera de tres valencias, luego le corresponde, según la tabla, el prefijo hipo y el sufijo oso.
El nombre es ácido hiposelenioso.
Ejercicios: nombra el HIO_4.

Ejercicio 9: nombra: H_2SO_3 , $HClO$, H_2TeO_4 .

- Hay varios casos particulares:

$HMnO_4$: ácido permangánico	H_2MnO_4 : ácido mangánico	H_2CrO_4: ácido crómico
$H_2Cr_2O_7$: ácido dicrómico	HNO_2: ácido nitroso	HNO_3: ácido nítrico

- Ácidos orto y meta: algunos elementos tienen varios oxiácidos para la misma valencia. Estos elementos son: B, Si, P, As, Te y I. El ácido orto se nombra sin el prefijo orto y el ácido meta se nombra con el prefijo meta.

HPO_2 : ácido metafosforoso	H_3PO_3 : ácido fosforoso
HPO_3 : ácido metafosfórico	H_3PO_4 : ácido fosfórico
$HAsO_2$: ácido metaarsenioso	H_3AsO_3 : ácido arsenioso
$HAsO_3$: ácido metaarsénico	H_3AsO_4 : ácido arsénico
HBO_2 : ácido metabórico	H_3BO_3 : ácido bórico
H_2SiO_3 : ácido metasilícico	H_4SiO_4 : ácido silícico

11. Oxisales

- Fórmula general: MXO
- Resultan de sustituir los hidrógenos de un oxoácido por un metal.

Ejemplo: H_2SO_4. Si le quitamos los hidrógenos queda SO_4 con valencia 2. Le ponemos hierro (III) por ejemplo y queda: $Fe_2(SO_4)_3$

- Para nombrarlos, se cambia la terminación del ácido correspondiente:

El ácido acaba en	La oxisal acaba en
oso	ito
ico	ato

Ejemplo: $Fe_2(SO_4)_3$ es el sulfato de hierro (III).

Ejercicio 10: formula: clorato de sodio, sulfito de antimonio (V), nitrato de cobalto (III), arseniato de cinc, yodato de oro (III).

Ejercicio 11: nombra: $CuSO_4$, Ag_3BO_3, $LiPO_2$, $SnSeO_3$, $Ni_2(CO_3)_3$.

12. Sales ácidas

- Fórmula general: MHX o MHXO.
- Son sales que tienen hidrógeno en su molécula porque no han perdido todo el hidrógeno los ácidos de los que provienen.
- Se nombran igual que las sales que ya hemos visto pero empezando con la palabra hidrógeno.

Ejemplos:

H_2S → Na_2S → NaHS: hidrogenosulfuro de sodio.

H_2SO_4 → Na_2SO_4 → $NaHSO_4$: hidrogenosulfato de sodio

Ejercicio 12: formula: hidrogenosulfito de aluminio, hidrogenofosfito de mercurio (II), dihidrogenoborato de antimonio (III), hidrogenoarseniato de berilio, hidrogenotelururo de plomo (II), hidrogenoseleniuro de cobre (II).

Ejercicio 13: nombra: $KHCO_3$, LiH_2BO_3, $Fe(HS)_2$, $Ga(HSe)_3$, KH_2PO_3.

13. Iones

- Los iones son átomos o grupos de átomos con carga positiva o negativa. Hay varios casos:
a) Cationes monoatómicos: ion o catión (elemento) (valencia si tiene varias)
Ejemplos: Na^{+}: ion sodio, Fe^{3+}: ion hierro (III), Sb^{5+}: ion antimonio (V).
b) Aniones monoatómicos: ion o anión (elemento)uro.
Ejemplos: Cl^{-}: ion cloruro, N^{3-}: ion nitruro, S^{2-}: ion sulfuro.
c) Aniones procedentes de oxiácidos: se cambia oso por ito e ico por ato.
Ejemplos: SO_4^{2-} : ion sulfato, BO_3^{3-}: ion borato, CO_3^{2-}: ion carbonato.
d) Iones especiales.
Ejemplos: NH_4^{+} : ion amonio, OH^{-} : ion hidróxido o ion hidroxilo.
- Una forma rápida de formular y nombrar es aprenderse de memoria todos los iones y después combinarlos.

CATIONES			
Li^{+}	Ion litio	Na^{+}	Ion sodio
K^{+}	Ion potasio	Rb^{+}	Ion rubidio
Cs^{+}	Ion cesio	Be^{++}	Ion berilio
Mg^{++}	Ion magnesio	Ca^{++}	Ion calcio
Sr^{++}	Ion estroncio	Ba^{++}	Ion bario
Ti^{++}	Ion titanio (II)	Ti^{3+}	Ion titanio (III)
Ti^{4+}	Ion titanio (IV)	Cr^{++}	Ion cromo (II)
Cr^{3+}	Ion cromo (III)	Cr^{6+}	Ion cromo (VI)
Mn^{++}	Ion manganeso (II)	Mn^{3+}	Ion manganeso (III)
Mn^{4+}	Ion manganeso (IV)	Mn^{6+}	Ion manganeso (VI)
Mn^{7+}	Ion manganeso (VII)	Fe^{++}	Ion hierro (II)
Fe^{3+}	Ion hierro (III)	Co^{++}	Ion cobalto (II)
Co^{3+}	Ion cobalto (III)	Ni^{++}	Ion níquel (II)
Ni^{3+}	Ion níquel (III)	Pd^{++}	Ion paladio (II)
Pd^{4+}	Ion paladio (IV)	Pt^{++}	Ion platino (II)
Pt^{4+}	Ion platino (IV)	Cu^{+}	Ion cobre (I)
Cu^{++}	Ion cobre (II)	Ag^{+}	Ion plata
Au^{+}	Ion oro (I)	Au^{3+}	Ion oro (III)
Zn^{++}	Ion cinc	Cd^{++}	Ion cadmio
Hg_2^{2+}	Ion mercurio (I)	Hg^{++}	Ion mercurio (II)
B^{3+}	Ion boro	Al^{3+}	Ion aluminio
Ga^{3+}	Ion galio	In^{3+}	Ion indio
Tl^{+}	Ion talio (I)	Tl^{3+}	Ion talio (III)
C^{++}	Ion carbono (II)	C^{4+}	Ion carbono (IV)
Si^{4+}	Ion silicio	Ge^{4+}	Ion germanio
Sn^{++}	Ion estaño (II)	Sn^{4+}	Ion estaño (IV)

Pb^{++}	Ion plomo (II)	Pb^{4+}	Ion plomo (IV)
N^{+}	Ion nitrógeno (I)	N^{++}	Ion nitrógeno (II)
N^{3+}	Ion nitrógeno (III)	N^{4+}	Ion nitrógeno (IV)
N^{5+}	Ion nitrógeno (V)	P^{3+}	Ion fósforo (III)
P^{5+}	Ion fósforo (V)	As^{3+}	Ion arsénico (III)
As^{5+}	Ion arsénico (V)	Sb^{3+}	Ion antimonio (III)
Sb^{5+}	Ion antimonio (V)	Bi^{3+}	Ion bismuto (III)
Bi^{5+}	Ion bismuto (V)	S^{++}	Ion azufre (II)
S^{4+}	Ion azufre (IV)	S^{6+}	Ion azufre (VI)
Se^{++}	Ion selenio (II)	Se^{4+}	Ion selenio (IV)
Se^{6+}	Ion selenio (VI)	Te^{++}	Ion teluro (II)
Te^{4+}	Ion teluro (IV)	Te^{6+}	Ion teluro (VI)
Cl^{+}	Ion cloro (I)	Cl^{3+}	Ion cloro (III)
Cl^{5+}	Ion cloro (V)	Cl^{7+}	Ion cloro (VII)
Br^{+}	Ion bromo (I)	Br^{3+}	Ion bromo (III)
Br^{5+}	Ion bromo (V)	Br^{7+}	Ion bromo (VII)
I^{+}	Ion yodo (I)	I^{3+}	Ion yodo (III)
I^{5+}	Ion yodo (V)	I^{7+}	Ion yodo (VII)
NH_4^{+}	Ion amonio		

ANIONES			
B^{3-}	Ion boruro	C^{4-}, C_2^{2-}	Ion carburo
Si^{4-}	Ion siliciuro	N^{3-}	Ion nitruro
P^{3-}	Ion fosfuro	As^{3-}	Ion arseniuro
Sb^{3-}	Ion antimoniuro	O^{2-}	Ion óxido
O_2^{2-}	Ion peróxido	S^{2-}	Ion sulfuro
Se^{2-}	Ion seleniuro	Te^{2-}	Ion telururo
F^-	Ion fluoruro	Cl^-	Ion cloruro
Br^-	Ion bromuro	I^-	Ion yoduro
ClO^-	Ion hipoclorito	ClO_2^-	Ion clorito
ClO_3^-	Ion clorato	ClO_4^-	Ion perclorato
BrO^-	Ion hipobromito	BrO_2^-	Ion bromito
BrO_3^-	Ion bromato	BrO_4^-	Ion perbromato
IO^-	Ion hipoyodito	IO_2^-	Ion yodito
IO_3^-	Ion yodato	IO_4^-	Ion (meta)peryodato
SO_3^{2-}	Ion sulfito	SO_4^{2-}	Ion sulfato
SeO_2^{2-}	Ion hiposelenito	SeO_3^{2-}	Ion selenito
SeO_4^{2-}	Ion seleniato	TeO_2^{2-}	Ion hipotelurito
TeO_3^{2-}	Ion telurito	BO_3^{3-}	Ion borato
BO_2^-	Ion metaborato	CO_3^{2-}	Ion carbonato
SiO_3^{2-}	Ion metasilicato	SiO_4^{4-}	Ion silicato
NO_2^-	Ion nitrito	NO_3^-	Ion nitrato
PO_2^-	Ion metafosfito	PO_3^{3-}	Ion fosfito
PO_3^-	Ion metafosfato	PO_4^{3-}	Ion fosfato
AsO_2^-	Ion metaarsenito	AsO_3^{3-}	Ion arsenito
AsO_3^-	Ion metaarseniato	AsO_4^{3-}	Ion arseniato
CrO_4^{2-}	Ion cromato	$Cr_2O_7^{2-}$	Ion dicromato
CN^-	Ion cianuro		

14. Tabla resumen

Compuesto	Fórmula	IUPAC	Stock	Tradicional
Óxido	MO o XO	(Prefijo)óxido de (prefijo).............	Óxido de ....(valencia)	–
Peróxido	MO_2 o M_2O_2	- Dióxido de (metal) - Dióxido de di(metal)	Peróxido de .... (valencia)	–
Hidróxidos	$M(OH)_a$	(Prefijo)hidróxido de (prefijo)................	Hidróxido de .... (valencia)	–
Hidruros metálicos	MH	(Prefijo)hidruro de (prefijo)..............	Hidruro de ....(valencia)	–
Hidruros volátiles	XH	(Prefijo)hidruro de (prefijo)...............	–	–
Sales binarias	MX	(Prefijo) (no metal)uro de (prefijo)(metal)	(No metal)uro de (metal) (valencia)	–
Hidrácidos	HX HX(ac)	–	–	..............uro de hidrógeno Ácido ....hídrico
Oxiácidos	HXO	–	–	Ácido $\left\{\begin{matrix}\text{hipo}\\ \text{per}\\ \text{-}\end{matrix}\right\}$ (elemento X) $\left\{\begin{matrix}\text{oso}\\ \text{ico}\end{matrix}\right.$
Oxisales	MXO	–	–	$\left.\begin{matrix}\text{Hipo}\\ -\\ \text{Per}\end{matrix}\right\}$ (Elemento X) $\left\{\begin{matrix}\text{ito}\\ -\\ \text{ato}\end{matrix}\right\}$ de (elemento M) (valencia de M)

EJERCICIOS PROPUESTOS

Nombra por la nomenclatura que quieras:

1) O	2) O_2	3) O_3	4) P_4	5) S_8
6) N	7) Sn	8) TiO_2	9) Sb_2O_3	10) V_2O_5
11) Li_2O	12) BeO	13) CaO_2	14) CrO_3	15) Mn_2O_3
16) MnO_3	17) Hg_2O	18) Al_2O_3	19) P_2O_5	20) B_2O_3
21) O_7Cl_2	22) NO_2	23) NO	24) CoO_2	25) Cs_2O_2
26) $Tl(OH)_3$	27) $Co(OH)_2$	28) $Ti(OH)_3$	29) $Al(OH)_3$	30) BH_3
31) SnH_4	32) NiH_2	33) CrH_2	34) AsH_3	35) NH_3
36) ZnH_2	37) FeH_3	38) GeH_4	39) Na_3Sb	40) CoP
41) Cu_3N_2	42) PdF_2	43) $AuAs$	44) Cr_2Te_3	45) H_2S
46) HCl	47) HF	48) H_2Se	49) HCl (ac)	50) H_2Te (ac)
51) H_2SO_3	52) HIO_4	53) H_2TeO_3	54) H_2CO_3	55) $HAsO_2$
56) $H_2Cr_2O_7$	57) $KMnO_4$	58) NH_4Cl	59) Na_2SO_3	60) $Fe_3(PO_4)_2$
61) $NaIO$	62) $Ni(HTeO_3)_3$	63) KCN	64) $Sb_3(PO_3)_5$	65) $Ca(HSeO_2)_2$
66) $Na_2H_2SiO_4$	67) $Pb(HSiO_3)_2$	68) $Cu(HS)_2$	69) $Co(HSe)_3$	70) $K_2Cr_2O_7$
71) NH_4^+	72) S^{6+}	73) Cl^{7+}	74) Cl^-	75) Cu^{++}
76) Hg_2^{++}	77) Ba^{++}	78) Li^+	79) ClO_3^-	80) CrO_4^{2-}
81) CO_3^{2-}	82) IO_2^-	83) PO_2^-		

Formula:

1) Óxido de cobre (I)	2) Óxido de cobre (II)
3) Peróxido de cobre (I)	4) Peróxido de cobre (II)
5) Óxido de mercurio (I)	6) Óxido de mercurio (II)
7) Peróxido de mercurio (I)	8) Peróxido de mercurio (II)
9) Monóxido de dinitrógeno	10) Peróxido de francio
11) Peróxido de estroncio	12) Dióxido de plomo
13) Óxido de azufre (IV)	14) Arseniuro de galio
15) Trihidróxido de oro	16) Peróxido de cadmio
17) Borano	18) Arsano
19) Estibano	20) Tetrahidruro de carbono
21) Trihidruro de antimonio	22) Fosfuro de cromo (II)
23) Boruro de mercurio (II)	24) Antimoniuro de cinc
25) Yoduro de hidrógeno	26) Ácido selenhídrico
27) Ácido sulfhídrico	28) Ácido metabórico
29) Ácido fosforoso	30) Ácido silícico
31) Ácido iódico	32) Ácido mangánico
33) Ácido permangánico	34) Ácido nitroso
35) Clorato de amonio	36) Hiposulfito de oro (I)
37) Seleniato de calcio	38) Hidrogenofosfato de aluminio
39) Dihidrogenoarsenito de platino (IV)	40) Silicato de plomo (II)
41) Hidrogenotelurito de cromo (III)	42) Hidrogenosulfuro de indio
43) Ion bromo (VII)	44) Ion telururo
45) Ion clorato	46) Ion nitrato
47) Ion sulfato	48) Ion yodito
49) Ion metafosfito	50) Ion hidrogenocarbonato
51) Ion hidrogenosulfuro	52) Ion cianuro

TEMA 10: FORMULACIÓN Y NOMENCLATURA ORGÁNICAS

Esquema

1. Introducción
2. Alcanos
3. Alquenos
4. Alquinos
5. Hidrocarburos cíclicos
6. Hidrocarburos aromáticos
7. Alcoholes
8. Fenoles
9. Aldehidos
10. Cetonas
11. Éteres
12. Halogenuros de alquilo
13. Ácidos carboxílicos
14. Ésteres
15. Aminas
16. Amidas
17. Nitrilos
18. Nitroderivados
19. Compuestos polifuncionales
20. Nombres comunes

1. Introducción

- La Química Orgánica suele definirse como la Química del carbono, pero es más exacto definirla como la Química de los compuestos que tienen algún enlace C – H y C – C .
- En los compuestos orgánicos, la valencia del carbono es 4 y el enlace es covalente.
- Existen unos 300.000 compuestos inorgánicos y varios millones de compuestos orgánicos. Esto es debido a que el carbono puede unirse a otros átomos de carbono formando largas cadenas carbonadas y las combinaciones son innumerables.
- Se llama grupo funcional a un átomo o grupo de átomos que le dan al compuesto ciertas propiedades características. Los compuestos se clasifican en Química Orgánica según el grupo funcional que tengan.

Compuesto	Grupo funcional	Terminación del nombre
Hidrocarburo	R – H	ano, eno, ino
Alcohol	– OH	ol
Éter	– O –	éter
Aldehido	– CHO	al
Cetona	– CO –	ona
Halogenuro de alquilo	R – X	...uro de ...ilo
Ácido (carboxílico)	– COOH	oico
Amina	– NH_2	amina
Amida	– $CONH_2$	amida

2. Alcanos

- Los hidrocarburos son compuestos que tienen exclusivamente carbono e hidrógeno. Hay varios tipos: alcanos, alquenos, alquinos, hidrocarburos cíclicos e hidrocarburos aromáticos.
- Las características de los distintos hidrocarburos son:

Hidrocarburos	Característica
Alcanos	Tienen exclusivamente enlaces sencillos
Alquenos	Tienen algún doble enlace
Alquinos	Tienen algún triple enlace
Hidrocarburos cíclicos	La cadena carbonada está cerrada
Hidrocarburos aromáticos	Son derivados del benceno

- Los alcanos más sencillos son:

Nombre del alcano	**Fórmula**
Metano	CH_4
Etano	CH_3-CH_3
Propano	$CH_3-CH_2-CH_3$
Butano	$CH_3-CH_2-CH_2-CH_3$
Pentano	$CH_3-CH_2-CH_2-CH_2-CH_3$
Hexano	$CH_3-CH_2-CH_2-CH_2-CH_2-CH_3$
Heptano	$CH_3-(CH_2)_5-CH_3$
Octano	$CH_3-(CH_2)_6-CH_3$
Nonano	$CH_3-(CH_2)_7-CH_3$
Decano	$CH_3-(CH_2)_8-CH_3$

- Un radical es un hidrocarburo al que se le ha quitado un hidrógeno. Se nombran acabando en ilo.

Ejemplos:

Nombre del radical	**Fórmula**
Metilo	CH_3-
Etilo	CH_3-CH_2-
Propilo	$CH_3-CH_2-CH_2-$
Butilo	$CH_3-CH_2-CH_2-CH_2-$
Isopropilo	$CH_3-\underset{\displaystyle CH_3}{\underset{\mid}{CH}}-$

- Los alcanos ramificados se nombran indicando la posición del radical mediante un número llamado localizador.

Ejemplo:

$$CH_3-\underset{\displaystyle CH_3}{\underset{\mid}{CH}}-CH_2-CH_2-CH_3$$

2-metilpentano

Ejercicio 1: nombra:

```
CH3 – CH2 – CH – CH – CH3
            |    |
           CH3  CH3
```

3. Alquenos

- Son hidrocarburos con algún doble enlace. La posición del doble enlace se indica con un localizador, excepto en los términos inferiores de la serie.

Ejemplos:

$CH_2 = CH - CH_3$	$CH_3 - CH = CH_2$
propeno	propeno

Ejemplos:

$CH = CH_2 - CH_2 - CH_3$	but-1-eno
$CH_3 - CH = CH - CH_3$	but-2-eno
$CH_3 - CH_2 - CH = CH_2$	but-1-eno

Ejercicio 2: nombra:

$CH = CH - CH_2 - CH_2 - CH_3$

$CH_3 - CH = CH - CH_2 - CH_3$

$CH_3 - CH_2 - CH = CH - CH_3$

$CH_3 - CH_2 - CH_2 - CH = CH_2$

- Si tiene algún sustituyente (ramificación) hay que indicarlo:

Ejemplo:

```
CH3 – CH – CH = CH2
      |
      CH3
```

3-metilbut-1-eno

- La cadena se empieza a numerar siempre por el extremo más cercano al doble enlace.

Ejercicio 3: nombra:

```
                                CH3
                                |
CH2 = CH – CH – CH2 – CH – CH3
            |
            CH2 – CH3
```

4. Alquinos

- Son hidrocarburos con algún triple enlace. Se siguen las mismas normas que con los alquenos, pero acabando en ino.

Ejemplos:

$HC \equiv CH$	$HC \equiv C - CH_3$	$CH_3 - C \equiv CH$
Etino o acetileno	Propino	Propino

> Ejercicio 4: nombra:
>
> $HC \equiv C - CH_2 - CH_3$
>
> $CH_3 - C \equiv C - CH_3$
>
> $CH_3 - CH_2 - C \equiv CH$

5. Hidrocarburos cíclicos

- Son aquellos cuya cadena principal es cerrada. Hay tres tipos: cicloalcanos, cicloalquenos y cicloalquinos. Se nombran así: Ciclo(alcano o alqueno o alquino)

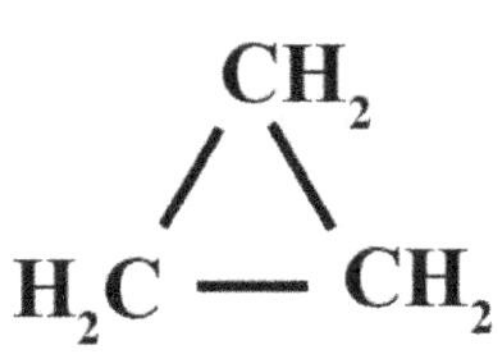

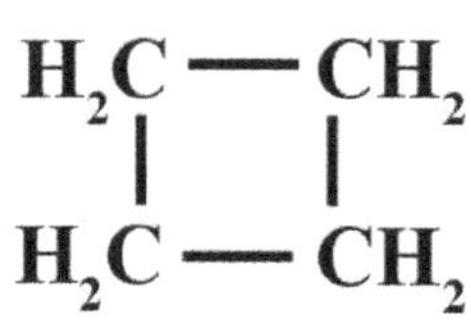

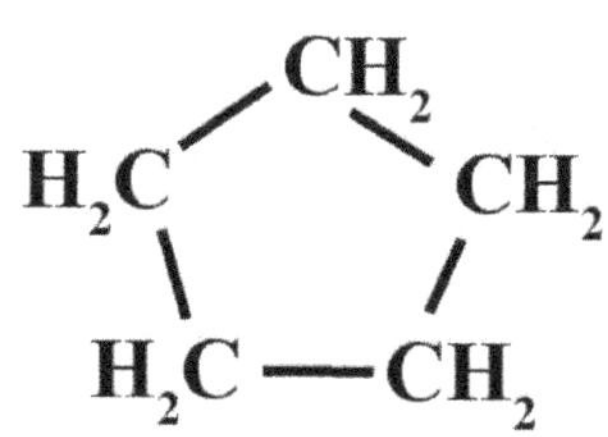

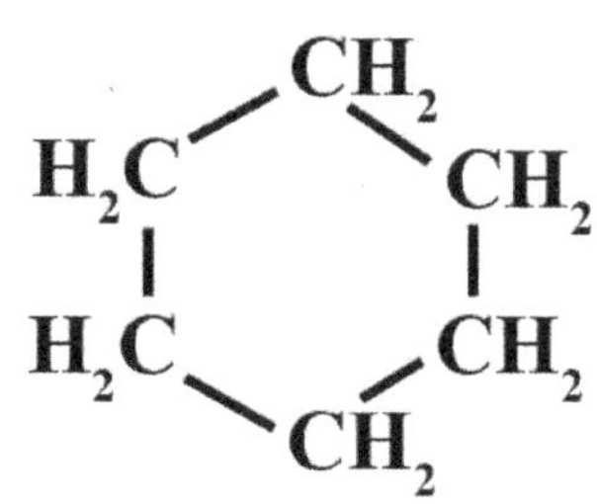

Normalmente, se dibujan los polígonos sin carbonos ni hidrógenos:

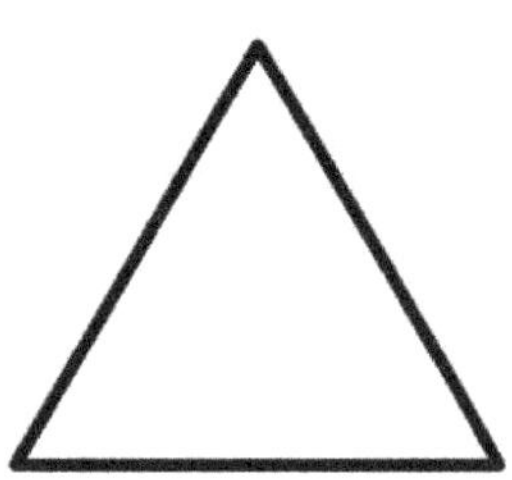

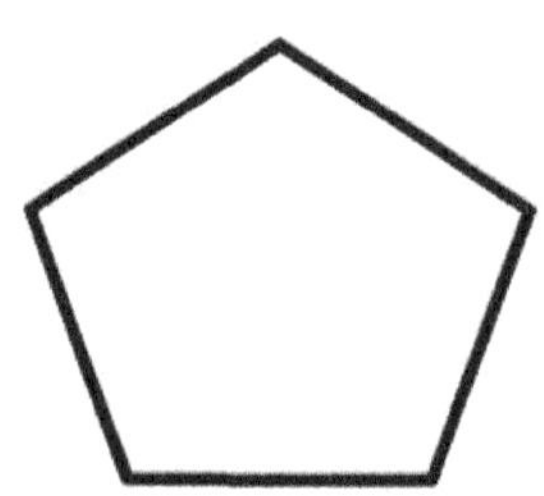
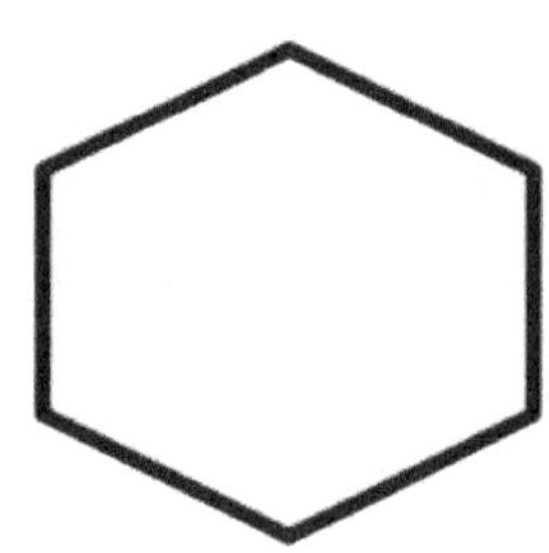

Ciclopropano Ciclobutano Ciclopentano Ciclohexano

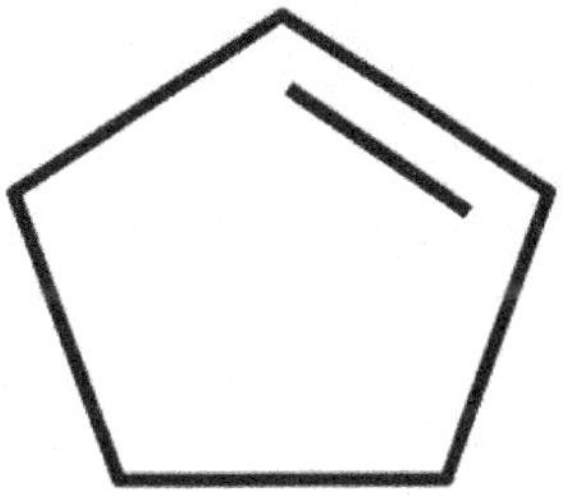

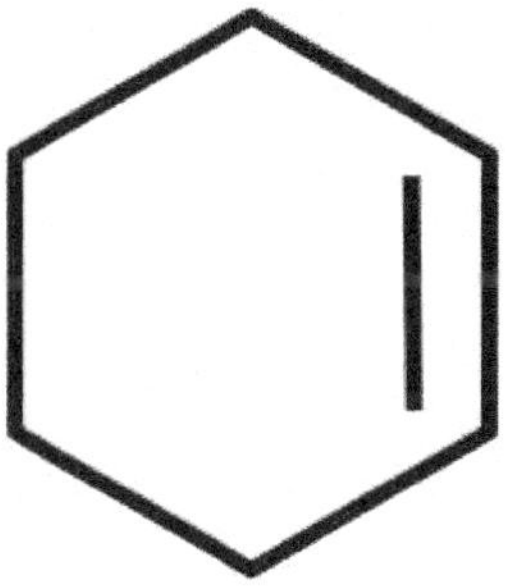

Ciclopropeno Ciclobuteno Ciclopenteno Ciclohexeno

- Si tienen sustituyentes, se nombra el radical y el nombre del hidrocarburo cíclico.

Ejemplos:

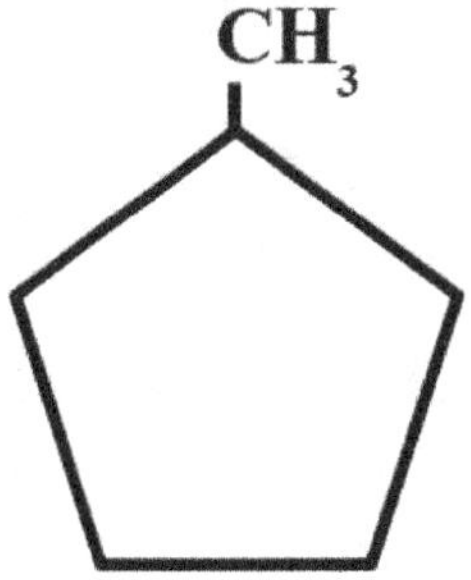

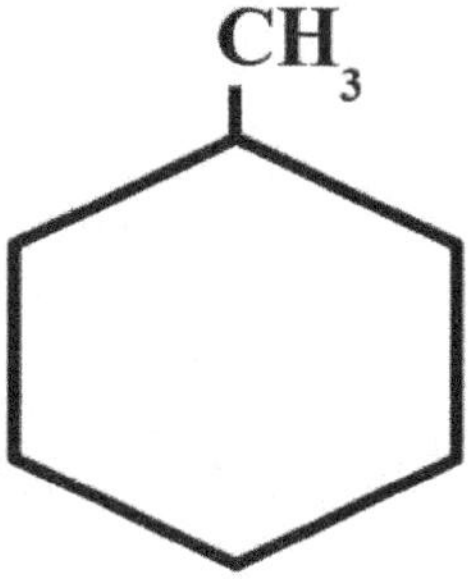

Metilciclopentano Metilciclohexano

Ejercicio 5: formula: 3-metilciclohexeno, 3-etil-4-metilciclopenteno, propilciclobutano.

6. Hidrocarburos aromáticos

- Son aquellos que tienen dentro de su molécula a la molécula del benceno, que se representa así:

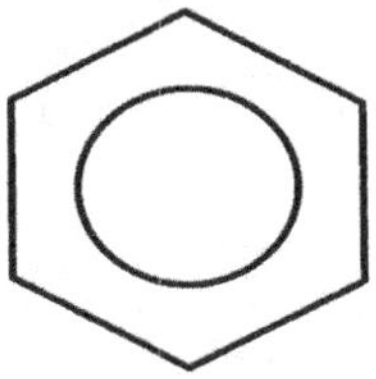

Benceno

- Se nombran así: (radical) benceno.

Ejemplos:

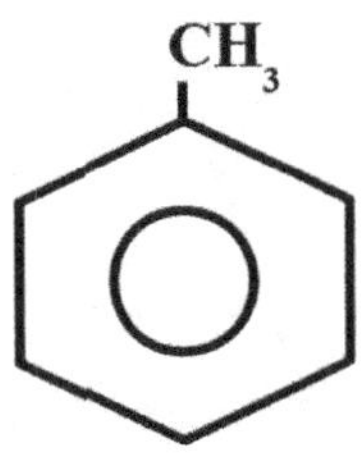

Metilbenceno

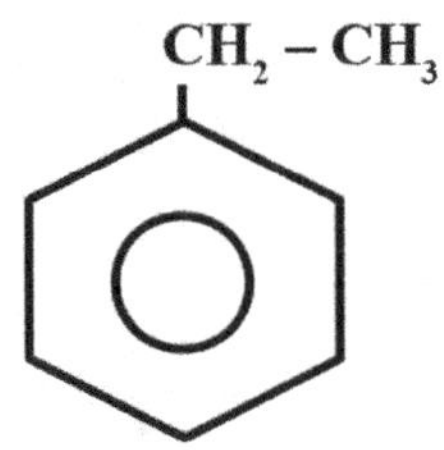

Etilbenceno

- Si tienen más de un sustituyente, se indican con localizadores.

Ejemplos:

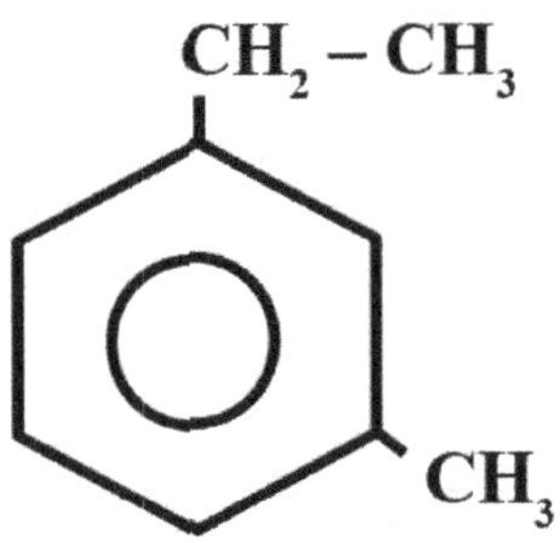

1-etil-3-metilbenceno

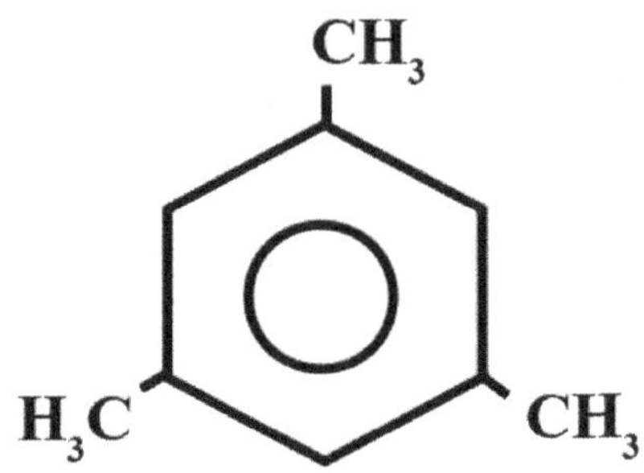

1,3,5-trimetilbenceno

- Si tienen dos sustituyentes, también se pueden indicar mediante los prefijos orto (o –), meta (m –) o para (p –). Orto es lo mismo que 1,2 – , meta es lo mismo que 1,3 – y para es lo mismo que 1,4 – .

Ejemplos:

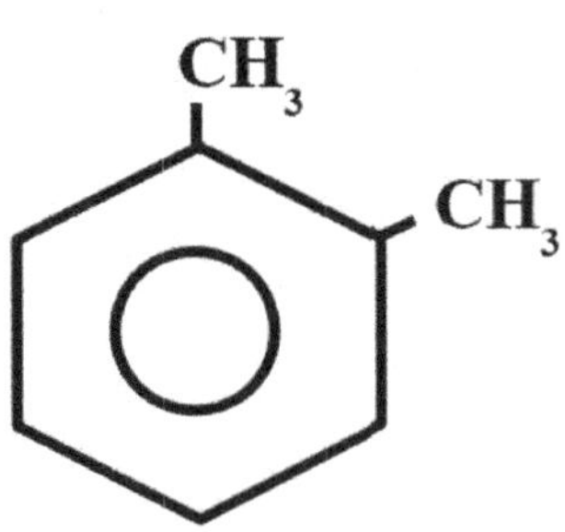

o – dimetilbenceno

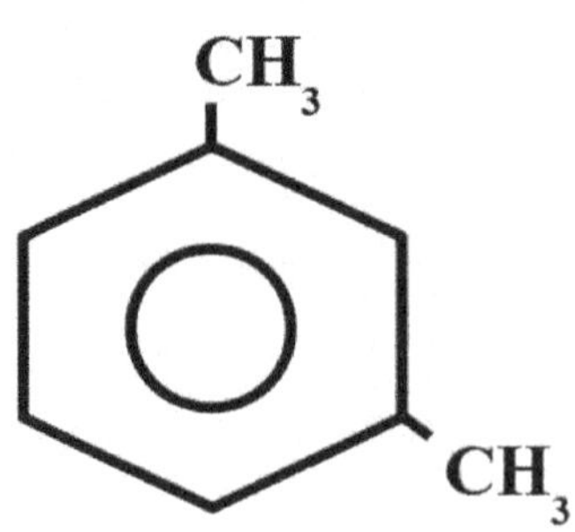

m – dimetilbenceno

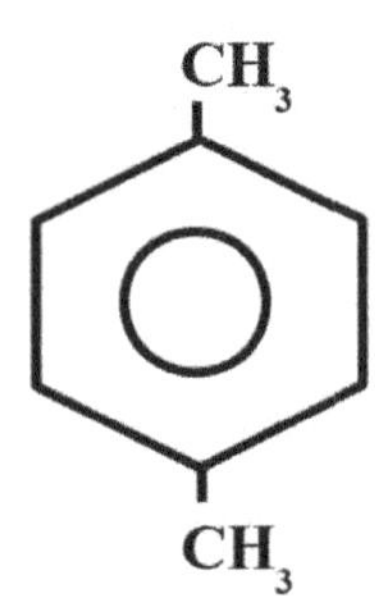

p – dimetilbenceno

Ejercicio 6: formula: m-etilmetilbenceno; 2-etil-1,4-dimetilbenceno.

7. Alcoholes

- Son compuestos con el grupo – OH .
- La cadena se empieza a numerar por el extremo más cercano al grupo – OH .
- Se nombran de dos formas:

a) (Alcano)ol. b) Alcohol (radical)ico

Ejemplos:	CH_3OH	Metanol o alcohol metílico
	$CH_3 - CH_2OH$	Etanol o alcohol etílico
	$CH_3 - CH_2 - CH_2OH$	propan-1-ol o alcohol propílico
	$CH_3 - CHOH - CH_3$	propan-2-ol o alcohol isopropílico

- Si el compuesto tiene radicales, dobles enlaces, triples enlaces y grupo funcional, se nombran así: Radical/ Número de átomos de C/ en/ in/ grupo funcional
- Para numerar la cadena principal, la prioridad es:

Grupo funcional > insaturaciones > radicales

- Las insaturaciones son los dobles y los triples enlaces. El doble enlace tiene la misma prioridad que el triple, a no ser que haya empate. En caso de empate, se empieza por el extremo más cercano al doble enlace.

Ejemplo: nombra:

$$\begin{array}{l} CH_2 = CH - CH_3 - \underset{\displaystyle CH_3}{\underset{|}{CH}} - C \equiv CH \end{array}$$

4-metilhex-1-en-5-ino

Ejercicio 7: nombra:

$$CH_3 - \underset{\displaystyle CH_3}{\underset{|}{C}} = CH - CH_2 - \underset{\displaystyle OH}{\underset{|}{CH}} - CH_3$$

8. Fenoles

- Son alcoholes aromáticos. Se nombran indicando los sustituyentes y terminando en fenol.

Ejemplo:

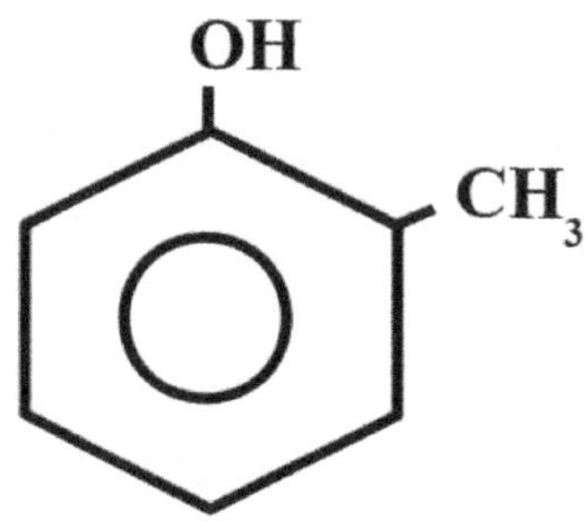

2 - metilfenol

Ejercicio 8: formula: p-etilfenol; 3,4-dimetilfenol.

9. Aldehidos

- Son compuestos con el grupo – CHO .
- El carbono del – CHO es siempre el carbono número uno.
- Se nombran así: (Alcano sin la o)al

Ejemplos:

$HCHO$	$CH_3 - CHO$	$CH_3 - CH_2 - CHO$
Metanal o formaldehido	Etanal o acetaldehído	Propanal

Ejercicio 9: nombra:

$$CH_3 - \underset{\displaystyle CH_2 - CH_3}{\underset{|}{C}} = CH - CH_2 - CHO$$

10. Cetonas

- Son compuestos con el grupo – CO –
- Se nombran de dos formas:

a) (Alcano sin la o)ona. b) (Radical 1) (radical 2) cetona

Ejemplos:

$CH_3 - CO - CH_3$	$CH_3 - CO - CH_2 - CH_3$
Propanona o acetona o dimetilcetona	butanona o etil metil cetona

> Ejercicio 10: nombra:
>
> $CH_3 - \underset{\displaystyle CH_3}{\underset{|}{C}} = CH - CO - CH_3$

11. Éteres

- Son compuestos con el oxígeno unido a dos radicales: $R_1 - O - R_2$.
- Se nombran de dos formas:

a) (Radical 1) (radical 2) éter. b) (Alcano más corto sin ano)oxi(alcano más largo)

Ejemplos:

$CH_3 - O - CH_2 - CH_3$	$CH_3 - O - CH_3$
Etil metil éter o metoxietano	Dimetil éter o metoximetano

> Ejercicio 11: nombra: $CH_3 - CH_2 - CH_2 - O - CH_3$

12. Halogenuros de alquilo

- También se llaman haluros de alquilo o derivados halogenados.
- Son compuestos que tienen un halógeno (X) unido a un radical (R).
- Fórmula general : $R - X$, siendo X = F, Cl, Br, I.
- Si tienen un solo halógeno, se nombran así: haluro de (nombre del radical).
- Si tienen más de un átomo de halógeno, se nombran indicando las posiciones de los halógenos con localizadores.

Ejemplos:

CH_3F	$CH_3 - CH_2Br$	$CHCl_2 - CH_2 - CH_3$
Fluoruro de metilo o fluorometano	Bromuro de etilo o bromoetano	1,1-dicloropropano

- Los halógenos tienen la misma prioridad que los radicales a la hora de numerar la cadena principal.

Ejemplo: nombra:

$$\begin{array}{l} CH_3 - CH - CHBr - CH_2 - CH_3 \\ \qquad\quad | \\ \qquad\; CH_3 \end{array}$$

3-bromo-2-metilpentano

Ejercicio 12: nombra: $\begin{array}{l} CH_2Cl - CHBr - CH_2 - C = CH_2 \\ \qquad\qquad\qquad\qquad\quad\;\; | \\ \qquad\qquad\qquad\qquad\;\; CH_3 \end{array}$

13. Ácidos carboxílicos

- Son compuestos con el grupo – COOH .
- El carbono del – COOH es siempre el carbono número uno.
- Se nombran así: Ácido (alcano sin la o)oico.

Ejemplos:

$HCOOH$	$CH_3 - COOH$	$CH_3 - CH_2 - COOH$
Ácido metanoico o ácido fórmico	Ácido etanoico o ácido acético	Ácido propanoico

Ejercicio 13: nombra: $\begin{array}{l} CH_2 = CH - CH - CH_2 - COOH \\ \qquad\qquad\quad | \\ \qquad\qquad\; CH_3 \end{array}$

14. Ésteres

- Son compuestos con el grupo – COO – R.
- Se nombran así: (Alcano)ato de (radical)
- El alcano es el que está a la izquierda del – COO –

Ejemplos:

$CH_3 - COO - CH_3$	$CH_3 - CH_2 - CH_2 - CH_2 - COO - CH_2 - CH_3$
Etanoato de metilo	Pentanoato de etilo

Ejercicio 14: nombra: $CH_3 - CH_2 - CH_2 - COO - CH_3$

15. Aminas

- Son compuestos con el grupo $-NH_2$.
- Se nombran de dos formas:

a) (Alcano sin la o)amina. b) (Radical)amina.

Ejemplos:

CH_3-NH_2
Metanamina o metilamina

$CH_3-CH_2-NH_2$
Etanamina o etilamina

- Si hay algún radical unido al nitrógeno, se pueden nombrar de dos formas:

a) N-(radical)(alcano sin la o)amina. b) (Radical 1) (radical 2) amina.

Ejemplos:

$CH_3-NH-CH_2-CH_2-CH_3$
N – metilpropanamina o N-metilpropilamina
o metil propil amina

$CH_3-NH-CH_2-CH_3$
N-metiletanamina o N-metiletilamina
o etil metil amina

- Si los dos radicales son iguales, se nombran con el prefijo di o tri.

Ejemplo: $CH_3-NH-CH_3$
Dimetilamina

CH_3-N-CH_3
|
CH_3
Trimetilamina

$CH_3-CH-CH_2-NH-CH_2-CH_3$
|
CH_3
N-etil-2-metilpropanamina

> Ejercicio 15: nombra: $CH_3-CH-CH_2-N-CH_2-CH_3$
> |
> CH_3

16. Amidas

- Son compuestos con el grupo $-CONH_2$.
- El carbono del $-CONH_2$ es siempre el número uno.
- Se nombran así: (Alcano sin la o)amida.

Ejemplos:

$HCONH_2$	$CH_3 - CONH_2$	$CH_3 - CH_2 - \underset{\displaystyle CH_3}{\underset{\vert}{CH}} - CH_2 - CONH_2$
Metanamida	Etanamida	3 - metilpentanamida

> Ejercicio 16: nombra:
> $$CH_3 - \underset{\displaystyle CH_3}{\underset{\vert}{C}} = CH - CH_2 - CH_2 - CONH_2$$

17. Nitrilos

- Son compuestos con el grupo – CN .
- Se nombran de dos formas:

a) (Alcano)nitrilo. b) Cianuro de (radical).

Ejemplos:

$CH_3 - CN$	$CH_3 - CH_2 - CN$
Cianuro de metilo o etanonitrilo	Cianuro de etilo o propanonitrilo

> Ejercicio 17: nombra: $CH_2 = \underset{\displaystyle CH_3}{\underset{\vert}{C}} - CH_2 - CN$

18. Nitroderivados

- Son compuestos con el grupo – NO_2 .
- Este grupo tiene la misma prioridad que los sustituyentes a la hora de numerar la cadena principal.

Ejemplos:

$CH_3 - NO_2$	$CH_3 - CH_2 - \underset{\displaystyle NO_2}{\underset{\vert}{CH}} - CH_3$
Nitrometano	2 – nitrobutano

Ejercicio 18: nombra: $CH_3 - CH - CH - CH = CH_2$

$\quad\quad\quad\quad\quad\quad\quad\quad\quad\quad |\quad\quad |$

$\quad\quad\quad\quad\quad\quad\quad\quad\quad\quad NO_2 \quad NO_2$

19. Compuestos polifuncionales

- Son aquellos compuestos que tienen varios grupos funcionales. En estos casos, el compuesto se nombra según el grupo funcional prioritario; los grupos funcionales no prioritarios se nombran como sustituyentes.
- El orden de prioridad de los grupos funcionales y el nombre que tienen los grupos funcionales cuando no son prioritarios son los siguientes:

Grupo funcional	**Fórmula**	**Nombre como sustituyente**
Ácido carboxílico	$- COOH$	Carboxi
Amida	$- CONH_2$	Carbamoil
Nitrilo	$- CN$	Ciano
Aldehido	$- CHO$	Formil
Cetona	$- CO -$	Oxo
Alcohol	$- OH$	Hidroxi
Amina	$- NH_2$	Amino
Éter	$- OCH_3, - OCH_2 - CH_3$	Metoxi, etoxi

Ejemplo 19: nombra: $CH_3 - CHOH - CH_2 - COOH$

Ácido 3-hidroxibutanoico

Ejercicio 19: nombra: $CH_3 - CH - CH_2 - CO - COOH$

$\quad\quad\quad\quad\quad\quad\quad\quad\quad\quad\quad\quad |$

$\quad\quad\quad\quad\quad\quad\quad\quad\quad\quad\quad NH_2$

Solución: ácido 4-amino-2-oxopentanoico.

20. Nombres comunes

- Algunos compuestos orgánicos tienen nombres comunes que son muy utilizados. Algunos de ellos son:

$CH_2 = CH_2$ Etileno

$HC \equiv CH$ Acetileno

$CHCl_3$ Cloroformo

$CH_2OH - CHOH - CH_2OH$ Glicerol o glicerina

$HCHO$ Formaldehido

$CH_3 - CHO$ Acetaldehido

$CH_3 - CO - CH_3$ Acetona

$HCOOH$ Ácido fórmico

$CH_3 - COOH$ Ácido acético

$HCONH_2$ Formamida

$CH_3 - CN$ Acetonitrilo

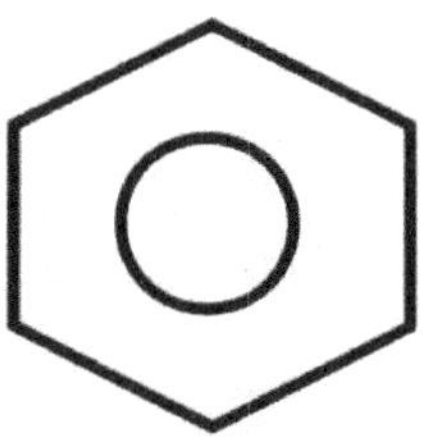
Benceno

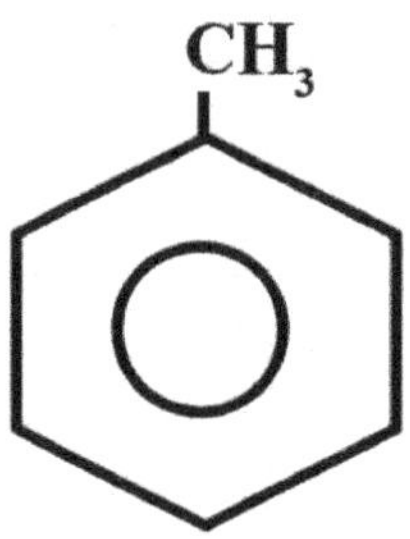
Tolueno

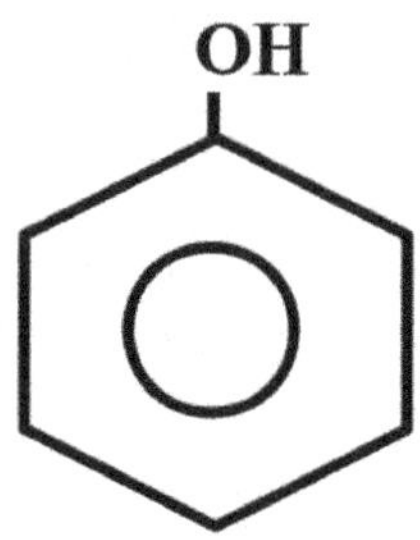
Fenol

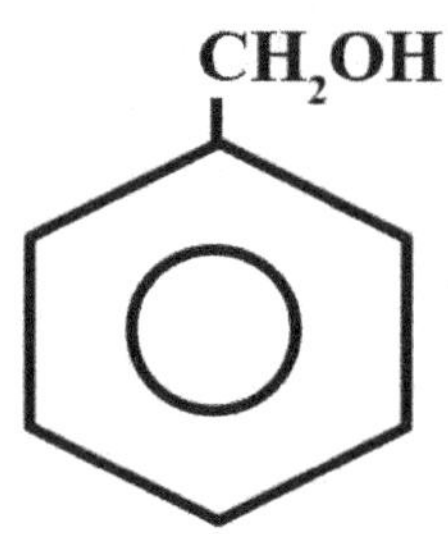
Alcohol bencílico

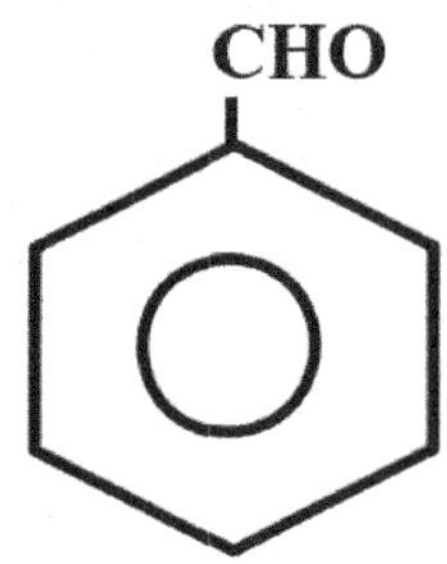
Benzaldehido

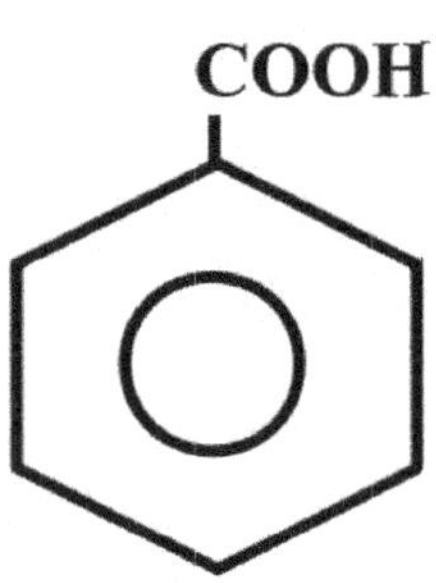
Ácido benzoico

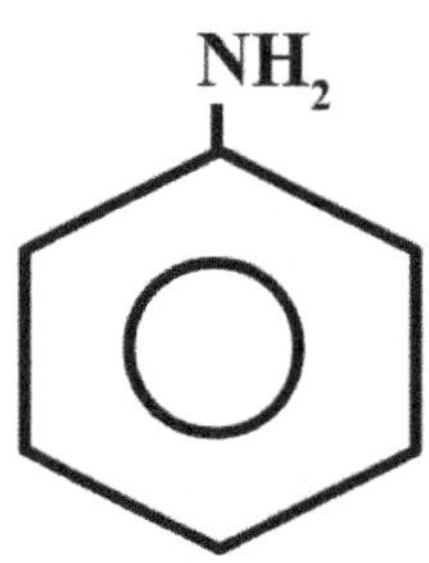
Anilina

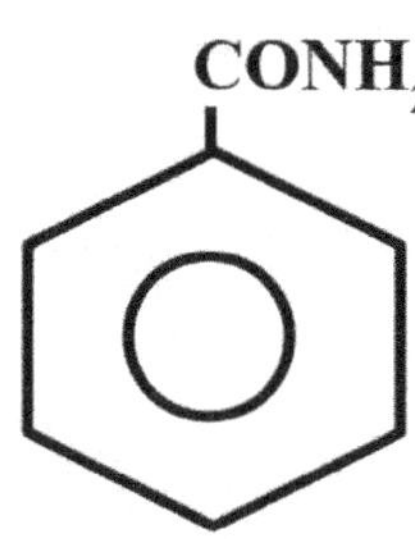
Benzamida

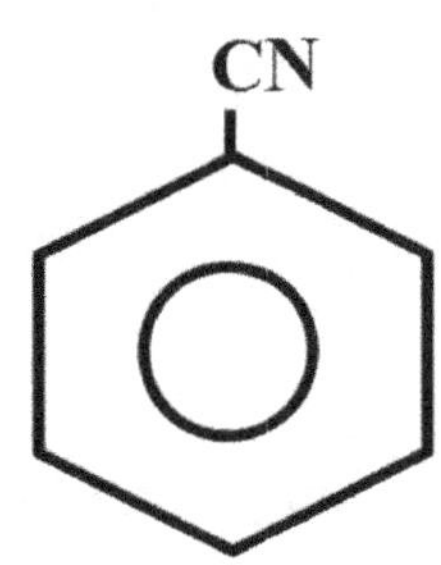
Benzonitrilo

EJERCICIOS PROPUESTOS

FORMULA:

1) 2, 3, 5 – trimetilhexano
2) 4 – etil – 3, 3, 5 – trimetilheptano
3) 4 – metilpent – 2 – eno
4) 5 – metil – 3 – propilhexa – 1, 3 – dieno
5) 4, 7 – dimetilnona – 1, 5 – diino
6) 4 – etil – 6, 7 – dimetiloct – 2 – ino
7) 4 – etil – 3, 4 – dimetilheptano
8) 4, 6 – dietil – 2, 4, 8 – trimetildecano
9) penta – 1, 3 – diino
10) 3, 6 – dimetilnona – 1, 4, 7 – triino
11) pent – 1 – en – 3 – ino
12) 3 – etil – 4 – metilhexa – 1, 3 – dien – 5 – ino
13) 3 – butilhexa – 1, 4 – dieno
14) 3 – hepten – 1, 6 – diino
15) Propilbenceno
16) 1, 3, 5 – triclorobenceno
17) 1, 4 – dipropilbenceno
18) 1 – butil – 3 – etilbenceno
19) butano – 1, 3 – diol
20) 4 – metilpent – 3 – en – 2 – ol
21) hept – 4 – en – 6 – in – 1, 3 – diol
22) Etilpropiléter
23) Benzaldehido
24) Butanodial
25) Etanodial
26) pent – 3 – enal
27) Butanona
28) pentano – 2, 4 – diona
29) pent – 4 – en – 2 – ona
30) 3 – metilpentan – 2 ol
31) propano – 1, 2, 3 – triol
32) hexa – 3, 5 – dien – 2 – ol
33) benceno – 1, 3, 5 – triol
34) hex – 4 – en – 1 – in – 3 – ol
35) Dietiléter
36) hexa – 1, 5 – dien – 3 – ona
37) 3 – metilpentano – 2, 4 – diona
38) Acetaldehido
39) Propenal
40) Ácido pentanodioico
41) Ácido 3 – metilhex – 5 – enoico
42) Ácido tricloroetanoico
43) Ácido hepta – 2, 4 – dienoico
44) Ácido benceno – 1, 4 – dioico
45) Acetato de potasio
46) Propanoato de etilo
47) Benzoato de sodio
48) Metanoato de metilo
49) Etanamina
50) N – etilpropilamina
51) butan – 1 – amina
52) 2 – fenil – 3 – metilhexanamina
53) Difenilamina
54) 3 – etilhexan – 3 – amina
55) N – etil – N – metilbutanamida
56) Hexanodiamida
57) 2, 4 – dimetilpentanodiamida
58) 2, 4 – dimetilhexan – 3 – amina
59) 4 – etil – 2 – metilheptano
60) Ácido butanoico
61) 2, 2, 4 – trimetilpentano
62) Ácido pent – 4 – enoico
63) hexa – 1, 4 – dieno
64) Metanoato de butilo
65) pent – 1 – en – 4 – ino
66) Butiletiléter
67) N – metiletanamina
68) 3 – metilbutan – 2 – ol
69) Propanamida
70) 2 – metilhex – 3 – enal
71) hex – 1 – en – 3 – ona
72) 2 – clorobutano
73) 4 – bromo – 2, 3 – dicloropentano
74) Cloruro de metilo
75) Bromuro de etilo
76) Yoduro de fenilo

NOMBRA:

1) $\qquad\qquad CH_3$
$\qquad\qquad\quad |$
$CH_3 - CH - C - CH_2 - CH = CH_2$
$\qquad\quad | \qquad |$
$\qquad CH_3 \quad CH_3$

2) $CH_3 - CH - COOH$
$\qquad\qquad |$
$\qquad\quad CH_3$

3) $HC \equiv C - CH_2 - CH = CH_2$

4) $COOH - CH_2 - CH_2 - COOH$

5) $\qquad\qquad\qquad CH_2 - CH_3$
$\qquad\qquad\qquad\quad |$
$CH_3 - CH - CH_2 - CH - CH - CH_2 - CH_3$
$\qquad\quad | \qquad\qquad\qquad |$
$\qquad CH_2 - CH_3 \qquad CH_3$

6) $\qquad CH_3$
$\qquad\quad |$
$CH_3 - C - CH_3$
$\qquad\quad |$
$\qquad CH_3$

7) $HC \equiv C - C \equiv C - C \equiv C - CH_3$

8) $CH_3 - CH_2 - CH_2 - CH_2OH$

9) $CH_2 = CH - CH - CH_2 - CH_2 - COOH$
$\qquad\qquad\qquad |$
$\qquad\qquad\quad CH_3$

10) $CH_3 - N - CO - CH_2 - CH_2 - CH_3$
$\qquad\qquad |$
$\qquad\quad CH_3$

11)

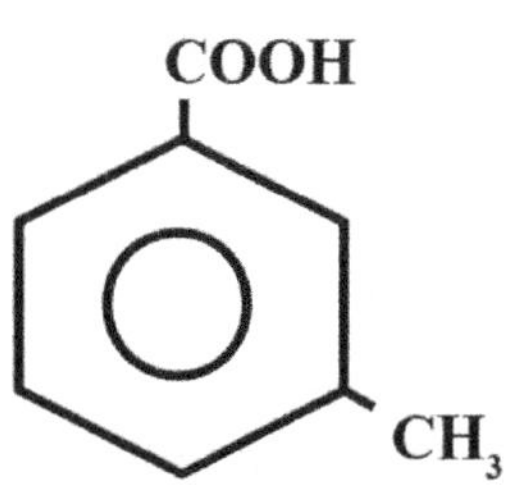

12) $CH_3 - CH - CH_2 - CH - CH_3$
$\qquad\qquad | \qquad\qquad\quad |$
$\qquad\quad CHO \qquad CH_2 - CH_3$

13) $\qquad\qquad\qquad CH_3$
$\qquad\qquad\qquad\quad |$
$CH_3 - CO - CH - CH - CH_2 - CH_3$
$\qquad\qquad\quad |$
$\qquad\qquad CH_2 - CH_3$

14) $CHCl_3$

15) $BrCH_2 - CH_2 - CH - CH - CH_2 - CHO$
$\qquad\qquad\qquad\quad | \qquad |$
$\qquad\qquad\qquad CH_3 \quad CH_3$

16) $CH_3 - CH - CH_2NH_2$
$\qquad\qquad |$
$\qquad\quad CH_3$

17)

$CH_3 - CH_2 - CH_2 - COO - CH_2 - CH_3$

18)

$$\begin{array}{c} \qquad\qquad\qquad\quad CH_2 - CH_3 \\ \qquad\qquad\qquad | \\ CH_3 - CH = C - C = C - CH = CH_2 \\ \qquad\quad | \qquad\;\; | \\ \qquad\quad CH_3 \quad CH_3 \end{array}$$

19) $CH_2OH - CHOH - CH_2OH$

20) $CH \equiv C - CHCl - CH_2 - COOH$

21) $CH_3 - CH_2 - CO - NH - CH_3$

22)

$$\begin{array}{c} CH_2 - CH_3 \qquad\qquad\qquad\qquad\qquad \\ | \qquad\qquad\qquad\qquad\qquad\qquad \\ CH_3 - C = C - CHOH - CHOH - CH_3 \\ \qquad | \qquad\qquad\qquad\qquad\qquad \\ \qquad CH_2 - CH_3 \qquad\qquad\qquad\qquad \end{array}$$

23)

$CH_3 - CH_2 - CH - CH_2 - CHCl - CHO$

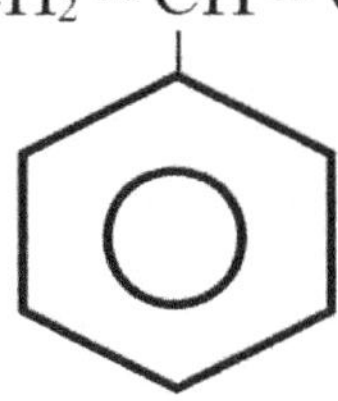

24)

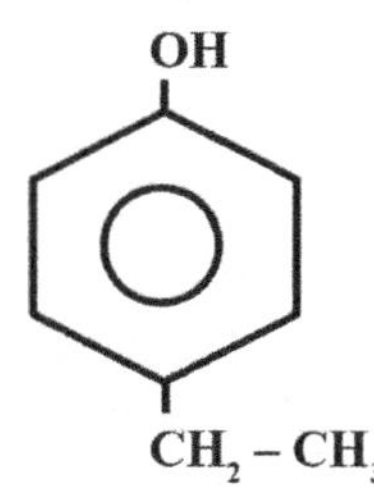

25)

$HC \equiv C - CH_2 - CH - CH_3$

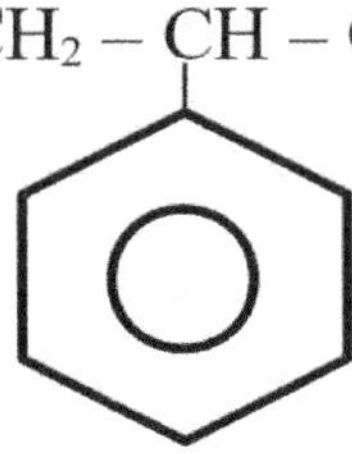

26)

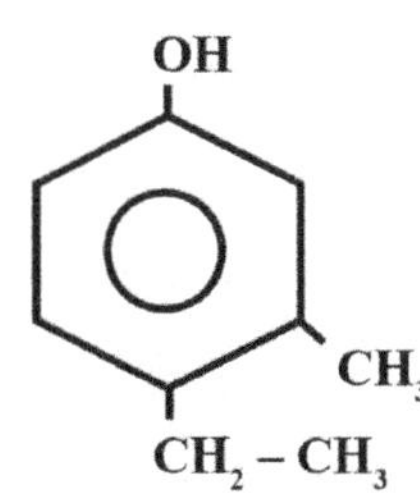

27)

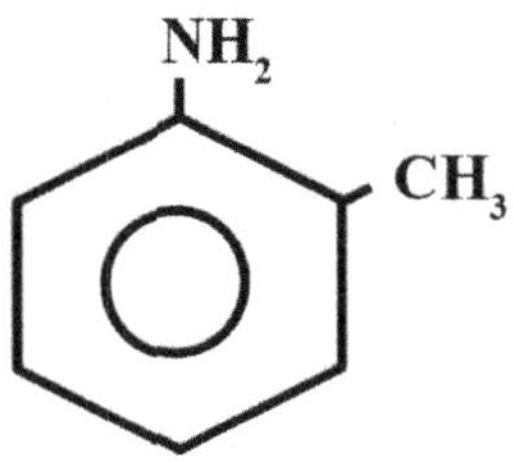
NH2
CH3

28)

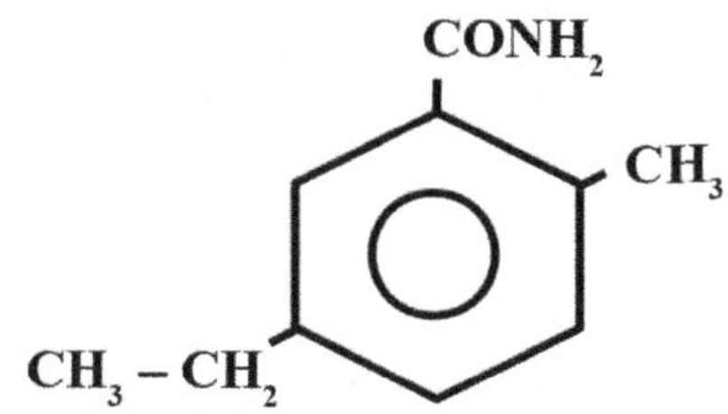
CONH2
CH3
CH3 – CH2

29)

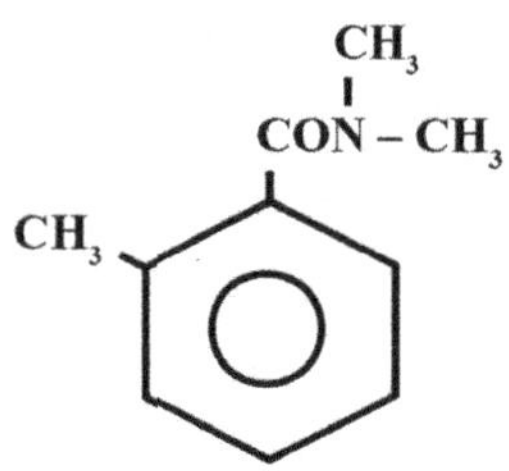
CH3
CON – CH3
CH3

30)

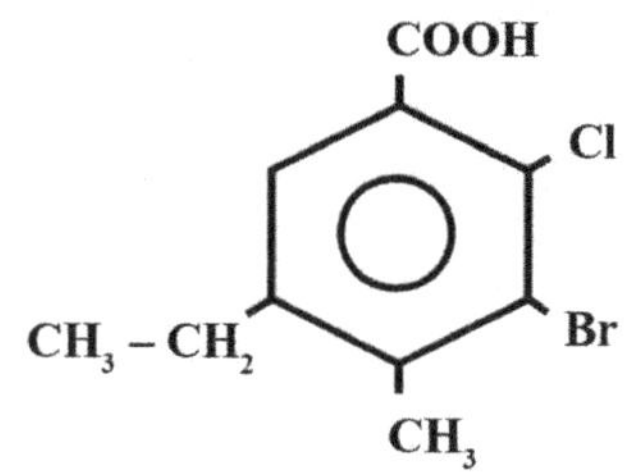
COOH
Cl
Br
CH3 – CH2
CH3

31)

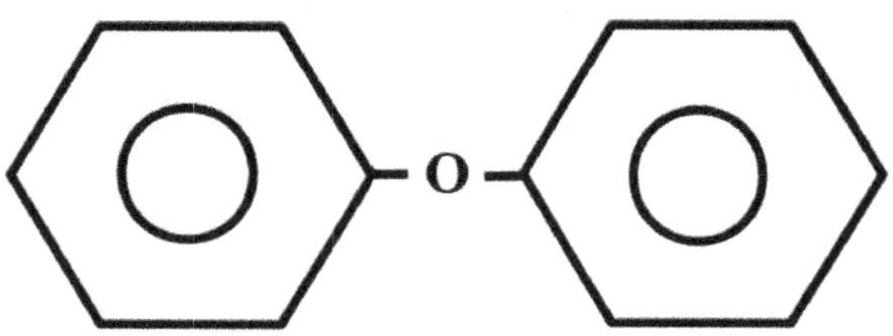
O

TEMA 11: TEORÍA DE LA QUÍMICA

Esquema

1. La materia
2. El átomo
3. El enlace químico
4. La tabla periódica
5. Las reacciones químicas
6. Leyes y principios de la Química

1. La materia

- La Química es la ciencia que estudia la materia: sus características y su transformación mediante reacciones químicas.
- Un sistema es una porción del universo que se somete a estudio.
- Materia es todo aquello que tiene masa y que ocupa un volumen.
- Sustancia es la materia con una composición química definida.
- Composición es el conjunto de sustancias que contiene una muestra y sus proporciones.
- Las propiedades de la materia se pueden clasificar de varias formas:

a) Dependiendo de si se pueden medir o no:
- Cuantitativas: se pueden medir.
- Cualitativas: no se pueden medir.

b) Dependiendo de si dependen del tamaño o no:
- Extensivas: dependen del tamaño.
- Intensivas: no dependen del tamaño.

c) Dependiendo de si dependen de la sustancia o no:
- Generales: son aquellas cuyo valor no depende de la sustancia.

Ejemplos: masa, volumen y temperatura.
- Características o específicas: son aquellas cuyo valor sí depende de la sustancia.

Ejemplos: densidad, temperatura de fusión, temperatura de ebullición y solubilidad.
- Dos sustancias distintas pueden tener las mismas propiedades generales, pero nunca tendrán todas sus propiedades características iguales.
- Clasificación de las sustancias:

Sustancias
- Puras
  - Elementos. Ejemplos: sodio, hierro.
  - Compuestos. Ejemplos: agua, amoniaco.
- Mezclas
  - Mezclas homogéneas. Ejemplos: sal + agua, aire.
  - Mezclas heterogéneas. Ejemplos: aceite + agua, agua + piedras.

- Sustancia pura es aquella que está formada por un solo tipo de átomos o de moléculas.
- Un elemento es una sustancia pura que no puede descomponerse en otras más sencillas por métodos químicos.
- Un compuesto es una sustancia pura que puede descomponerse en otras más sencillas por métodos químicos. También es una unión química de varios elementos.
- Una mezcla es una sustancia formada por varios tipos de átomos o moléculas.
- Una mezcla homogénea es aquella que tiene la misma composición en toda su masa.
- Una mezcla heterogénea es aquella que tiene distintas composiciones en distintos puntos de su masa.
- Una dispersión es la distribución de pequeñas partículas de una sustancia en el seno de otra.
- Tipos de dispersiones:

Tipo de dispersión	**Tamaño de partícula del soluto**	**Ejemplos**
Suspensión	10^{-4} a 10^{-7} m	Arena + agua
Coloide	10^{-7} a 10^{-9} m	Mayonesa, pintura, mantequilla, gel de baño, espuma de cerveza, merengue
Disolución	10^{-9} a 10^{-11} m	Sal + agua

- Una disolución es una mezcla homogénea a nivel molecular.
- Todas las mezclas homogéneas no son disoluciones.
Ejemplo: una mezcla de sal y azúcar no es una disolución.
- Las disoluciones tienen dos componentes: el soluto, que es el que está en menor proporción, y el disolvente, que es el que está en mayor proporción.
- Las disoluciones se pueden clasificar de dos formas:
a) Atendiendo a la proporción de soluto:

Disolución
- Diluida: aquella que tiene baja concentración de soluto.
- Concentrada: aquella que tiene alta concentración de soluto.
- Saturada: aquella que tiene la máxima concentración de soluto.

b) Atendiendo al estado de agregación de soluto y disolvente.

Soluto	**Disolvente**	**Ejemplos**
Sólido	Sólido	Aleaciones (metal en metal)
Sólido	Líquido	Salmuera (sal en agua)
Sólido	Gas	Humo (cenizas en aire)
Líquido	Sólido	Amalgama (mercurio en metal)
Líquido	Líquido	Cubata (alcohol en agua)
Líquido	Gas	Niebla (agua en aire)
Gas	Sólido	Hidrógeno en platino
Gas	Líquido	Gaseosa (dióxido de carbono en agua)
Gas	Gas	Aire (oxígeno en nitrógeno)

- Cuando un cuerpo se disuelve es porque las moléculas del disolvente rodean a las moléculas del soluto y se atraen por fuerzas electrostáticas. Esas fuerzas pueden ser fuerzas de van der Waals o puentes de hidrógeno.
- Cada uno de los componentes de una mezcla heterogénea se llama fase.

<u>Cómo preparar una disolución de soluto sólido:</u>

- Materiales: vidrio de reloj, balanza, espátula, vaso de precipitados, frasco lavador, varilla de agitación, matraz aforado, embudo y cuentagotas.
- Procedimiento:

a) Calculamos la masa a pesar del producto sólido.
b) Taramos un vidrio de reloj limpio y seco y le añadimos el sólido con la espátula.
c) Vertemos el soluto en un vaso de precipitados y lavamos el vidrio de reloj con agua destilada.
d) Añadimos un poco de agua destilada y agitamos con una varilla.
e) Trasvasamos el contenido del vaso a un matraz aforado usando un embudo.
f) Enjuagamos el vaso de precipitado y vertemos el agua en el matraz aforado.
g) Añadimos agua destilada con el frasco lavador.
h) Enrasamos con el cuentagotas.

Cómo preparar una disolución de soluto líquido:

- Materiales: pipeta graduada o aforada, perilla de goma o émbolo para pipetas, frasco lavador, matraz aforado y cuentagotas.
- Procedimiento:
a) Calculamos el volumen a tomar del producto líquido concentrado.
b) Acoplamos un émbolo para pipetas o una perilla de goma a una pipeta graduada o a una pipeta aforada.
c) Tomamos el volumen de líquido calculado con la pipeta.
d) Vertemos el contenido de la pipeta en un matraz aforado.
e) Añadimos agua destilada con el frasco lavador.
f) Enrasamos con el cuentagotas.

- Las propiedades coligativas son aquellas que dependen de la concentración de soluto. Las más importantes son: la presión de vapor, la temperatura de congelación, la temperatura de ebullición y la presión osmótica.
Ejemplo: cuando aumenta la concentración, disminuye la temperatura de congelación. Por eso se derrite el hielo cuando se añade sal.
- La presión de vapor es la presión que ejerce un vapor en equilibrio con el líquido del que proviene.
- La presión osmótica es la presión que se ejerce a través de una membrana semipermeable que separa dos disoluciones de concentraciones distintas.

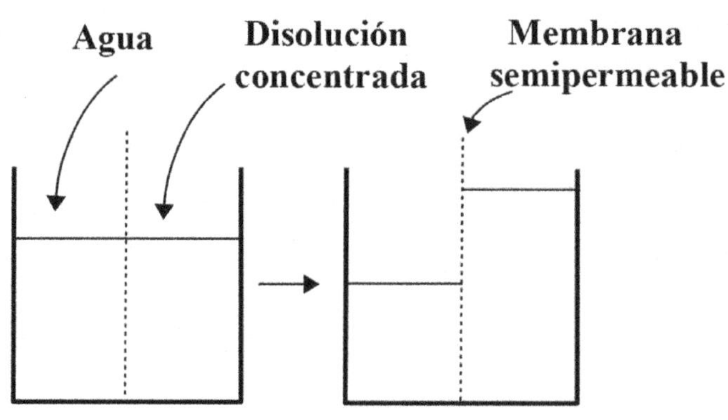

Presión osmótica

- Hay sustancias que forman una disolución en cualquier proporción.
Ejemplo: el agua y el alcohol.
- Hay otras que se disuelven hasta un límite. Ejemplo: sal + agua.
- Una disolución saturada es aquella que tiene la máxima concentración posible de soluto.
- La solubilidad es la concentración de la disolución saturada.
- La solubilidad depende del soluto, del disolvente y de la temperatura.
- La curva de solubilidad es la gráfica que representa la solubilidad frente a la temperatura.

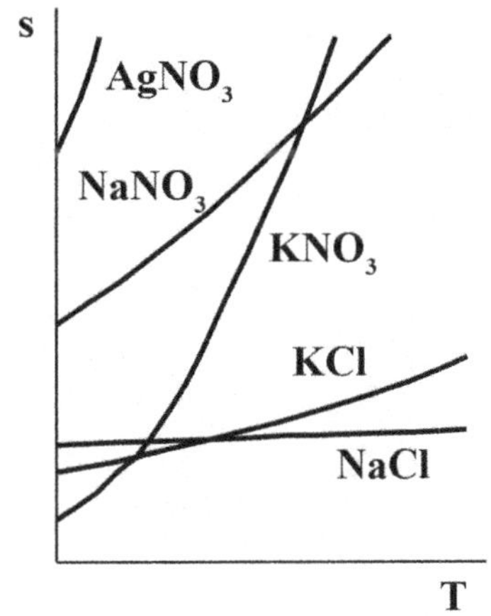

Curvas de solubilidad de distintas sustancias

- En la mayoría de las sustancias, la solubilidad aumenta con la temperatura. En unas pocas, ocurre al contrario. Por ejemplo: los gases se disuelven menos en los líquidos a mayor temperatura.
- Para separar los componentes de una mezcla, hay métodos físicos y químicos.
- Hay dos métodos químicos de separación: la adición de un reactivo o la electrolisis.
- Si se añade el reactivo adecuado, precipita uno de los componentes. Precipitar significa que se va al fondo en forma de sólido.
- La electrolisis consiste en aplicar una corriente eléctrica a la mezcla y provocar una reacción química.
- Los métodos físicos de separación son los siguientes:

a) Filtración: consiste en hacer pasar una mezcla por un filtro que retiene al sólido y deja pasar al líquido. No sirve para separar los componentes de una disolución, ya que, pasarían el soluto y el disolvente a través del filtro.

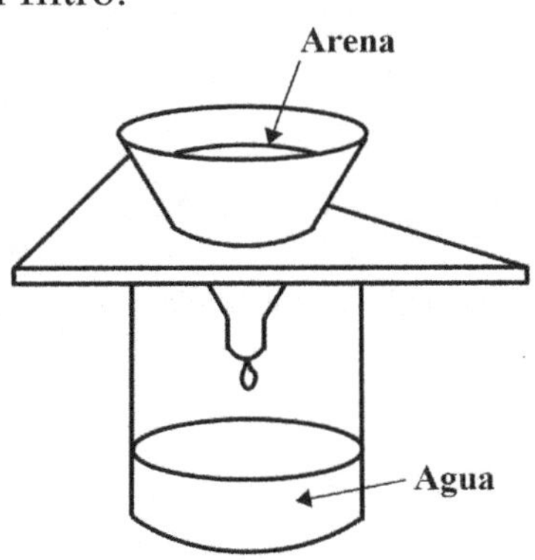

Filtración

b) Evaporación y/o ebullición: consiste en calentar la disolución para evaporar el disolvente. El soluto no se evapora, se queda en el recipiente.

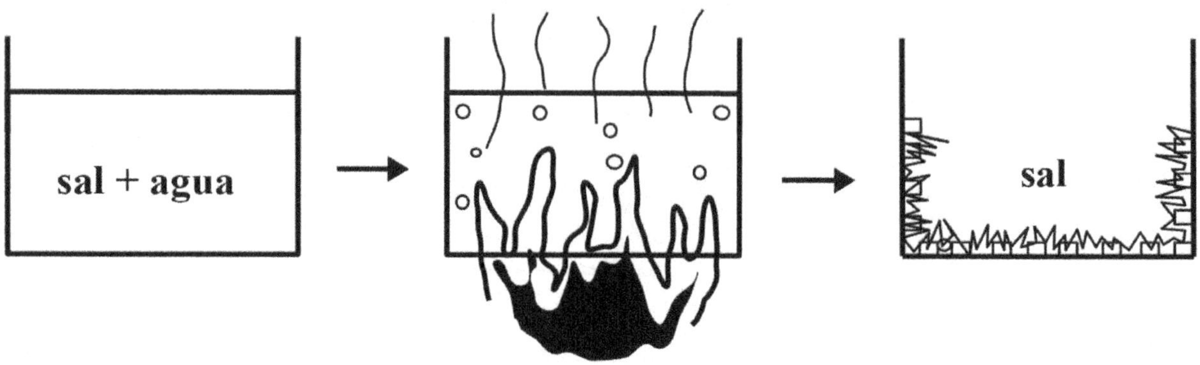

Ebullición

c) Decantación: consiste en separar los componentes gracias a la diferencia de densidades. Se puede separar el componente más pesado por abajo o el más ligero por arriba.

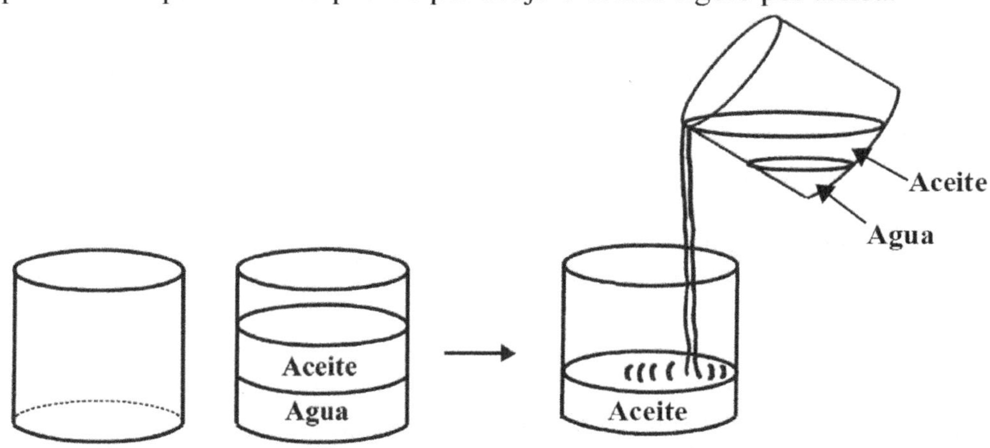

Decantación. Primer tipo

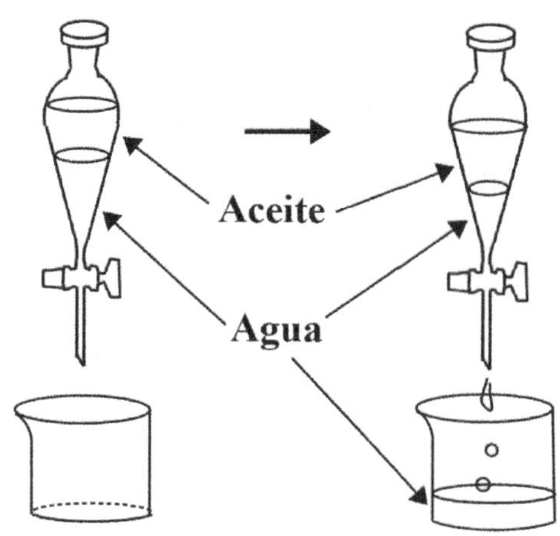

Decantación. Segundo tipo

d) Cristalización: consiste en evaporar parte del disolvente y dejar enfriar; con el tiempo, aparecen cristales de soluto puro en el fondo y en las paredes del recipiente.

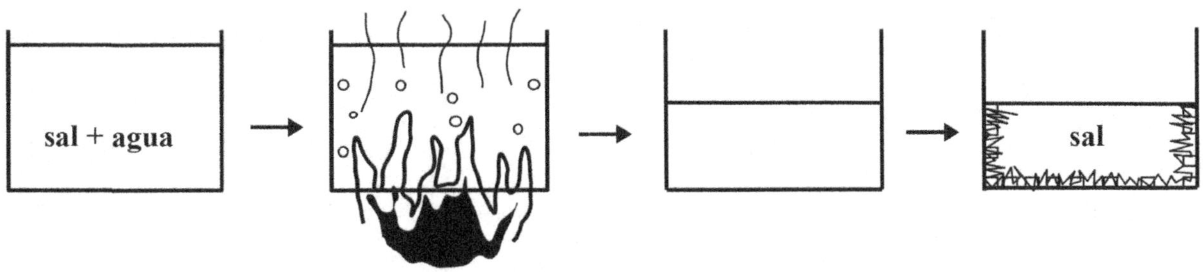

Cristalización

e) Destilación: consiste en calentar la disolución hasta que se evapore el líquido más volátil para después condensarlo mediante enfriamiento. Volátil significa que se evapora con facilidad.

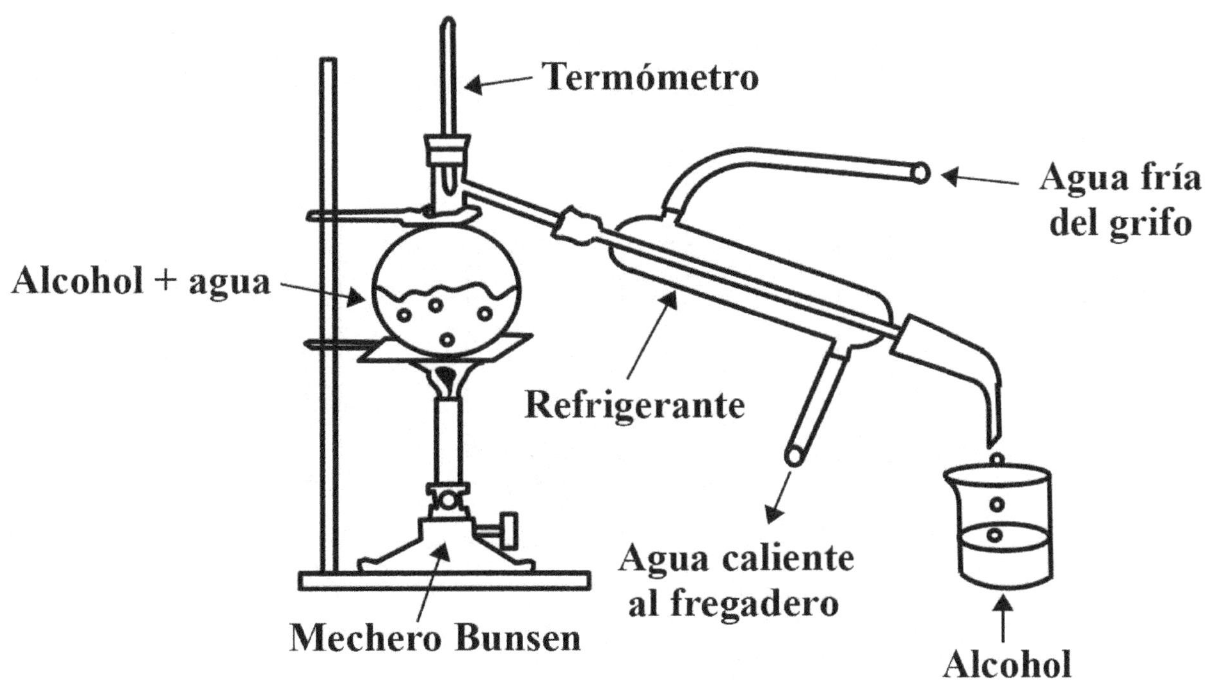

Destilación

f) Extracción: consiste en añadir un disolvente inmiscible con la disolución, agitar y dejar que el soluto pase al nuevo disolvente.

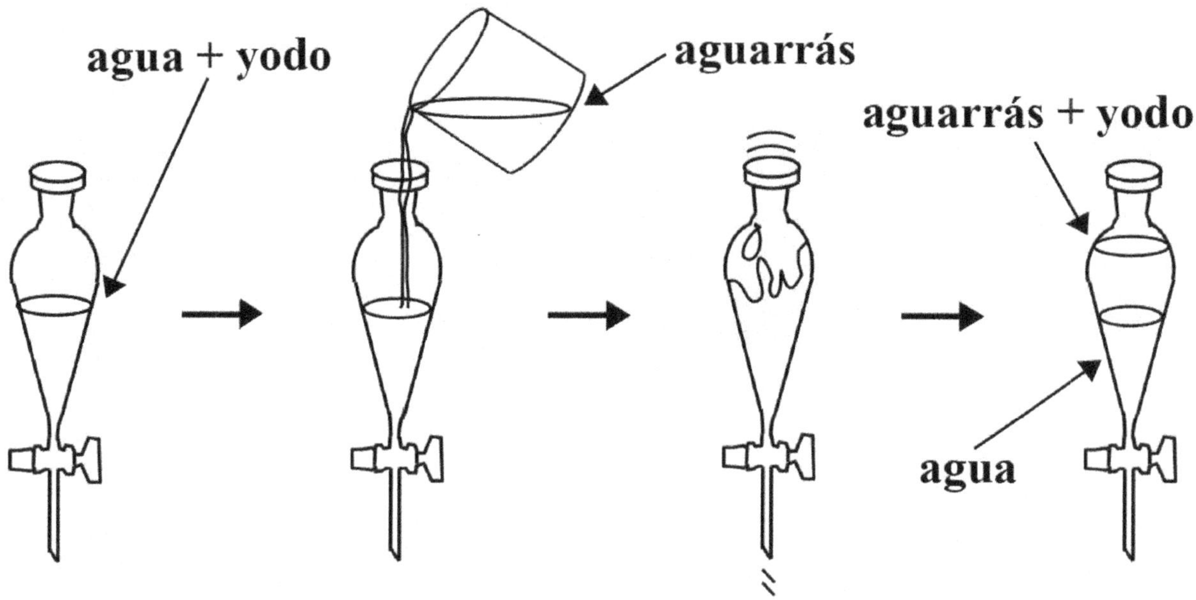

Extracción

g) Cromatografía: las sustancias se separan por las distintas velocidades de difusión de los componentes en un papel de filtro. Difusión significa extenderse.

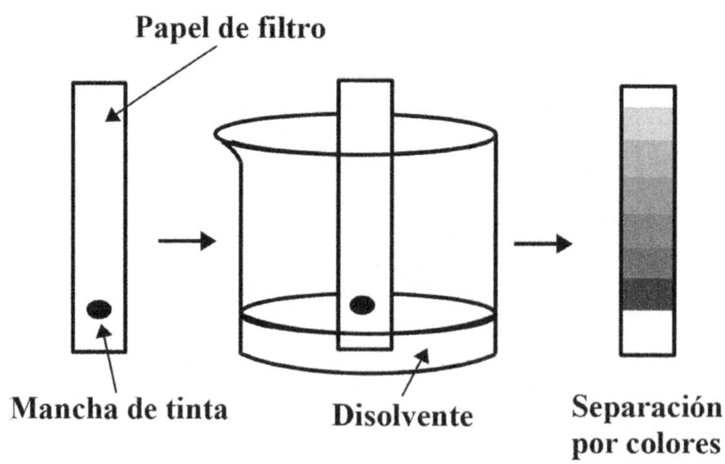

Cromatografía

h) Centrifugación: la mezcla gira a alta velocidad y el componente más denso se va rápidamente al fondo del recipiente.

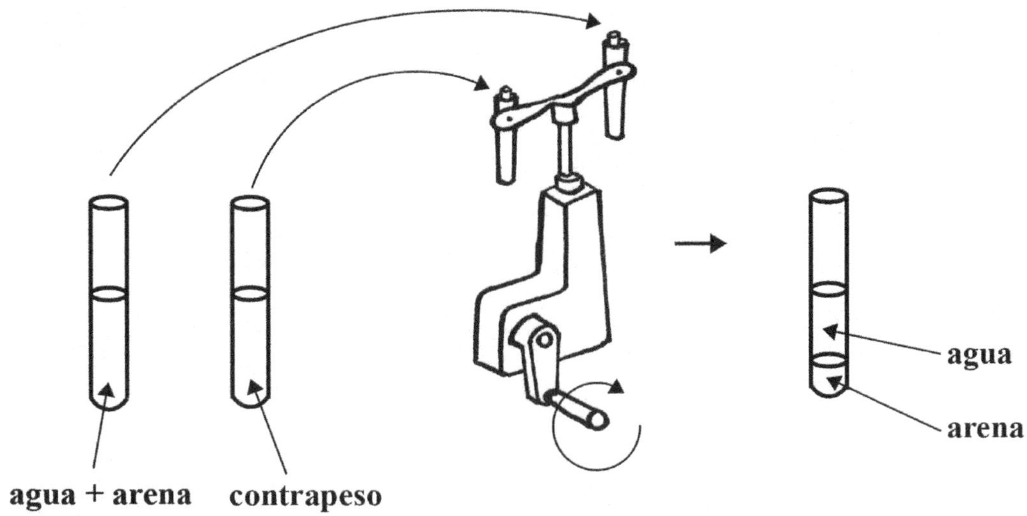

Centrifugación

i) Calentamiento suave: se calienta la disolución y el gas disuelto se escapa.

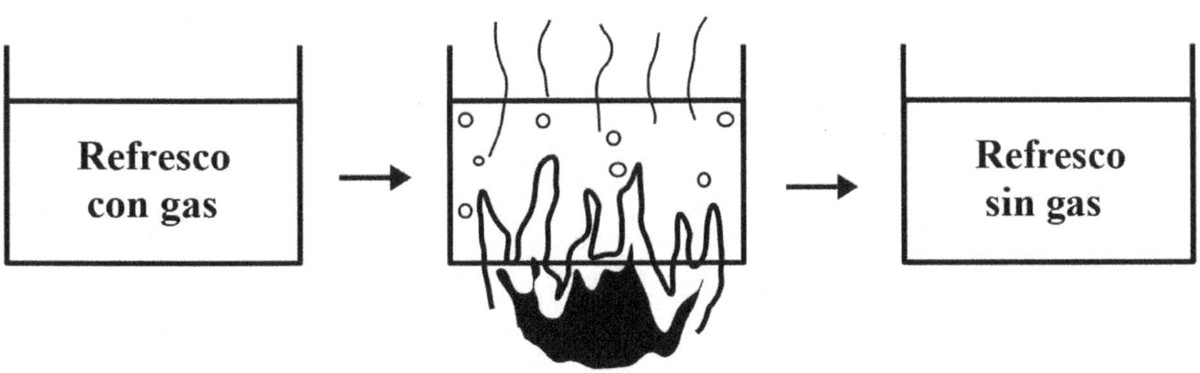

Calentamiento suave

j) Agitación: consiste en mover vigorosamente la disolución, de tal manera que el gas se escape.

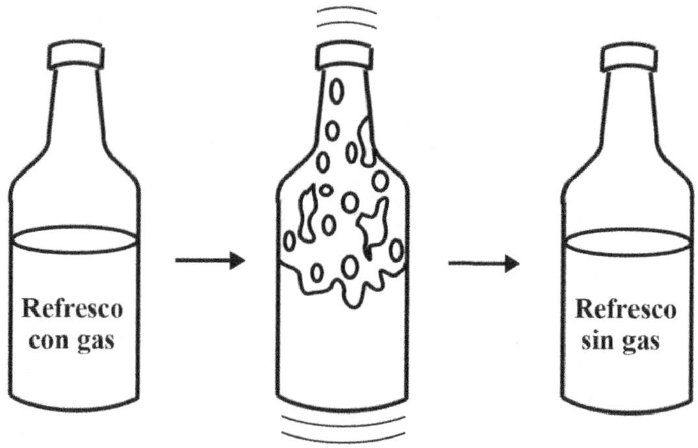

Agitación

k) Separación magnética: consiste en aplicar un imán o un electroimán a la mezcla para atraer al metal magnético (hierro, cobalto o níquel).

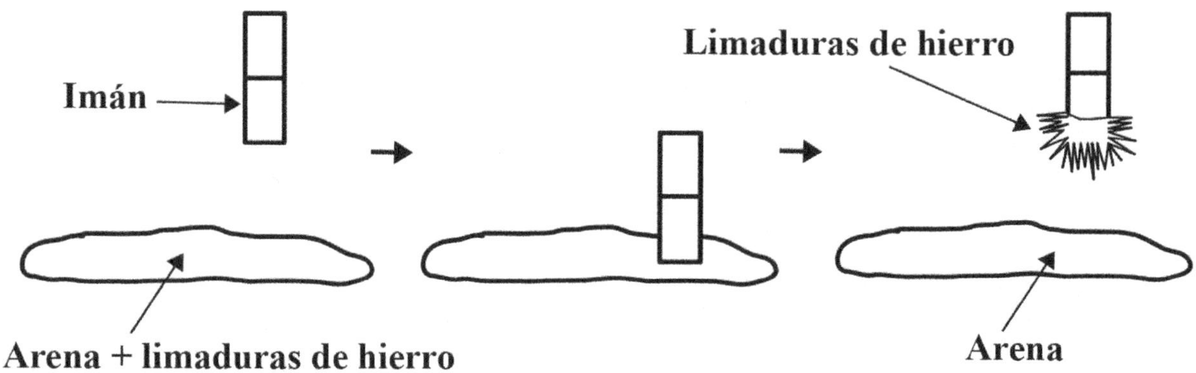

Separación magnética

l) Disolución: consiste en añadir la mezcla a un disolvente, de tal forma que un componente se disuelva y el otro no.

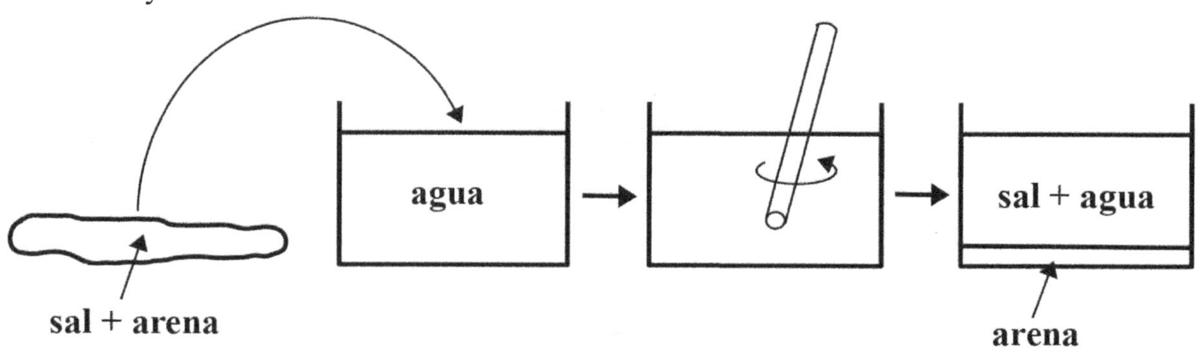

Disolución

Tabla de métodos de separación

Técnica	Se usa para
Filtración	Mezclas heterogéneas S + L
Evaporación	Mezclas homogéneas S + L, mezclas heterogéneas S + L o disoluciones S + L
Decantación	Mezclas heterogéneas S + L o mezclas heterogéneas L + L
Cristalización	Disoluciones S + L
Destilación	Disoluciones L + L
Extracción	Disoluciones S + L
Cromatografía	Disoluciones L + L
Centrifugación	Mezclas heterogéneas S + L o mezclas heterogéneas L + L
Separación magnética	Mezcla que contenga hierro
Calentamiento suave	Disoluciones L + G
Agitación	Disoluciones L + G
Disolución	Mezcla de sustancia soluble + sustancia insoluble

- Hay que saber utilizar la tabla anterior. Para ello, previamente hay que saber reconocer una disolución, una mezcla homogénea y una mezcla heterogénea:

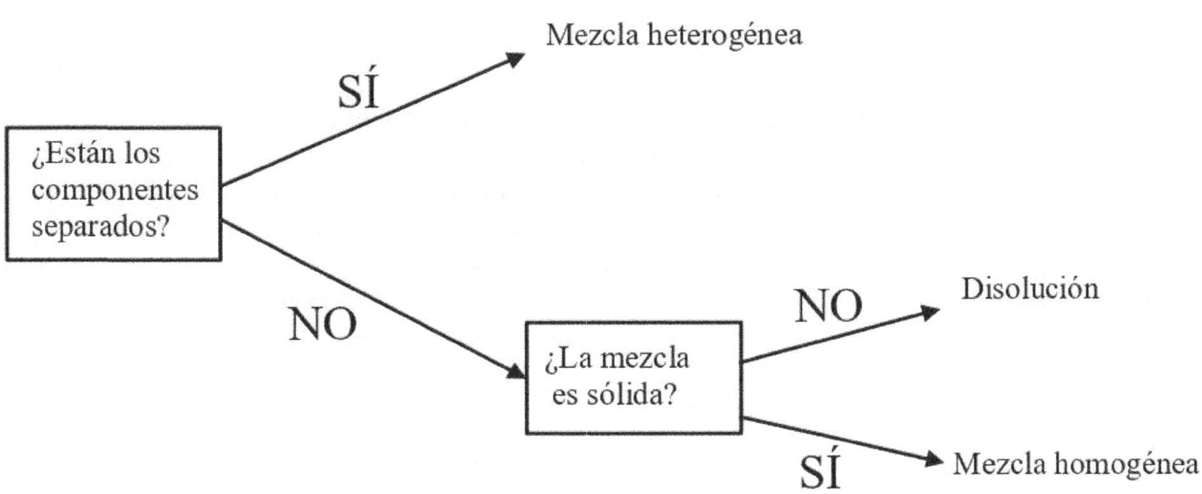

Ejemplo: ¿qué tipo de mezcla forman:
a) Azúcar + agua. b) Aceite + agua. c) Arena + agua?
a) Disolución S + L. b) Mezcla heterogénea L + L. c) Mezcla heterogénea S + L.

Ejercicio 1: indica qué métodos utilizarías para separar:
a) Azúcar + agua. b) Aceite + agua. c) Piedra + agua. d) Gasolina + agua. e) Alcohol + agua

2. El átomo

- Leucipo y Demócrito fueron los primeros que postularon que toda la materia estaba formada por átomos.
- El primero que dio una teoría atómica seria fue Dalton.
- Teoría atómica de Dalton:

a) La materia está compuesta por partículas muy pequeñas e indivisibles llamadas átomos.
b) Los átomos del mismo elemento son iguales, es decir, tienen la misma masa y las mismas propiedades químicas. Ejemplo: Fe y Fe.
c) Los átomos de distintos elementos son distintos, es decir, tienen distintas masas y propiedades químicas. Ejemplo: Fe y Na.
d) Los compuestos químicos están formados por la combinación de átomos de dos o más elementos diferentes.
e) Los átomos se combinan según números enteros sencillos para formar un compuesto.
Ejemplos: $2\ Na + S \rightarrow Na_2S$; $3\ Ca + 2\ P \rightarrow Ca_3P_2$
f) Los átomos no se destruyen en las reacciones químicas.

- El átomo es la parte más pequeña de un elemento que puede participar en una reacción química.
- La molécula es una agrupación de átomos unidos mediante enlaces químicos.
- La materia está formada por átomos, moléculas o agregados.
- Los agregados son las uniones de los iones en los compuestos iónicos.

Ejemplo: el NaCl no forma moléculas, sino agregados.

- El átomo está formado por partículas elementales o fundamentales o subatómicas.
- J.J. Thomson descubrió el electrón, Rutherford el protón y Chadwick el neutrón.
- El electrón se descubrió en los tubos de descarga. Un tubo de descarga es un tubo de vidrio que contiene un gas a baja presión y en el que se aplica una d.d.p. elevada.

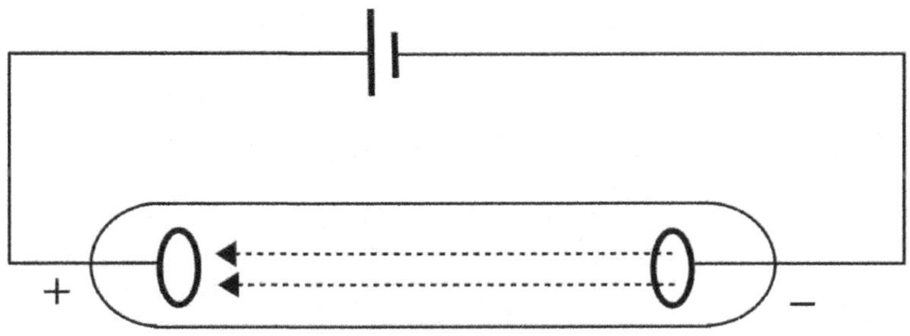

Tubo de descarga

- Los rayos catódicos son un haz de electrones que en un tubo de descarga se dirigen del cátodo al ánodo, acelerados por el campo magnético.

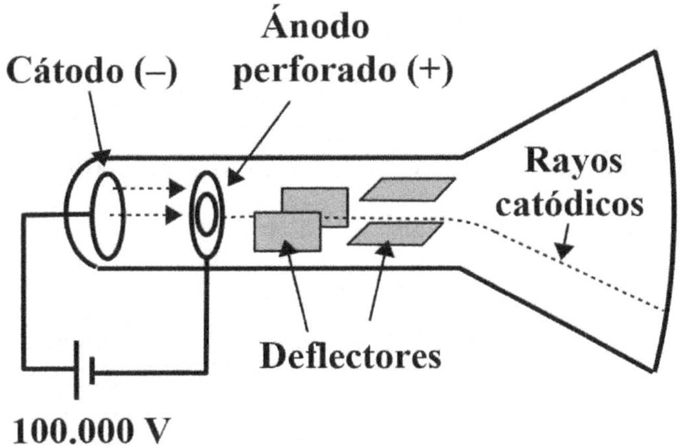

Rayos catódicos

- Un espectro de una sustancia es un registro de las radiaciones electromagnéticas que absorbe o que emite.
- Existen dos tipos de espectros, según la forma en la que se obtienen: de absorción y de emisión.
- El espectro de cada sustancia es característico de cada sustancia, por lo que se puede utilizar como técnica analítica para identificar sustancias.

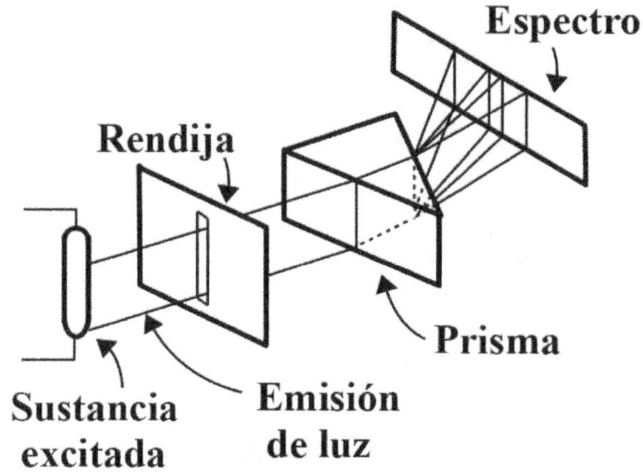

Espectro de emisión

- El espectro de emisión se obtiene calentando una sustancia o aplicándole una alta diferencia de potencial, d.d.p. Al hacer esto, los electrones se excitan y pasan a niveles superiores (niveles excitados). Al volver a sus niveles fundamentales (de mínima energía), emiten radiaciones que se separan con un prisma en líneas o bandas.

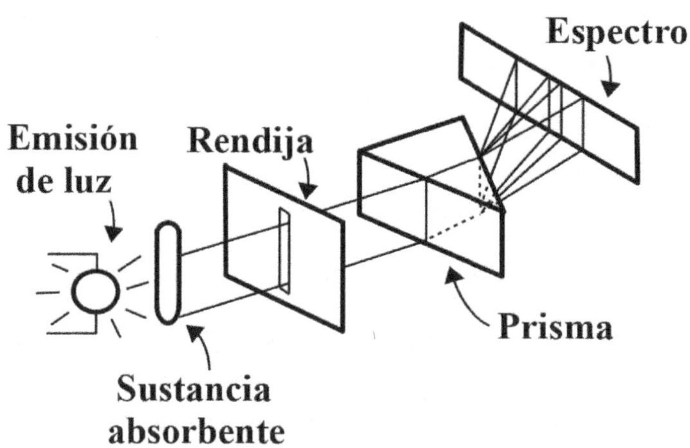

Espectro de absorción

- El espectro de absorción se obtiene cuando un haz de luz blanca incide sobre la muestra. Parte de la luz se absorbe y parte se transmite. La luz que se transmite se separa con un prisma en diferentes líneas o bandas.
- Los espectros de emisión y de absorción son característicos de cada sustancia. Por eso se utilizan en química analítica para averiguar la composición de una muestra.

- Un modelo es una representación de un fenómeno o de un sistema para explicarlo.
- Modelos atómicos:
a) Modelo de Thomson: el átomo es una esfera con la masa y la carga positiva distribuidas uniformemente por todo el átomo y los electrones están dispersos en él.

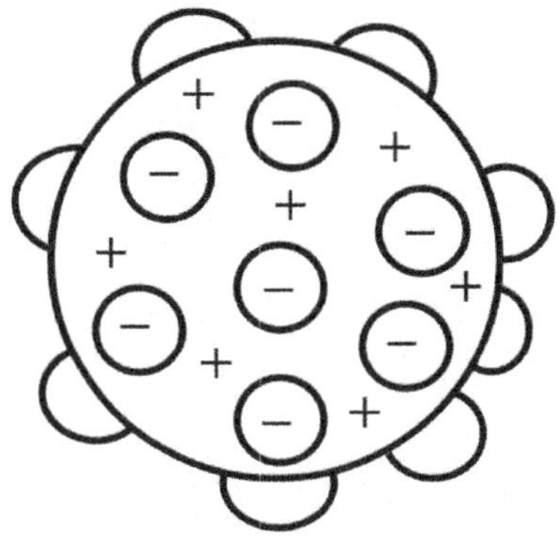

Modelo de Thomson

b) Modelo de Rutherford:
* El átomo está formado por el núcleo y la corteza.
* En el núcleo está toda la carga positiva del átomo y casi toda la masa atómica.
* A grandes distancias del núcleo giran los electrones en trayectorias circulares.
* Para que el átomo sea eléctricamente neutro: nº cargas positivas = nº electrones.
* Entre el núcleo y la corteza no hay nada, hay espacio vacío. La mayor parte del átomo es espacio vacío.
* Para que el átomo sea estable, la atracción electrostática entre el núcleo y el electrón es compensada por la fuerza centrífuga.

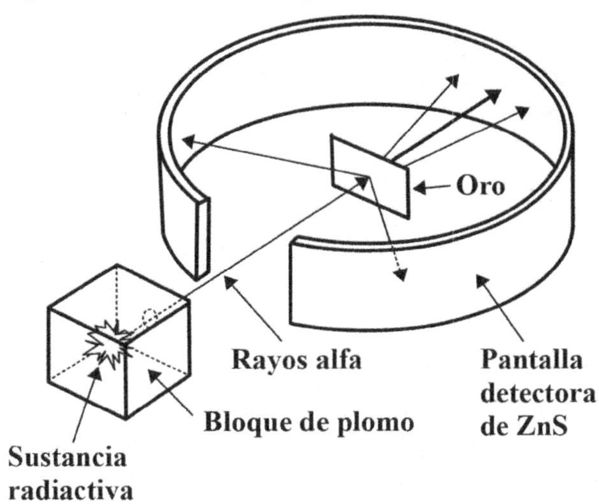

Experimento de Rutherford

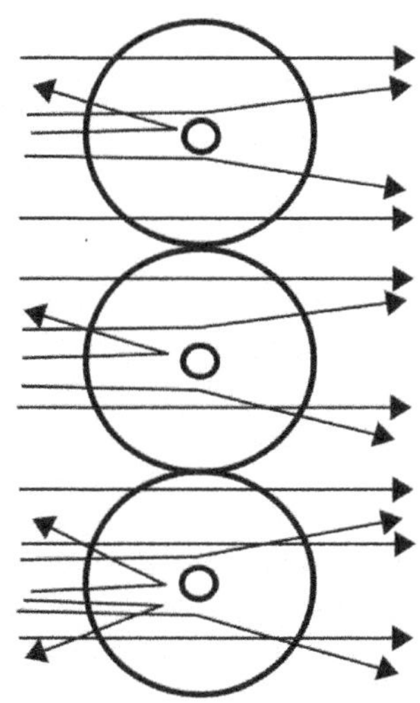

Explicación del experimento

- Explicación del experimento de Rutherford: la mayor parte de la materia es espacio vacío. Por eso, la mayoría de las partículas alfa pasan sin desviarse. Algunas partículas alfa se desvían un poco porque su carga positiva es repelida por la carga positiva del núcleo. Muy pocas salen rebotadas porque chocan directamente con el núcleo.
- A partir de este experimento, Rutherford dedujo que el átomo tendría esta disposición:

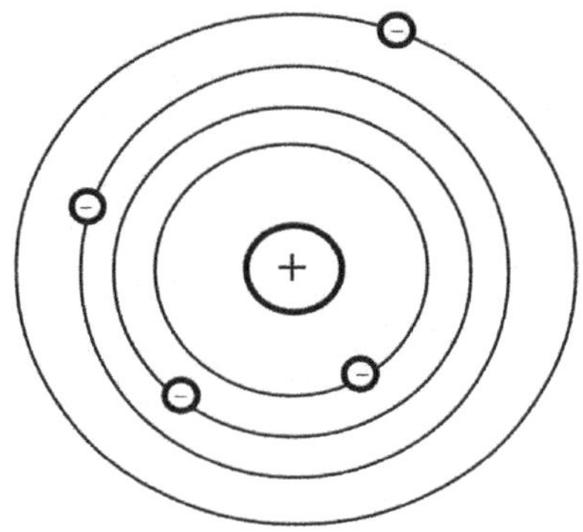

Modelo de Rutherford

c) Modelo de Bohr:
* Los electrones describen órbitas circulares en torno al núcleo del átomo sin irradiar energía.
* No todas las órbitas son posibles, sólo aquellas para las cuales el momento angular, L, del electrón sea un múltiplo entero de $h/2\pi$.
* El electrón sólo emite o absorbe energía en los saltos de una órbita permitida a otra. En dicho cambio emite o absorbe un fotón.

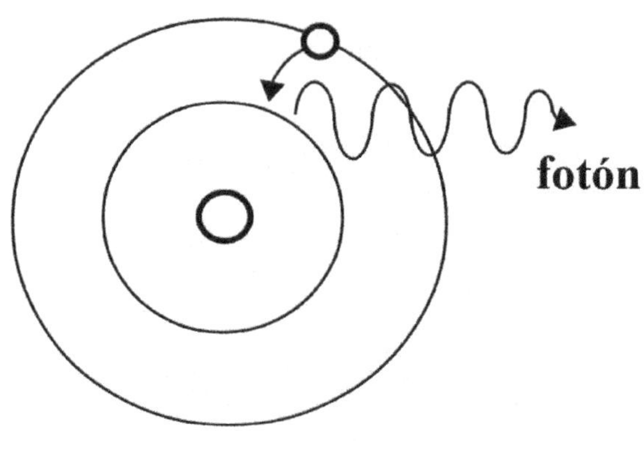

Modelo de Bohr

d) Modelo atómico actual o Mecánica Cuántica:
* El electrón se comporta como una onda en su movimiento alrededor del núcleo.
* No es posible predecir la trayectoria exacta del electrón alrededor del núcleo.
* Existen varias clases de orbitales que se diferencian por su forma y orientación en el espacio; así decimos que hay orbitales: s, p, d, f.
* En cada nivel energético hay un número determinado de orbitales de cada clase.

* Un orbital atómico es la región del espacio donde existe una gran probabilidad de que se encuentre un electrón. En cada orbital no pueden encontrarse más de dos electrones.

- La energía de un electrón viene dada por la ecuación de Schrödinger, que es una compleja ecuación en derivadas parciales.
- Al resolver la ecuación de Scrödinger, se obtienen los números cuánticos:

a) Número cuántico principal, n: indica la capa o nivel de energía del electrón.
Sus valores van de 1 a 7.

b) Número cuántico secundario, ℓ: indica la subcapa o subnivel de energía del electrón.

Sus valores van de 0 a n – 1. Su valor nos da el tipo de orbital:

$\ell = 0$	$\ell = 1$	$\ell = 2$	$\ell = 3$
Orbital s	Orbital p	Orbital d	Orbital f

c) Número cuántico magnético, m: indica la orientación espacial del orbital.

Valores posibles: de $-\ell$ a $+\ell$ pasando por cero.

d) Número cuántico de espín, s: indica el espín del electrón. No es exactamente así, pero el espín suele decirse que es el sentido de giro del electrón.
Valores posibles: por cada valor de m, s tiene dos valores: + ½ y – ½.

Ejercicio 2: escribe todos los números cuánticos posibles para n = 3.

Orbital s — Orbital p — Orbital d — Orbital f

Tipos de orbitales

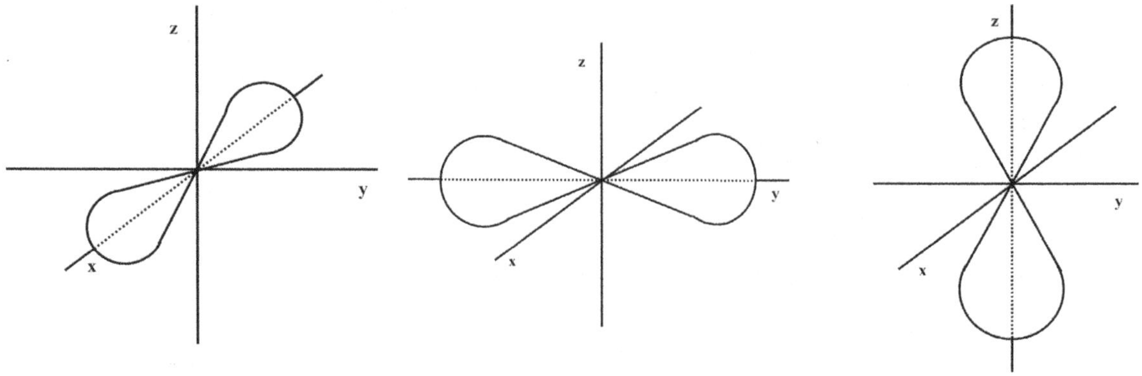

Orbital p_x Orbital p_y Orbital p_z

Tipos de orbitales p

- Configuración electrónica: es la manera en la que se disponen los electrones en un átomo, ocupando los distintos orbitales.
- Las propiedades químicas de un elemento dependen de su configuración electrónica externa.
- Los electrones van ocupando los orbitales de menor a mayor energía, siguiendo el diagrama de Möeller:

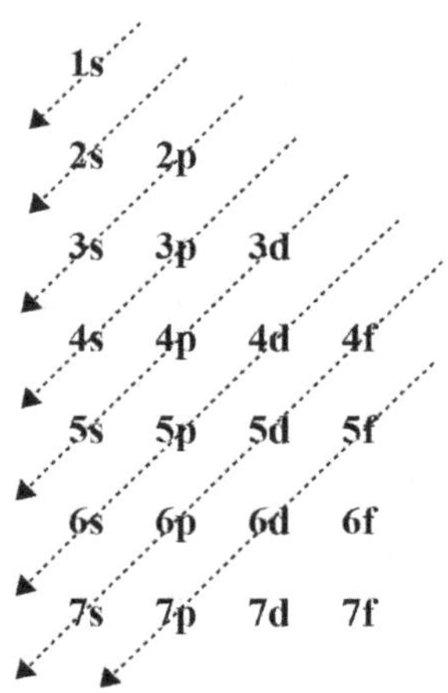

Diagrama de Möeller

- El número de electrones máximo posible en cada tipo de orbital es:

Orbital s	Orbital p	Orbital d	Orbital f
2	6	10	14

Ejercicio 3: escribe la configuración electrónica del elemento de Z = 100.

- Se llama configuración electrónica externa a la configuración que está detrás del último orbital p^6.
- Las configuraciones electrónicas también pueden representarse con cajas o círculos.

Elemento	**Configuración electrónica**	**Diagrama de orbitales**
N	$1s^2\ 2s^2\ 2p^3$	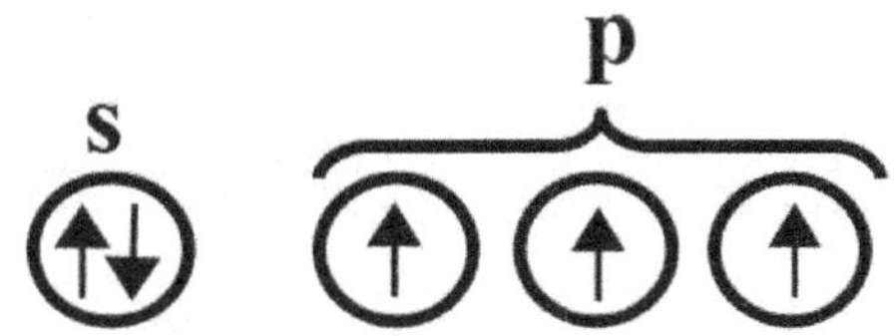
O	$1s^2\ 2s^2\ 2p^4$	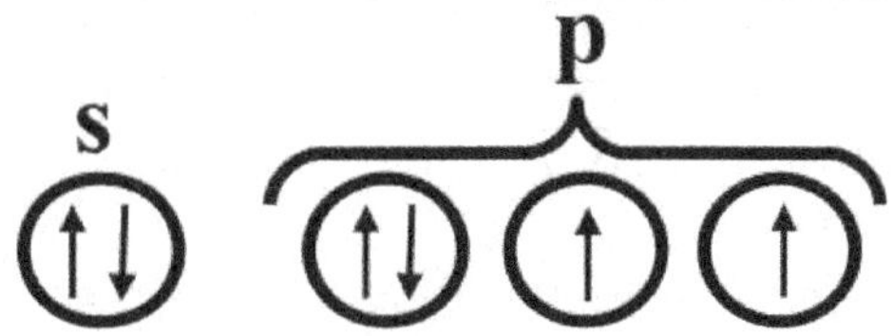
Mn	$1s^2\ 2s^2\ 2p^6\ 3s^2\ 3p^6\ 4s^2\ 3d^5$	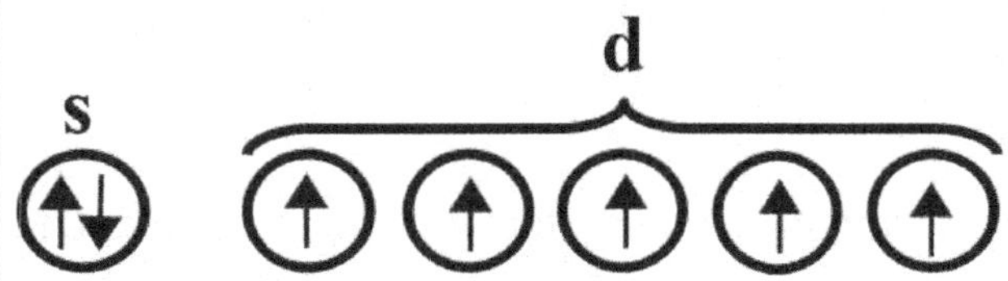

- Las estructuras de Lewis son representaciones de las moléculas en las que aparecen los enlaces y los electrones de no enlace de cada elemento.

a) Estructura de Lewis de un átomo: es la misma que la del primer elemento del grupo correspondiente de la tabla periódica.

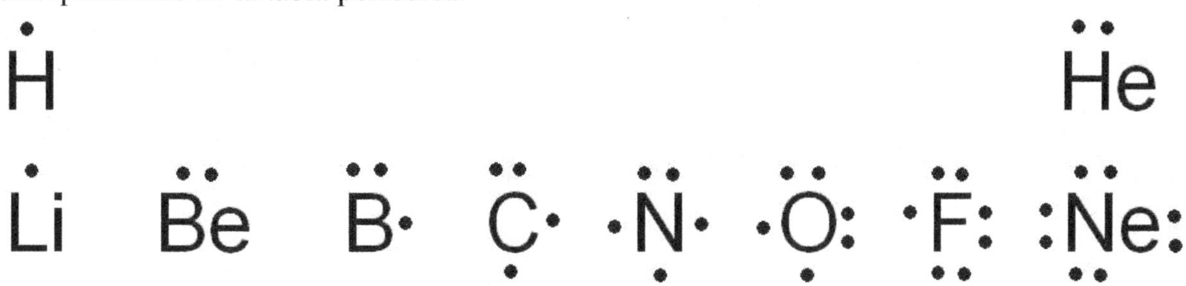

Estructuras de Lewis de los elementos del primer y segundo períodos

b) Estructura de Lewis de una molécula: se escribe el átomo central, se escriben los átomos de alrededor, se unen mediante enlaces y se indican los electrones de no enlace.

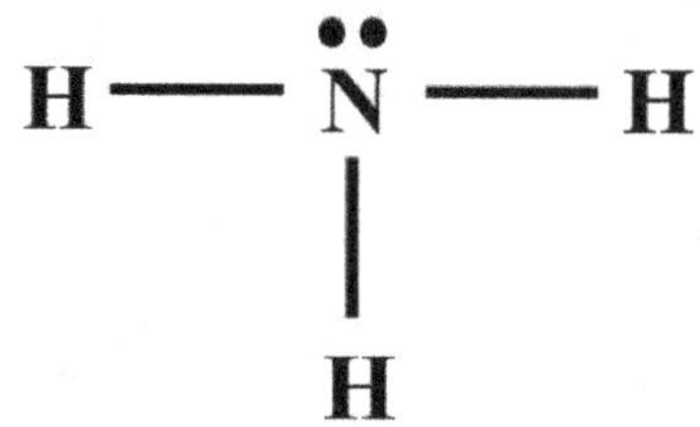

Estructura de Lewis del amoniaco

Ejercicio 4: dibuja las estructuras de Lewis de estas moléculas: H_2O y SO_3.

- En el núcleo hay neutrones y protones.
- Se llama Z al número atómico y A al número másico.

Z = nº de protones, A = nº de partículas en el núcleo

- El número atómico es una magnitud muy importante, pues es la que caracteriza a un elemento químico. A cada elemento le corresponde una Z y a cada Z le corresponde un elemento.
- Se llaman isótopos aquellos átomos del mismo elemento que tienen distinto valor del número másico, A.

Ejemplos: los isótopos del hidrógeno son: ${}^{1}_{1}H$, ${}^{2}_{1}H$ y ${}^{3}_{1}H$ y los del oxígeno: ${}^{16}_{8}O$, ${}^{17}_{8}O$ y ${}^{18}_{8}O$.

- Se llaman especies isoelectrónicas aquellas que tienen el mismo número de electrones.

Ejemplos: Li^-, Be, B^+ y C^{2+}.

- El número de protones es Z. El número de neutrones es A – Z. El número de electrones es Z si el átomo es neutro; si no es neutro, hay que tener en cuenta la carga del ion.

Ejercicio 5: calcula el número de neutrones, protones y electrones de:

$${}^{96}_{42}Mo \;,\; {}^{96}_{42}Mo^{5+} \;,\; {}^{96}_{42}Mo^{7-}$$

- La radiactividad es la emisión por parte de ciertos átomos de partículas elementales y/o de energía. Esta emisión puede ser espontánea o inducida, es decir, natural o artificial.

- En los rayos X y en los rayos gamma se emite sólo energía.

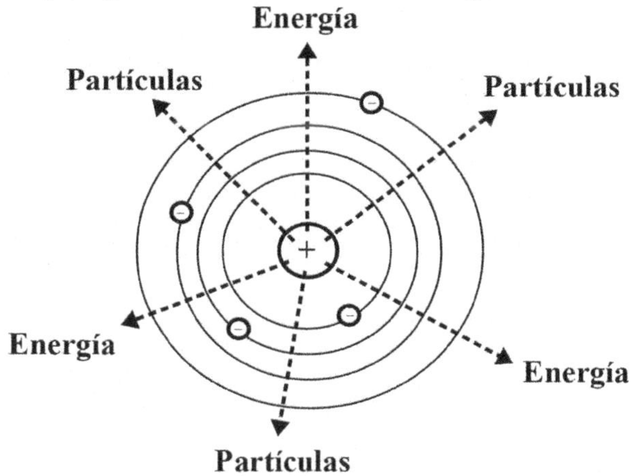

Isótopo radiactivo

- Tipos de radiaciones:

Rayos	Naturaleza	Qué ocurre si se emite un rayo	Penetrabilidad
Alfa (α)	Núcleos de He^{++}	A baja 4 unidades y Z baja 2 unidades	Poca
Beta (β)	Electrones	A se queda igual y Z sube 1 unidad	Mediana
Gamma (γ)	Radiación electromagnética	A y Z se quedan igual	Alta

- Ejemplo: si el $^{226}_{88}Ra$ emite una partícula alfa, se convierte en $^{222}_{86}Rn$.

Ejercicio 6: ¿En qué se convierte el $^{226}_{88}Ra$ si emite una partícula β?

- Las sustancias radiactivas pierden masa con el tiempo. La vida media es el tiempo que tarda una muestra radiactiva en disminuir su masa hasta la mitad.
- Se llama serie radiactiva o familia radiactiva al conjunto de isótopos radiactivos constituidos por un núcleo radiactivo de un elemento, que da lugar al núcleo radiactivo de otro elemento y así sucesivamente hasta llegar a un núcleo estable.
- Ejemplo: La serie radiactiva del ^{238}U es: $^{238}U \rightarrow {}^{234}Th \rightarrow {}^{234}Pa \rightarrow {}^{234}U \rightarrow {}^{230}Th \rightarrow {}^{226}Ra$.

- Los símbolos de las principales partículas nucleares son:

Partícula	**Símbolo**
Alfa	${}^{4}_{2}He$
Neutrón	${}^{1}_{0}n$
Protón	${}^{1}_{1}p$
Electrón	${}^{0}_{-1}e$

- En las reacciones nucleares se conserva A y se conserva Z.

Ejercicio 7: completa estas reacciones nucleares:

a) ${}^{54}_{26}Fe + \alpha \rightarrow {}^{56}_{26}Fe + ?$ b) $? + \alpha \rightarrow {}^{30}_{15}P + \mathrm{n}$ c) ${}^{9}_{4}Be + \alpha \rightarrow ? + \mathrm{n}$

- Tipos de fórmulas de las sustancias químicas:

Tipo de fórmula	**Características**	**Ejemplo (el ácido acético)**
Empírica	Indica la proporción mínima	CH_2O
Molecular	Indica la cantidad real de átomos	$C_2H_4O_2$
Semidesarrollada	Indica sólo los enlaces entre C – C	$CH_3 - COOH$
Desarrollada	Indica todos los enlaces pero no la geometría	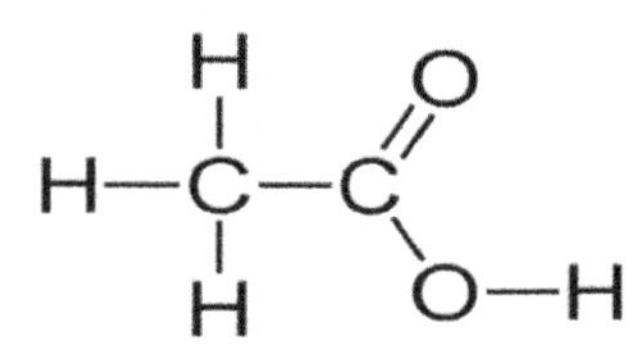
Estructural	Indica la geometría espacial de la molécula	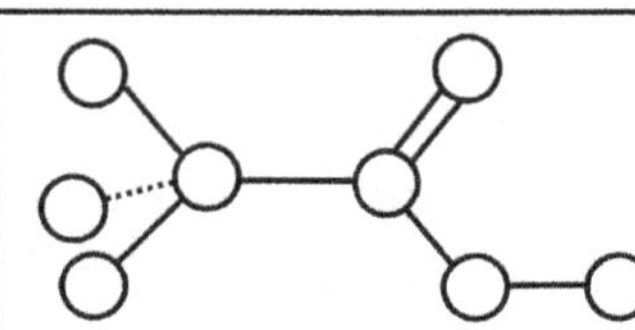

Ejercicio 8: escribe todas las fórmulas de la butanodiona.

- Los isómeros son compuestos que tienen la misma fórmula molecular y distintas fórmulas estructurales.
- Ejemplo: con la fórmula C_3H_8O tenemos estos isómeros:
$CH_3 - CH_2 - CH_2OH$ y $CH_3 - CH_2 - O - CH_3$
- La masa atómica de un elemento es la suma de las masas de sus neutrones y protones. Se expresa en umas (unidad de masa atómica).
- Se llama uma a la doceava parte de la masa de un átomo de $^{12}_{6}C$.
- El mol es la cantidad de una sustancia que contiene un número de Avogadro de átomos o moléculas. El número de Avogadro es $N_A = 6'022 \cdot 10^{23}$.
- Ejemplo: 1 mol de agua contiene $6'022 \cdot 10^{23}$ moléculas de agua.

3. El enlace químico

- Es la fuerza que une a los átomos dentro de las moléculas y, también, la fuerza que une a las moléculas entre sí. Se representa con una línea recta.

Tipos de enlace:
- Iónico
- Covalente
- Metálico
- Fuerzas de van der Waals
- Enlace de hidrógeno

a) Enlace iónico: es aquel en el que el metal le da uno o varios electrones al no metal, con lo que el metal se convierte en ion positivo y el no metal en ion negativo y después se atraen electrostáticamente. Se establece entre un metal y un no metal. Ejemplo: LiF.

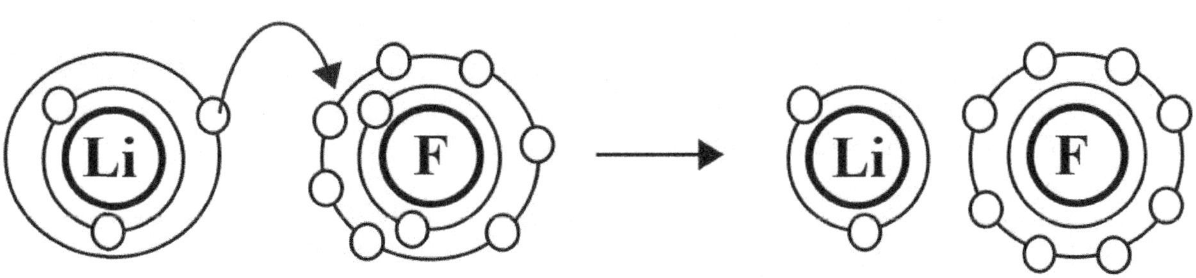

Enlace iónico

b) Enlace covalente: es aquel en el que cada átomo ofrece un electrón al conjunto y esos dos electrones giran alrededor de los dos átomos. Se establece entre dos no metales. Ejemplo: H_2.

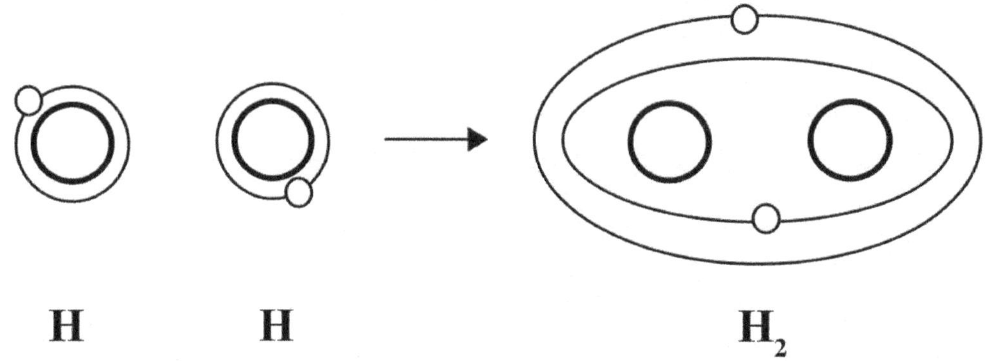

Enlace covalente

c) Enlace metálico: es aquel en el que cada átomo de metal tiene electrones propios y electrones que cede al conjunto de átomos; esos electrones giran con libertad alrededor de todos los átomos de metal formando el gas electrónico. Se establece entre muchos átomos de metales. Ejemplo: el hierro, Fe.

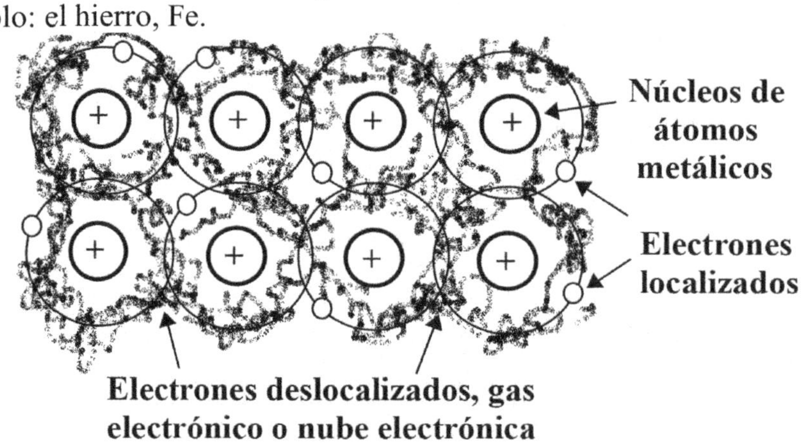

Enlace metálico

d) Fuerzas de van der Waals: se establece entre dos no metales de moléculas distintas. Es una fuerza débil y de naturaleza electrostática que une no metales de moléculas distintas. Se representa con una línea recta discontinua. Ejemplo: el HCl

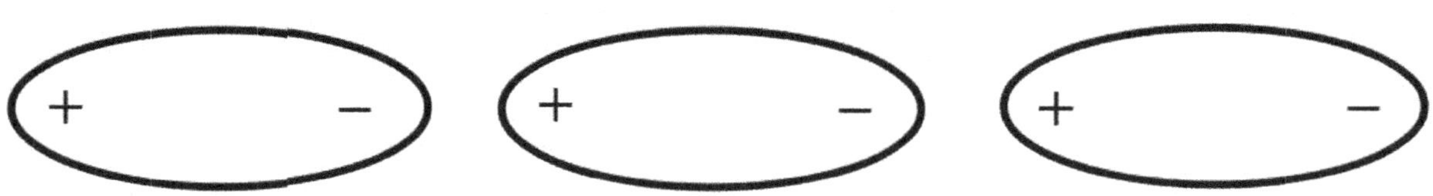

Fuerzas de van der Waals

e) Enlace de hidrógeno o enlace por puente de hidrógeno: es aquel en el que dos elementos electronegativos de moléculas distintas atraen a un hidrógeno que está entre los dos.

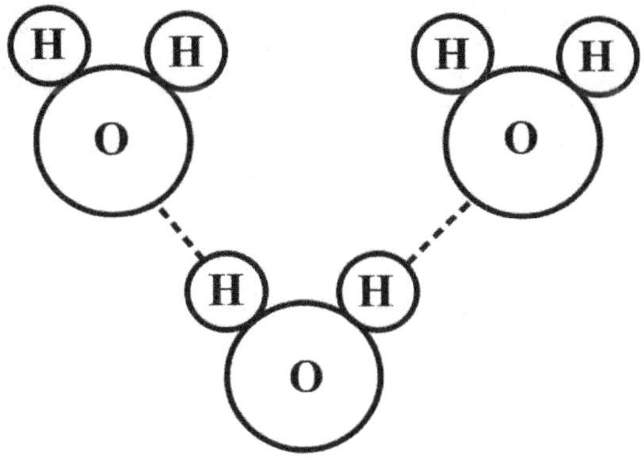

Enlace de hidrógeno

- El que una sustancia forme un tipo de enlace u otro depende de la electronegatividad de sus átomos.
- La electronegatividad es la tendencia a atraer electrones de enlace.
- Existe esta regla:

	Enlace covalente apolar	**Enlace covalente polar**	**Enlace iónico**
Diferencia de electronegatividades	0 a 0'9	1 a 1'6	1'7 o más

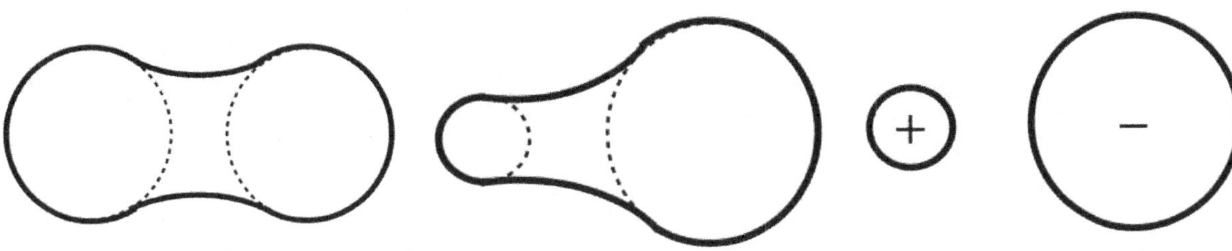

Molécula apolar Molécula polar Compuesto iónico

Polaridad de los enlaces

- Las propiedades de las sustancias dependen de dos factores: su composición y su estructura.

Propiedad	Sustancias iónicas	Sustancias covalentes	Sustancias metálicas	Sustancias moleculares
Elementos que lo forman	Metal + no metal	M derecha + NM NM + Semimetal M derecha + semimetal	Metal + metal	No metal + + no metal
Tipo de enlace	Iónico	Covalente	Metálico	Covalente + + Fuerzas de van der Waals o enlace de H
Ejemplo	NaCl, Na_2SO_4	Diamante, Al_2O_3, SiC	Hierro, sodio, bronce, acero	H_2, H_2O, NH_3
Partículas en los vértices del cristal	Iones	Átomos	Cationes	Moléculas
Estado a T ambiente	Sólidas	Sólidas	Sólidas	Sólidas, líquidas o gaseosas
PF y PE	Altos	Altos	Altos	Bajos
Dureza	Duros	Muy duros	Duros	Blandos
Tenacidad	Frágiles	Frágiles	Tenaces	Frágiles
¿Solubles en disolventes polares?	Sí	No	No	Sólo las polares
¿Solubles en disolventes apolares?	No	No	No	Sólo las apolares
¿Conducen la electricidad?	Fundidos o disueltos	No	No	No

- Las moléculas y los átomos se pueden unir formando los estados de la materia, que son cuatro: sólido, líquido, gas y plasma.

- El plasma es un estado de agregación de la materia similar al gas pero con cargas eléctricas libres. Se obtiene calentando a altas temperaturas o mediante una gran d.d.p.

Tabla de propiedades de sólidos, líquidos y gases

Propiedad	Sólidos	Líquidos	Gases
Fuerzas intermoleculares	Altas	Medias	Bajas
Distancias entre moléculas	Pequeñas	Medias	Altas
Densidad	Alta	Media	Baja
Viscosidad	Alta	De media a alta	Baja
¿Se comprimen?	No	No	Sí
¿Se expanden?	No	No	Sí
Temperaturas de fusión y de ebullición	Altas	Medias	Bajas
Forma	Fija	Variable	Variable
Forma de moverse las moléculas	Vibración	Vibración, rotación y traslación	Vibración, rotación y traslación

- Los sólidos pueden ser amorfos o cristalinos. Un sólido cristalino es aquel que tiene una estructura interna ordenada, el cristal. El sólido amorfo no la tiene.
- La inmensa mayoría de los sólidos son cristalinos. Sólo no lo son el vidrio y algunos plásticos.
- La unidad mínima ordenada que se repite en las tres dimensiones del espacio se llama celda unitaria o celda unidad.
- Hay siete tipos de celdas unitarias.
- Se distinguen en si los lados son iguales o no y si los ángulos son iguales entre sí y si son iguales o no a 90º.

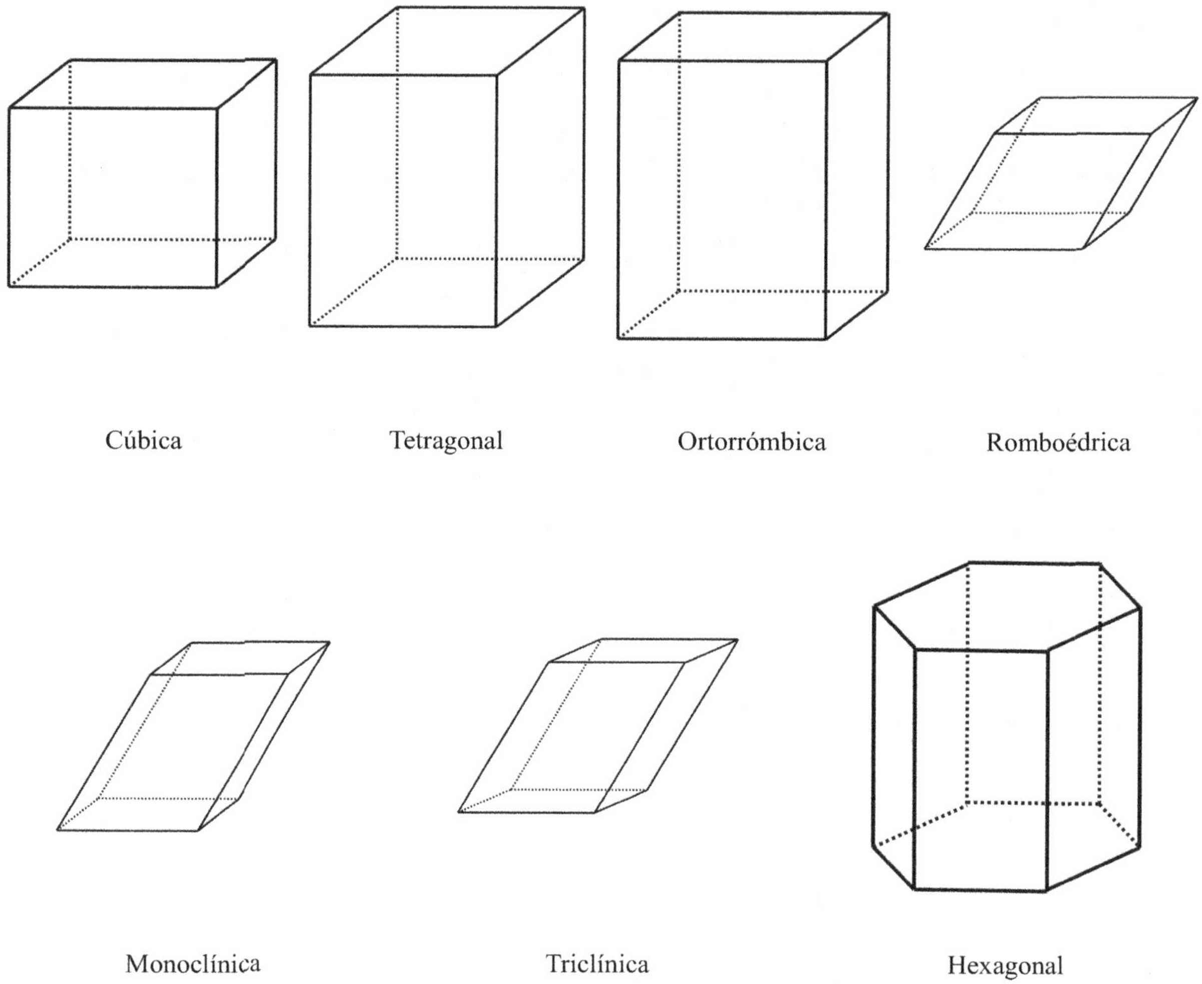

Celdas unitarias

- La energía que se desprende cuando se forma una red cristalina a partir de los átomos gaseosos se llama energía reticular, U.
- La energía reticular es, como la fuerza eléctrica, proporcional al producto de las cargas e inversamente proporcional a la distancia que las separa.
- Si la energía reticular es grande, el sólido iónico tendrá altos puntos de fusión y de ebullición y será poco soluble en agua.
- En los metales, las filas de esferas de cationes se disponen formando lo que se llama un empaquetamiento.
- Hay varios tipos de empaquetamientos: empaquetamiento cúbico centrado en el cuerpo, empaquetamiento cúbico compacto y empaquetamiento hexagonal compacto.

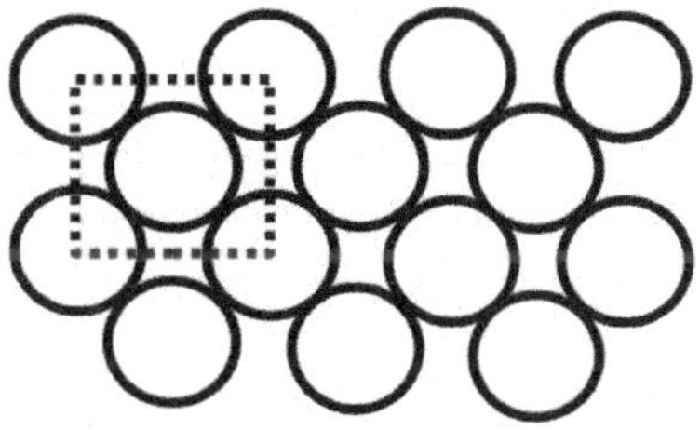

Empaquetamiento cúbico centrado en el cuerpo

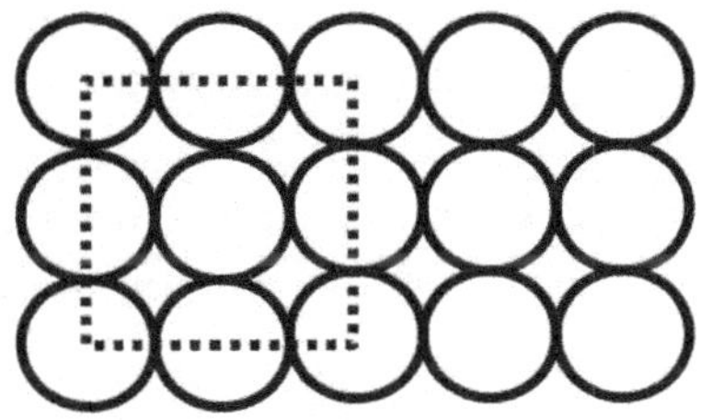

Empaquetamiento cúbico compacto

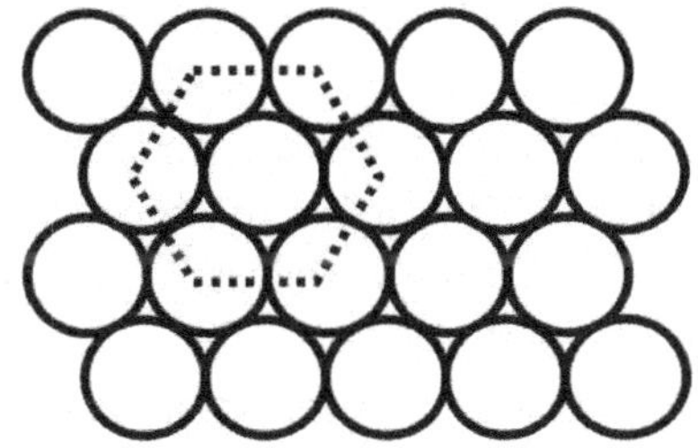

Empaquetamiento hexagonal compacto

Empaquetamientos

- La secuencia de apilamiento es la forma en que se dispone cada capa. Las capas de igual letra coinciden verticalmente.
- El número de coordinación es el número de átomos que rodean a cualquiera de ellos.

Empaquetamiento	Secuencia de apilamiento	Número de coordinación
Cúbica centrada en el cuerpo	ABAB...	8
Cúbico compacto	ABCABC...	12
Hexagonal compacta	ABAB...	12

- El empaquetamiento compacto es aquel en el que se logra la densidad máxima para una estructura determinada.
- Los empaquetamientos compactos son: el hexagonal compacto y el cúbico compacto (o cúbico centrado en las caras).

4. La tabla periódica

- En la tabla, los elementos están ordenados por orden creciente de número atómico y de tal forma que en la misma columna haya elementos de propiedades parecidas, incluyendo la configuración electrónica.
- Las filas horizontales se llaman períodos y las columnas verticales se llaman grupos.
- Los metales están a la izquierda, los no metales a la derecha y entre ambos, los semimetales o metaloides.
- Los semimetales son: B, Si, Ge, As, Sb, Te y Po.
- Los elementos representativos son aquellos que están llenando sus orbitales s o p, es decir, los grupos 1, 2 y del 13 al 18.
- Los metales de transición o elementos de transición son aquellos en los que se están llenando los orbitales d.

- Los elementos de transición interna son aquellos en los que se están llenando los orbitales f. También se llaman lantánidos y actínidos o tierras raras.
- Las propiedades periódicas son aquellas propiedades de los elementos químicos que aumentan o disminuyen de una forma regular a medida que nos movemos en un período o en una columna de la tabla. Regular quiere decir que cambia según una regla, sin brusquedades y sin altibajos.
- Algunas propiedades periódicas son: volumen atómico o radio atómico o tamaño de los átomos, energía de ionización, afinidad electrónica o electroafinidad, electronegatividad, carácter ácido, carácter básico y reactividad.
- De esta forma cambian estas propiedades en la tabla:

Aumentan así: ↓ ←	Aumentan así: ↑ →
- Volumen atómico - Carácter básico - Reactividad de los metales	- Energía de ionización - Afinidad electrónica - Electronegatividad - Carácter ácido - Reactividad de los no metales

- La energía de ionización es la energía necesaria para arrancarle el electrón más externo a un átomo gaseoso.
- La segunda, tercera, etc energías de ionización son las energías necesarias para arrancarle a un átomo gaseoso un segundo, tercer, etc electrón.
- La afinidad electrónica es la energía necesaria para que un átomo gaseoso gane un electrón.
- La segunda, tercera, etc afinidades electrónicas son las energías necesarias para que un átomo gaseoso gane un segundo, tercer, etc electrón.
- La electronegatividad es la tendencia que tiene un elemento de atraer los electrones de enlace.
- Un ácido es una sustancia que tiende a ceder protones, H^+.
- Una base es una sustancia que tiende a aceptar protones, H^+.
- La reactividad es la tendencia que tiene una sustancia a reaccionar con otras sustancias.

Ejercicio 9: escribe en orden de energía de ionización creciente: a) Los alcalinos. b) Los elementos del segundo período.

5. Las reacciones químicas

- Una reacción química consiste en la desaparición de unas sustancias químicas y en la aparición de otras sustancias nuevas.
- Las sustancias que reaccionan se llaman reactivos y las que se obtienen, productos.
- Una reacción química consiste en la rotura de unos enlaces en los reactivos y en la formación de enlaces nuevos en los productos.

Ejemplo: la formación del agua:

$$2\ H_2 + O_2 \rightarrow 2\ H_2O$$

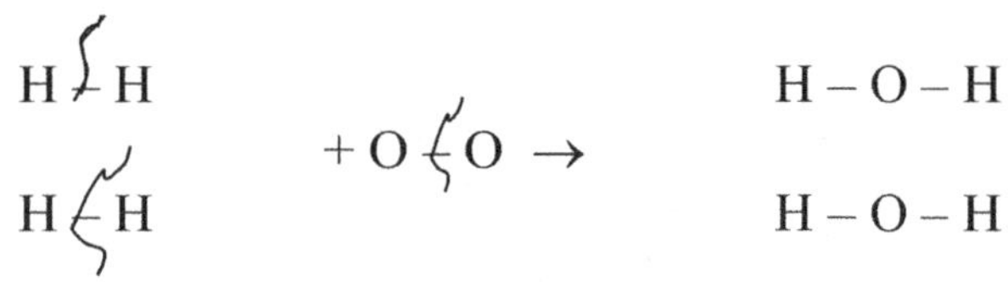

- La forma de escribir una reacción química se llama ecuación química.
- Cuando dos sustancias químicas se ponen en contacto, pueden ocurrir tres cosas: nada, se mezclan o reaccionan.
- Los indicios de que ha ocurrido una reacción química son: aumento o disminución de temperatura, cambio de color, desprendimiento de un gas, aparición de un precipitado, inflamación y explosión. Pueden ocurrir uno o varios de estos fenómenos.
- Si los reactivos no se mezclan en las proporciones que indica la ecuación química ajustada, entonces uno está en exceso y otro en defecto. El reactivo que está en defecto se llama reactivo limitante y a él se refieren los cálculos en una reacción química.
- En una reacción química se conserva la masa total y el número de átomos de cada elemento.
- Las reacciones químicas pueden tener varias características:

a) Posible o imposible: o dicho de otra forma: real o teórica.
b) Exotérmica o endotérmica: la exotérmica es la que desprende calor y la endotérmica es la que absorbe calor. En la exotérmica, el recipiente de calor se calienta y en la endotérmica el recipiente de reacción se enfría.
c) Reversible o irreversible: irreversible es aquella que sólo puede transcurrir en un sentido y reversible que puede transcurrir en ambos sentidos.
d) Rápida o lenta.

- Tipos de reacciones químicas según la combinación de los átomos:

a) Reacciones de combinación, síntesis o adición: $A + B \rightarrow AB$
b) Reacciones de descomposición o disociación: $AB \rightarrow A + B$
c) Reacciones de desplazamiento o sustitución: $AB + C \rightarrow AC + B$
d) Reacciones de doble desplazamiento o doble sustitución: $AB + CD \rightarrow AD + CB$

- Tipos de reacciones químicas, clasificación tradicional:
a) Reacciones ácido-base o de transferencia de protones.
b) Reacciones de equilibrio.
c) Reacciones de precipitación.
d) Reacciones rédox o de transferencia de electrones.
- Reacciones químicas de interés:
a) Combustión: Combustible + $O_2 \rightarrow CO_2 + H_2O$
Ejemplo: $2\ C_4H_{10} + 13\ O_2 \rightarrow 8\ CO_2 + 10\ H_2O$
b) Síntesis: Elemento 1 + elemento 2 → compuesto
Ejemplo: $2\ H_2 + O_2 \rightarrow 2\ H_2O$
c) Neutralización: Ácido + base → sal + agua
Ejemplo: $HCl + NaOH \rightarrow NaCl + H_2O$
d) Ácido + metal → sal + hidrógeno
Ejemplo: $6\ HCl + 2\ Al \rightarrow 2\ AlCl_3 + 3\ H_2$
e) Obtención de metales libres: Óxido metálico + C → metal + CO
Óxido metálico + CO → metal + CO_2
Ejemplos: $ZnO + C \rightarrow Zn + CO$ $FeO + CO \rightarrow Fe + CO_2$
f) Obtención de oxiácidos: Óxido de no metal + agua → oxiácido
Ejemplo: $N_2O_3 + H_2O \rightarrow 2\ HNO_2$
g) Obtención de hidróxidos: Óxido de metal + agua → hidróxido
Ejemplo: $Na_2O + H_2O \rightarrow 2\ NaOH$
h) Ionización: Compuesto iónico + agua → catión + anión
Ejemplos: $NaCl + H_2O \rightarrow Na^+ + Cl^-$ $Ca(OH)_2 + H_2O \rightarrow Ca^{++} + 2\ OH^-$

Ejercicio 10: completa las siguientes reacciones:

a) $C_5H_{12} + O_2 \rightarrow$? + ?

b) $H_2SO_4 + Ca \rightarrow$? + ?

c) $HNO_3 + Mg(OH)_2 \rightarrow$? + ?

d) ? + ? → H_2O

e) $Fe_2O_3 + C \rightarrow$? + ?

f) $O_3Cl_2 + H_2O \rightarrow$?

g) $MgSO_4 + H_2O \rightarrow$? + ?

- Las reacciones químicas se estudian desde dos puntos de vista: termodinámico y cinético.
- La termoquímica es la parte de la química que estudia los calores de reacción y la espontaneidad de los procesos.
- La cinética química estudia la velocidad de las reacciones químicas.
- Una reacción química es espontánea cuando ocurre sin intervención externa.

6. Leyes y principios de la Química

- Ley de conservación de la energía: en un sistema aislado, la energía total permanece constante.
- Ley de conservación de la masa o ley de Lavoisier: en una reacción química, la masa total de los reactivos es igual a la masa total de los productos.
- Ley de las proporciones definidas o ley de Proust: cuando dos elementos se combinan para formar un compuesto, lo hacen siempre en la misma relación de masas.
- Ley de las proporciones múltiples o ley de Dalton: cuando dos elementos A y B se combinan para dar más de un compuesto, las distintas masas de B que se combinan con la misma masa de A están en una relación de números enteros sencillos.
- Ley de los volúmenes de combinación: en una reacción química en la que intervengan gases, la relación entre los volúmenes de los gases es igual a la relación entre los coeficientes de la ecuación química ajustada, a igual presión y temperatura.
- Hipótesis de Avogadro: volúmenes iguales de gases distintos, en las mismas condiciones de presión y temperatura, contienen el mismo número de partículas (átomos o moléculas).
- Volumen molar: un mol de cualquier gas en condiciones normales (0 ºC y 1 atm) ocupa 22'4 litros.
- Ley de Boyle-Mariotte: en un proceso con gases a temperatura constante: $P_1 \cdot V_1 = P_2 \cdot V_2$
- Ley de Charles: en un proceso con gases a presión constante: $\frac{V_1}{T_1} = \frac{V_2}{T_2}$
- Ley de Gay-Lussac: en un proceso con gases a volumen constante: $\frac{P_1}{T_1} = \frac{P_2}{T_2}$
- Ley de Hess: el calor que se absorbe o se desprende en una reacción química es independiente de si la reacción se desarrolla en una o varias etapas.
- Principio de exclusión de Pauli: en un mismo átomo, no puede haber dos electrones con los cuatro números cuánticos iguales.
- Principio de máxima multiplicidad o regla de Hund: al llenar orbitales de igual energía, los electrones tienden a distribuirse con sus espines paralelos, con la máxima multiplicidad, siempre que sea posible.
- Dualidad onda-partícula: toda partícula en movimiento lleva asociada una onda.
- Principio de incertidumbre: es imposible conocer simultáneamente la velocidad y la posición del electrón.
- Principio de Aufbau: los electrones tienden a disponerse en el orbital de menor energía disponible.
- Regla del octeto: cuando los átomos de los elementos se combinan para formar moléculas de compuestos, tienden a adquirir configuración externa de gas noble (s^2 p^6), que es una configuración muy estable.

CUESTIONES PROPUESTAS

Miscelánea

1) Define: Química, sistema, materia, sustancia, composición, propiedad cuantitativa, propiedad cualitativa, propiedad extensiva, propiedad intensiva, propiedad general, propiedad específica o característica, sustancia, elemento, compuesto, mezcla, mezcla homogénea, mezcla heterogénea, dispersión, disolución, soluto, disolvente, propiedades coligativas, presión de vapor, presión osmótica, disolución saturada, solubilidad, curva de solubilidad, precipitado, electrolisis, filtración, evaporación, decantación, cristalización, destilación, extracción, cromatografía, centrifugación, átomo, molécula y rayos catódicos.

2) Define: espectro, espectro de absorción, espectro de emisión, modelo, configuración electrónica, isótopos, especies isoelectrónicas, radiactividad, serie radiactiva, fórmula empírica, fórmula molecular, fórmula semidesarrollada, fórmula desarrollada, fórmula estructural, isómeros, mol, enlace, energía de ionización, afinidad electrónica, electronegatividad, plasma, sólido cristalino, celda unitaria, reacción química, ecuación química, reactivo limitante, reacción exotérmica, reacción endotérmica, reacción reversible, reacción irreversible, termoquímica, cinética química y empaquetamiento compacto.

3) Enuncia: ley conservación de la energía, ley de conservación de la masa o ley de Lavoisier, ley de las proporciones definidas o ley de Proust, ley de las proporciones múltiples o ley de Dalton, ley de los volúmenes de combinación, hipótesis de Avogadro, volumen molar, ley de Boyle-Mariotte, ley de Charles.

4) Enuncia: ley de Gay-Lussac, ley de Hess, principio de exclusión de Pauli, principio de máxima multiplicidad o regla de Hund, dualidad onda-partícula, principio de incertidumbre, principio de Aufbau y regla del octeto.

5) Esquema de clasificación de las sustancias.

6) Tabla con los tipos de dispersiones.

7) Clasificación de las disoluciones.

8) a) ¿Cómo prepararías una disolución de soluto sólido? b) ¿Y de soluto líquido?

9) Enunciados de la teoría atómica de Dalton.

10) Enunciados del modelo atómico de Rutherford.

11) Enunciados del modelo de Bohr.

12) Enunciados de la Mecánica Cuántica.

13) Escribe los números cuánticos posibles y algunos ejemplos de electrones para n = 4.

14) Configuración electrónica normal y en función de gas noble del:
a) Elemento con Z = 90. b) Fe.

15) Diagrama de orbitales de: B, Si, Fe y O.

16) Calcula los números de neutrones, protones y electrones de:

	$^{65}_{30}Zn$	$^{29}_{14}Si^{5-}$	$^{55}_{25}Mn^{7+}$	$^{108}_{47}Ag$	$^{128}_{52}Te^{6-}$
Neutrones					
Protones					
Electrones					

17) Tabla con los tipos de radiactividad.

18) Completa estas reacciones nucleares:

a) $^{10}_{5}B + \alpha \rightarrow {}^{13}_{7}F + n$

b) $^{236}_{92}U \rightarrow {}^{90}_{36}Kr + ? + 3\,n$

c) $2\ {}^{2}_{1}H \rightarrow ? + n$

d) $^{6}_{3}Li + n \rightarrow \alpha + ?$

e) $^{2}_{1}H + {}^{3}_{2}He \rightarrow \alpha + ?$

19) ¿En qué consiste cada tipo de enlace químico?

20) Completa esta tabla:

Sustancia	**Tipo de enlace**	**Tipo de sustancia**	**¿Soluble en agua?**	**Dureza**	**Puntos de fusión y ebullición**
Al_2O_3					
KI					
H_2					
latón					

21) Completa esta tabla:

Propiedad	Sólidos	Líquidos	Gases
Fuerzas intermoleculares			
Distancia entre moléculas			
Densidad			
Viscosidad			
¿Se comprimen?			
Forma de moverse las moléculas			

22) Escribe los nombres de los tipos de celdas unitarias.

23) Tipos de empaquetamiento.

24) ¿Cómo están ordenados los elementos en la tabla periódica?

25) Nombre y símbolo de los semimetales.

26) Ordena por electronegatividad decreciente los elementos del segundo período.

27) ¿Cuáles son los indicios de que ha ocurrido una reacción química?

28) Completa estas reacciones químicas:
a) $C_4H_8 + O_2 \rightarrow$
b) $H_2S + Fe \rightarrow$
c) $HNO_3 + NaOH \rightarrow$
d) $K_2S + H_2O \rightarrow$
e) $FeS + O_2 \rightarrow$
f) $FeO + C \rightarrow$

29) ¿Verdadero o falso? Razónalo.
a) Es lo mismo órbita que orbital.
b) Los electrones entran en un átomo en el orden inverso al que salen.
c) La mayor parte de la materia está vacía.
d) Los isómeros tienen las mismas propiedades.
e) La energía de ionización mide una dificultad y la afinidad electrónica mide una facilidad.

30) ¿Qué tipo de propiedad es: a) El volumen. b) La densidad. c) El color?

31) ¿Qué distingue una suspensión de un coloide y de una disolución?

32) ¿Cuáles de estas magnitudes se conservan en una reacción química:
a) El número de moles de cada elemento.
b) El número total de moles.
c) El número de átomos de cada elemento.
d) El número total de átomos.
e) El número de moles de cada compuesto.
f) El número de moléculas de cada compuesto.
g) La masa total.
h) La energía.
i) El volumen de las sustancias gaseosas.

33) ¿Cuáles de estas magnitudes se conservan en una reacción nuclear:
a) El número de moles de cada elemento.
b) El número total de moles.
c) El número de átomos de cada elemento.
d) El número total de átomos.
e) El número de moles de cada compuesto.
f) El número de moléculas de cada compuesto.
g) La masa total.
h) La energía.
i) El volumen de las sustancias gaseosas.

Átomo

34) Dados los conjuntos de números cuánticos:

$$(2, 1, 2, 1/2); (3, 1, -1, 1/2); (2, 2, 1, -1/2); (3, 2, -2, 1/2)$$

a) Razone cuáles no son permitidos. b) Indique en qué tipo de orbital se situaría cada uno de los electrones permitidos. c) Ordénelos de menor a mayor energía.

35) a) Escribe la configuración electrónica de los iones S^{2-} y Fe^{2+}. b) Indica un catión y un anión que sean isoelectrónicos con S^{2-}. c) Justifica por qué la segunda energía de ionización del magnesio es superior a la primera.

36) a) Dos átomos tienen las siguientes configuraciones electrónicas:

$$1s^2\ 2s^2\ 2p^6 \text{ y } 1s^2\ 2s^2\ 2p^6\ 3s^1$$

La primera energía de ionización de uno es 2.080 $kJ \cdot mol^{-1}$ y la del otro 496 $kJ \cdot mol^{-1}$. Asigna cada uno de estos valores a cada una de las configuraciones electrónicas y justifica la elección. b) La segunda energía de ionización del átomo de helio ¿será mayor, menor o igual que la del átomo de hidrógeno? Razona la respuesta.

37) Indique el máximo número de electrones de un átomo que pueden tener los siguientes números cuánticos, asigne los restantes y especifique los orbitales en los que pueden encontrarse los electrones. a) $n = 2; s = +1/2$. b) $n = 3; \ell = 2$. c) $n = 4; \ell = 3; m = -2$.

38) A y Q son átomos de distintos elementos situados en el mismo período y que tienen 5 y 7 electrones de valencia, respectivamente. Responda, razonadamente, si las siguientes afirmaciones son verdaderas o falsas: a) A tiene mayor primera energía de ionización que Q. b) Q tiene menor afinidad electrónica que A. c) A tiene mayor radio atómico que Q.

39) Tres elementos A, B y C tienen de número atómico 18, 33 y 35, respectivamente.
a) Escriba el símbolo de cada uno y su configuración electrónica en el estado fundamental.
b) Justifique cuál tiene mayor carácter metálico.
c) Indique el número de electrones desapareados que hay en cada uno.
d) Indique los grupos de números cuánticos que corresponderán a esos electrones desapareados.
e) Cuál tiene mayor electronegatividad.
f) Cuál tiene menor energía de ionización.
g) Cuál tiene mayor tamaño.
h) Cuál tiene mayor afinidad electrónica.
i) Indique el ion más estable de cada uno y escriba su configuración electrónica.
j) De los iones anteriores, justifique cuál tiene mayor radio iónico.

40) a) Justifique cómo es el tamaño de un átomo con respecto a su anión y con respecto a su catión. b) Explique qué son especies isoelectrónicas y clasifique las siguientes según esta categoría: Cl^- ; N^{3-} ; Al^{3+} ; K^+ ; Mg^{2+}. c) De dos especies isoelectrónicas, ¿cuál tiene mayor tamaño y por qué?

41) a) ¿Qué caracteriza, desde el punto de vista de la configuración electrónica, a un metal de transición? b) Indique la configuración electrónica del ion hierro (II) y justifique la existencia de ese estado de oxidación. c) ¿Por qué existen siete clases de orbitales f ?

42) La siguiente tabla proporciona los valores de las energías de ionización de tres elementos:

	1ª	2ª	3ª	4ª
Li	5'4 eV	75'6 eV	122'5 eV	-
Na	5'1 eV	47'3 eV	71'9 eV	99'1 eV
K	4'3 eV	31'8 eV	46'1 eV	61'1 eV

a) ¿Por qué la primera energía de ionización disminuye del litio al potasio? b) ¿Por qué la segunda energía de ionización de cada elemento es mucho mayor que la primera? c) ¿Por qué no se da el valor de la cuarta energía de ionización del litio?

43) El ion positivo de un elemento M tiene de configuración electrónica M^{2+} :

$$1s^2\ 2s^2\ 2p^6\ 3s^2\ 3p^6\ 3d^4$$

a) ¿Cuál es el número atómico de M? b) ¿Cuál es la configuración de su ion M^{3+} expresada en función del gas noble que le antecede? c) ¿Qué números cuánticos corresponden a un electrón 3d de este elemento?

44) El número de protones en los núcleos de cinco átomos es el siguiente:
A = 9; B = 16; C = 17; D = 19; E = 20. Razona: a) ¿Cuál es el más electronegativo? b) ¿Cuál posee menor energía de ionización? c) ¿Cuál puede convertirse en anión divalente estable?

45) Para el ion Cl^- (Z=17) del isótopo cuyo número másico es 36: a) Indique el número de protones, electrones y neutrones. b) Escriba su configuración electrónica. c) Indique los valores de los números cuánticos de uno de los electrones externos.

46) Para un elemento de número atómico Z = 20, a partir de su configuración electrónica: a) Indique el grupo y el periodo al que pertenece y nombre otro elemento del mismo grupo. b) Justifique la valencia más probable de ese elemento. c) Indique el valor de los números cuánticos del electrón más externo.

47) El número de electrones de los elementos A, B, C, D y E es 2, 9, 11, 12 y 13, respectivamente. Indica, razonando la respuesta, cuál de ellos: a) Corresponde a un gas noble. b) Es un metal alcalino. c) Es el más electronegativo. d) Indique la estequiometría de los compuestos AB y CD.

48) Dadas las configuraciones electrónicas:
A: $1s^2\ 3s^1$; B: $1s^2\ 2s^2$; C: $1s^2\ 2s^2\ 2p^6\ 3s^2\ 3p^5$; D: $1s^2\ 2s^2\ 2p_x^{\ 2}\ 2p_y^{\ 0}\ 2p_z^{\ 0}$, indica, razonadamente: a) La que no cumple el principio de exclusión de Pauli. b) La que no cumple el principio de máxima multiplicidad de Hund. c) La que, siendo permitida, contiene electrones desapareados.

49) Indique: a) Los subniveles de energía, dados por el número cuántico secundario ℓ, que corresponden al nivel cuántico n = 4. b) A qué tipo de orbitales corresponden los subniveles anteriores. c) Si existe algún subnivel de n = 5 con energía menor que algún subnivel de n = 4, diga cuál.

50) ¿Verdadero o falso? ¿Por qué?:
a) El número máximo de electrones con número cuántico $n = 3$ es 6.
b) En un orbital 2p sólo puede haber 2 electrones.
c) Si en los orbitales 3d se sitúan 6 electrones, no habrá ninguno desapareado.
d) El F tiene mayor tamaño que el Cl.
e) El O es más electronegativo que el N.
f) El Mg tiene mayor energía de ionización que el S.
g) Los elementos están ordenados en la tabla según la masa atómica ascendente.
h) El Al es más electronegativo que el B.
i) El Si tiene mayor energía de ionización que el Ge.
j) El C tiene mayor tamaño que el F.
k) El O tiene mayor afinidad electrónica que el Na.
l) El As tiene mayor afinidad electrónica que el Sb.
m) Para $n = 2$ hay 5 orbitales d.
n) En el orbital 3p el número cuántico n vale 1.
ñ) El número máximo de electrones con la combinación de números cuánticos $n = 4$ y $m = -2$ es 4.
o) El número máximo de electrones con un número cuántico $n = 3$ es 14.
p) Si en el subnivel 3p se sitúan 3 electrones habrá un electrón desapareado.
q) En el subnivel 4s puede haber dos electrones como máximo.

Enlace

51) Dadas las siguientes moléculas: H_2O, NH_3, $BeCl_2$, BH_3, CH_4, OCl_2, NH_4^+. Represente las estructuras de Lewis.

52) Supongamos que los sólidos cristalinos NaF, KF, y LiF cristalizan en el mismo tipo de red. a) Razone cómo varía la energía reticular de las sales mencionadas. b) Razone cómo varían las temperaturas de fusión de las citadas sales.

53) Dadas las siguientes sustancias: Cu, CaO, I_2 , indique razonadamente: a) Cuál conduce la electricidad en estado líquido pero es aislante en estado sólido. b) Cuál es un sólido que sublima fácilmente. c) Cuál es un sólido que no es frágil y se puede estirar en hilos o láminas.

54) Supongamos que los sólidos cristalinos CsBr, NaBr y KBr cristalizan con el mismo tipo de red. a) Ordénelos de mayor a menor según su energía reticular. Razone la respuesta. b) Justifique cuál de ellos será menos soluble.

55) Indique qué tipo de enlace hay que romper para: a) Fundir cloruro de sodio. b) Vaporizar agua. c) Vaporizar n-hexano.

56) Dadas las siguientes moléculas: F_2, CS_2, C_2H_4, C_2H_2, H_2O y NH_3. Indique en cuál o cuales: a) Todos los enlaces son simples. b) Existe algún doble enlace. c) Existe algún triple enlace.

57) Para las especies diamante, Fe, HBr, NaBr y Br_2 , determine razonadamente: a) El tipo de enlace que predominará en ellas. b) Cuál de ellas tendrá mayor punto de fusión. c) Cuál es la especie menos soluble en agua.

58) Explique, razonadamente, qué tipo de fuerzas hay que vencer para: a) Fundir hielo. b) Disolver NaCl. c) Sublimar I_2 . d) Rayar el diamante. e) Romper un trozo de cobre.

59) ¿Verdadero o falso? ¿Por qué?
a) Una disolución acuosa de $Cu(NO_3)_2$ no conduce la electricidad.
b) El SiH_4 es insoluble en agua y el NaCl es soluble.
c) El punto de fusión del etano es alto.
d) La molécula de BF_3 es apolar aunque sus enlaces están polarizados.
e) El cloruro de sodio tiene menor punto de fusión que el cloruro de cesio.
f) El cloruro de sodio sólido no conduce la corriente eléctrica y el cobre sí.
g) Algunas moléculas covalentes son polares.
h) Los compuestos iónicos, fundidos o en disolución, son buenos conductores de la electricidad.
i) El agua tiene el punto de ebullición más elevado que el resto de hidruros del grupo 16.
j) El neón y el O^{2-} tienen la misma configuración electrónica.
k) El neón tiene una energía de ionización menor que la del oxígeno.
l) El neón y el O^{2-} tienen el mismo número de protones.
m) El cloruro de hidrógeno disuelto en agua conduce la corriente eléctrica.
n) Los gases nobles son muy reactivos.
ñ) La geometría molecular del tricloruro de boro es pirámide trigonal.
o) La energía reticular es la energía de un retículo.
p) El LiF es más soluble que el KBr.
q) El MgO es más soluble que el CaS.
r) Los metales son buenos conductores porque sus electrones son distintos a los de los no metales.
s) El etanol es soluble en agua y el etano no lo es.
t) En condiciones normales, el flúor y el cloro son gases, el bromo es líquido y el yodo sólido.
u) Los compuestos iónicos conducen la corriente eléctrica en estado sólido.
v) El H_2 y el I_2 no son solubles en agua y el HI sí lo es.
w) La molécula de BF_3 es apolar, aunque sus enlaces estén polarizados.
x) El CsCl es un sólido cristalino conductor de la electricidad.
y) El cloruro de sodio es soluble en agua.
z) El NH_3 tiene un punto de ebullición más alto que el CH_4 .

60) ¿Verdadero o falso? ¿Por qué?
a) El CH_4 tiene un punto de ebullición más alto que el C_2H_6.
b) El CH_3OH tiene un punto de ebullición más alto que el CH_4 .
c) El KCl tiene un punto de fusión mayor que el Cl_2 .
d) El CCl_4 es más soluble en agua que el KCl.
e) El CaO es más soluble en agua que el CsI.
f) El NH_3 tiene un punto de ebullición más bajo que el CH_4 .
g) El KCl tiene un punto de fusión mayor que el Cl_2 .
h) El CH_4 es poco soluble en agua y el KCl es muy soluble.
i) El etano tiene un punto de ebullición más alto que el etanol.
j) El tetracloruro de carbono es una molécula apolar.
k) El MgO es mas soluble en agua que el BaO.
l) Los compuestos covalentes conducen la corriente eléctrica.
m) Todos los compuestos covalentes tienen puntos de fusión elevados.
n) Todos los compuestos iónicos, disueltos en agua, son buenos conductores de la electricidad.
ñ) El agua pura no conduce la electricidad.
o) El NaCl en estado sólido conduce la electricidad.
p) La disolución formada por NaCl en agua conduce la electricidad.
q) El momento dipolar del hidruro de berilio es nulo y el del sulfuro de hidrógeno no lo es.
r) Es lo mismo "enlace covalente polar" que "enlace covalente dativo o coordinado".
s) El yoduro de sodio es más soluble en agua que el yoduro de cesio.
t) El NaCl forma moléculas.

TEMA 12: CÁLCULOS QUÍMICOS

Esquema

1. El átomo.
2. Moles y fórmulas.
3. Disoluciones.
4. Gases.
5. Reacciones químicas.

1. El átomo

* Masa atómica de un elemento a partir de su abundancia isotópica:

$$A = \frac{\sum Porcentaje_i \cdot A_i}{100} = \frac{Porcentaje_1 \cdot A_1}{100} + \frac{Porcentaje_2 \cdot A_2}{100} \ldots$$

siendo: A: masa atómica de la mezcla de isótopos.
A_1, A_2: masas atómicas de los distintos isótopos.

Ejemplo 1: calcula la masa atómica del litio sabiendo que tiene dos isótopos: 92'4 % de un isótopo de masa 7'0179 y el resto, un isótopo de masa 6'0167.

$$A = \frac{Porcentaje_1 \cdot A_1}{100} + \frac{Porcentaje_2 \cdot A_2}{100} = 0'924 \cdot 7'0179 + 0'076 \cdot 6'0167 = 6'942$$

Ejercicio 1: el boro tiene una masa atómica de 10'811 uma. Si tiene dos isótopos de masas 10'0129 y 11'0093 uma, calcula su abundancia isotópica. Solución: 19'9 %, 80'1 %.

* Energía de un fotón: $E = h \cdot f = h \cdot \frac{c}{\lambda}$

siendo: E: energía del fotón (J).
h: constante de Planck = $6'63 \cdot 10^{-34}$ J·s
f: frecuencia del fotón (s^{-1} = Hz).
c: velocidad de la luz = $3 \cdot 10^8$ m/s
λ: longitud de onda del fotón (m^{-1}).

Ejemplo 2: calcula el intervalo de energía del color verde si su longitud de onda va desde 497 a 570 nm.

$$E_1 = h \cdot \frac{c}{\lambda} = 6'63 \cdot 10^{-34} \cdot \frac{3 \cdot 10^8}{497 \cdot 10^{-9}} = 4 \cdot 10^{-19}\ J$$

$$E_2 = h \cdot \frac{c}{\lambda} = 6'63 \cdot 10^{-34} \cdot \frac{3 \cdot 10^8}{570 \cdot 10^{-9}} = 3'49 \cdot 10^{-19}\ J$$

Ejercicio 2: calcula la energía de una radiación: a) De longitud de onda 500 nm. b) De 150 Mhz de frecuencia. Constante de Planck: $6'63 \cdot 10^{-34}$ J·s. Solución: a) $3'98 \cdot 10^{-19}$ J. b) $9'95 \cdot 10^{-26}$ J.

* Longitud de onda del fotón que absorbe o desprende un átomo en una transición electrónica:

$$\frac{1}{\lambda} = R \cdot \left(\frac{1}{n_1^2} - \frac{1}{n_2^2} \right)$$

siendo: λ : longitud de onda (m).
R: constante de Rydberg = 10.967.758 m^{-1}
n_1 : nivel de energía más pequeño.
n_2 : nivel de energía mayor.

Ejemplo 3: un átomo de hidrógeno absorbe energía y su electrón salta del nivel 1 al 3. Calcula la energía que ha absorbido.

$$\frac{1}{\lambda} = R \cdot \left(\frac{1}{n_1^2} - \frac{1}{n_2^2} \right) = 10967758 \cdot \left(\frac{1}{1^2} - \frac{1}{3^2} \right) = 9'75 \cdot 10^6\ m^{-1} \rightarrow$$

$$\rightarrow \lambda = \frac{1}{9'75 \cdot 10^6} = 1'03 \cdot 10^{-7}\ m$$

$$E = h \cdot \frac{c}{\lambda} = 6'63 \cdot 10^{-34} \cdot \frac{3 \cdot 10^8}{1'03 \cdot 10^{-7}} = 1'93 \cdot 10^{-18}\ J$$

Ejercicio 3: calcula la longitud de onda del fotón que emite un átomo de hidrógeno excitado al saltar el electrón desde el nivel 5 al 1. Constante de Rydberg: 10.967.758 m^{-1}. Constante de Planck: $6'63 \cdot 10^{-34}$ J·s. Solución: $2'09 \cdot 10^{-18}$ J.

* Longitud de onda de De Broglie:

$$\lambda = \frac{h}{m \cdot v}$$

Ejemplo 4: calcula la longitud de onda de: a) Un elefante de una tonelada que se mueve a 20 km/h. b) Un electrón que se mueve a 1000 m/s. $m_e = 9'12 \cdot 10^{-28}$ g.

$$a)\ \lambda = \frac{h}{m \cdot v} = \frac{6'63 \cdot 10^{-34}}{1000 \cdot 5'56} = 1'19 \cdot 10^{-37}\ \text{m}$$

$$b)\ \lambda = \frac{h}{m \cdot v} = \frac{6'63 \cdot 10^{-34}}{9'12 \cdot 10^{-31} \cdot 1000} = 7'27 \cdot 10^{-7}\ \text{m}$$

Ejercicio 4: calcula la longitud de onda: a) De un camión de 10 toneladas que se mueve a 100 km/h. b) De un neutrón lento que se mueve a $1'38 \cdot 10^{5}$ m/s.
$m_n = 1'67 \cdot 10^{-24}$ g. Constante de Planck: $6'63 \cdot 10^{-34}$ J·s.
Solución: a) $2'39 \cdot 10^{-39}$ m. b) $2'88 \cdot 10^{-12}$ m.

2. Moles y fórmulas

* Para transformar unidades de cantidad de sustancia:

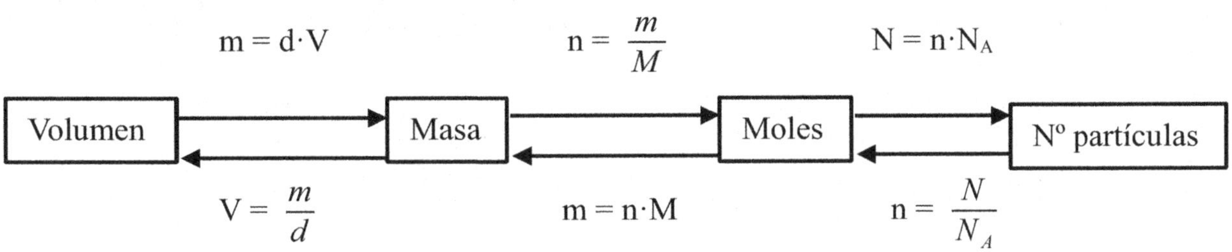

siendo:
- m: masa (g).
- d: densidad (g/ml).
- V: volumen (ml o cm^3).
- n: número de moles.
- M: masa atómica o molecular (g/mol).
- N: número de partículas (átomos, moléculas).
- N_A = número de Avogadro = $6'022 \cdot 10^{23}$

Ejemplo 5: completa esta tabla:

Sustancia	Masa atómica o molecular	Densidad (g/ml)	Masa (g)	Moles	Número partículas
Agua			3		
Etanol		0'78		5	
Hierro		7'86			10^{24}

Masas atómicas: H: 1, O: 16, C: 12, Fe: 55'85

Sustancia	Masa atómica o molecular	Densidad (g/ml)	Volumen (ml)	Masa (g)	Moles	Número partículas
Agua	18	1	3	3	0'167	$1'01\cdot10^{23}$
Etanol	46	0'78	295	230	5	$3'01\cdot10^{24}$
Hierro	55'85	7'86	11'8	92'7	1'66	10^{24}

Ejercicio 5: tenemos 100 g de $Fe_2(SO_4)_3$. Calcula: a) El número de moles del compuesto. b) El número de moles de cada elemento. c) El número de moléculas. d) La masa de cada elemento. e) El número de átomos de cada elemento.
Masas atómicas: Fe: 55'85, S: 32, O: 16.
Solución: a) 0'25 mol. b) Fe: 0'5 mol, S: 0'75 mol, O: 3 mol. c) $1'51\cdot10^{23}$.
d) Fe: 27'9 g, S: 24 g, O: 48 g. e) $3'01\cdot10^{23}$, $4'52\cdot10^{23}$, $1'81\cdot10^{24}$.

* Relación entre los tipos de fórmulas:

Fórmula empírica·número entero = Fórmula molecular

$$\frac{M_{molecular}}{M_{empírica}} = n \text{ (número entero)}$$

siendo: $M_{molecular}$: masa de la fórmula molecular.
$M_{empírica}$: masa de la fórmula empírica.

Ejemplo 6: la fórmula empírica de un compuesto es $C_3H_8O_5$. Si su masa molecular es 620, averigua su fórmula molecular.

$$n = \frac{M_{molecular}}{M_{empírica}} = \frac{620}{124} = 5 \rightarrow \text{Fórmula molecular: } C_{15}H_{40}O_{25}$$

Ejercicio 6: la masa molecular de un compuesto de fórmula empírica $C_4H_{10}O$ es 370. Averigua su fórmula molecular. Solución: $C_{20}H_{50}O_5$.

* Composición centesimal de una sustancia pura:

$$\text{Porcentaje de X} = \frac{masa\ de\ X \cdot 100}{masa\ molecular} = \frac{subíndice\ de\ X \cdot masa\ atómica\ de\ X \cdot 100}{masa\ molecular} \quad (\%)$$

Ejemplo 7: averigua la composición centesimal del $Fe_3(PO_4)_2$. Fe: 55'85, P: 31, O: 16.

$$\text{Porcentaje de X} = \frac{subíndice\ de\ X \cdot masa\ atómica\ de\ X \cdot 100}{masa\ molecular} \quad ; \quad M = 357'6$$

$$\text{Fe: } \frac{3 \cdot 55'85 \cdot 100}{357'6} = 46'9\ \% \quad ; \quad \text{P: } \frac{2 \cdot 31 \cdot 100}{357'6} = 17'3\ \% \quad ; \quad \text{O: } 100 - 46'9 - 17'3 = 35'8\ \%$$

Ejercicio 7: calcula la composición centesimal del $(NH_4)_2SO_4$. Datos: N: 14, H: 1, S: 32, O: 16. Solución: N: 21'2 %, H: 6'06 %, S: 24'2 %, O: 48'5 %.

* Composición centesimal de una mezcla:

$$\text{Porcentaje de la sustancia X} = \frac{masa\ de\ X \cdot 100}{masa\ total} \quad (\%)$$

Ejemplo 8: una receta de madalenas tiene estas cantidades:

Ingrediente	**Masa (g)**
Harina	220
Azúcar	200
Levadura	10
Aceite de oliva	160
Leche	65
Huevos	280

Averigua su composición centesimal.

$$m_T = 220 + 200 + 10 + 160 + 65 + 280 = 935\ g$$

Ingrediente	**Porcentaje**
Harina	$\frac{220 \cdot 100}{935} = 23'5\ \%$
Azúcar	21'4 %
Levadura	1'07 %
Aceite de oliva	17'1 %
Leche	6'95 %
Huevos	30 %

Ejercicio 8: una muestra de 2 kg de acero inoxidable tiene 360 g de Cr, 200 g de Ni, 1'6 g de C y, el resto, Fe. Averigua su composición centesimal.
Solución: Cr: 18 %, Ni: 10 %, C: 0'08 %, Fe: 71'9 %.

* Para pasar de porcentajes a fórmula:
a) Divide cada porcentaje por cada masa atómica.
b) Divide cada número obtenido por el menor de ellos.
c) Si los números no son enteros, multiplica cada uno de ellos por 2, o por 3, o por 4...hasta hacerlos a todos enteros.

Ejemplo 9: averigua la fórmula de un compuesto que tiene esta composición centesimal:
K: 26'6 %, Cr: 35'4 % y, el resto, O. Masas atómicas: K: 39'1, Cr: 52, O: 16.

K:	$\frac{26'6}{39'1} = 0'68$	$\frac{0'68}{0'68} = 1$	$1 \cdot 2 = 2$
Cr:	$\frac{35'4}{52} = 0'68$	$\frac{0'68}{0'68} = 1$	$1 \cdot 2 = 2$
O:	$\frac{38}{16} = 2'37$	$\frac{2'37}{0'68} = 3'5$	$3'5 \cdot 2 = 7$

Fórmula: $K_2Cr_2O_7$

Ejercicio 9: averigua la fórmula de un compuesto que contiene:
C: 50 %, H: 6'94 %, N: 9'72 % y O: 33'3 %. Solución: $C_6H_{10}NO_3$.

3. Disoluciones

* Formas de expresar la concentración:

a) Porcentaje en masa o riqueza:

$$\text{Porcentaje en masa} = \frac{m_s \cdot 100}{m_D} \qquad (\%)$$

siendo: m_s : masa del soluto (g).
m_D : masa de la disolución (g).

b) Porcentaje en volumen:

$$\text{Porcentaje en volumen} = \frac{V_s \cdot 100}{V_D} \qquad (\text{ \% volumen o grados })$$

siendo: V_s : volumen de soluto (ml, cm^3, …).
V_D : volumen de disolución (ml, cm^3, …).

c) Masa por unidad de volumen:

$$c = \frac{m_s}{V_D} \qquad \left(\frac{g}{l}, \frac{g}{cm^3}\right)$$

siendo: c : concentración.

d) Molaridad:

$$c_M = M = \frac{n_s}{V_D(litros)} \qquad \left(\frac{mol}{l}, M\right) \quad \text{Se lee molar.}$$

siendo: n_s : número de moles de soluto (moles).
V_D : volumen de disolución (L).

e) Molalidad:

$$c_m = m = \frac{n_s}{m_d(kilogramos)} \qquad \left(\frac{mol}{kg}, m\right) \quad \text{Se lee molal.}$$

siendo: m_d : masa de disolvente (kg).

f) Fracción molar:

$$x_i = \frac{n_i}{n_T} = \frac{n_i}{n_s + n_d} \quad \text{(Sin unidades)}$$

siendo: n_i : número de moles del componente i.
n_s : número de moles de soluto.
n_d : número de moles de disolvente.

* Densidad de una disolución:

$$d_D = \frac{m_D}{V_D} \qquad \left(\frac{g}{l}, \frac{g}{cm^3}\right)$$

siendo: m_D : masa de la disolución.
V_D : volumen de la disolución.

Ejemplo 10: una disolución tiene 30 g de sal común y 120 g de agua. Si la densidad de la disolución resultante es 1'05 g/ml, averigua todos los tipos de concentraciones.
Na: 23, Cl: 35'5, H: 1, O: 16.

$$m_s = 30\ g;\ m_d = 120\ g;\ m_D = 30 + 120 = 150\ g;\ V_d = 120\ ml;\ V_D = \frac{m_D}{d_D} = \frac{150}{1'05} = 143\ ml$$

$$M_s = 23 + 35'5 = 58'5;\ M_d = 2 + 16 = 18;\ n_s = \frac{m_s}{M_s} = \frac{30}{58'5} = 0'513\ mol;$$

$$n_d = \frac{m_d}{M_d} = \frac{120}{18} = 6'67\ mol;\ V_s = V_D - V_s = 143 - 120 = 23\ ml$$

- Porcentaje en masa:

$$\text{Porcentaje en masa} = \frac{m_s \cdot 100}{m_D} = \frac{30 \cdot 100}{150} = 20\ \%$$

- Porcentaje en volumen:

$$\text{Porcentaje en volumen} = \frac{V_s \cdot 100}{V_D} = \frac{23 \cdot 100}{143} = 16'1^o$$

- Masa por unidad de volumen:

$$c = \frac{m_s}{V_D} = \frac{30}{0'143} = 210 \quad \frac{g}{L}$$

- Molaridad:

$$c_M = \frac{n_s}{V_D(litros)} = \frac{0'513}{0'143} = 3'59 \text{ M}$$

- Molalidad:

$$c_m = \frac{n_s}{m_d(kilogramos)} = \frac{0'513}{0'120} = 4'28 \text{ m}$$

- Fracción molar:

$$x_i = \frac{n_i}{n_s + n_d} = \frac{0'513}{0'513+6'67} = 0'0714$$

> Ejercicio 10: una disolución tiene una densidad de 1'25 kg/L, 120 g de sal común y 300 g de agua. Calcula todos los tipos de concentración. Na: 23, Cl: 35'5.
> Solución: 28'6 %, 10'7º, 357 g/L, 6'1 M, 6'83 m, 0'109.

* Diluciones: una dilución consiste en añadir disolvente puro a una disolución ya preparada. Al diluir, disminuye la concentración del soluto. La cantidad de soluto se conserva, luego:

$$c_{M1} \cdot V_{D1} = c_{M2} \cdot V_{D2}$$

Ejemplo 11: ¿qué volumen de HCl del 36 % en peso y de densidad 1'17 $g \cdot mL^{-1}$ se necesitan para preparar 50 mL de una disolución de HCl del 12 % de riqueza en peso y de densidad 1'05 $g \cdot mL^{-1}$? H: 1, Cl: 35'5.

$$c_{M1} = \frac{36\, g\, HCl}{100\, g\, disolución} \cdot \frac{1\, mol\, HCl}{36'5\, g\, HCl} \cdot \frac{1'17\, g\, disolución}{1\, ml\, disolución} \cdot \frac{1000\, ml}{1\, L} = 11'5 \text{ M}$$

$$c_{M2} = \frac{12\, g\, HCl}{100\, g\, disolución} \cdot \frac{1\, mol\, HCl}{36'5\, g\, HCl} \cdot \frac{1'05\, g\, disolución}{1\, ml\, disolución} \cdot \frac{1000\, ml}{1\, L} = 3'45 \text{ M}$$

$$V_{D1} = \frac{c_{M2} \cdot V_{D2}}{c_{M1}} = \frac{3'45 \cdot 50}{11'5} = 15 \text{ ml}$$

Ejercicio 11: se desea preparar 2'5 L de una disolución de ácido nítrico de concentración 12'6 g/L a partir de un ácido nítrico comercial de densidad 1'5 g/mL y 33'6% de riqueza en peso. ¿Qué volumen de ácido nítrico comercial se necesitará? Solución: 62'5 ml.

4. Gases

* Ley del gas ideal o del gas perfecto: es aquel cuyas moléculas tienen atracción nula entre sí.

$$P \cdot V = n \cdot R \cdot T$$

siendo: P: presión (atm).
V: volumen (L).
n: número de moles (moles).
R : constante de los gases = 0'082 $\frac{atm \cdot L}{mol \cdot K}$

Ejemplo 12: calcula la presión que ejercerán 20 g de oxígeno a 30 ºC en un recipiente de 5 litros.

$$P = \frac{n \cdot R \cdot T}{V} = \frac{m \cdot R \cdot T}{M \cdot V} = \frac{20 \cdot 0'082 \cdot 303}{32 \cdot 5} = 3'11 \text{ atm}$$

Ejercicio 12: calcula el volumen que deben ocupar 50 g de H_2S en condiciones normales. Solución: 32'9 L.

* Procesos con gases:

$$\frac{P_1 \cdot V_1}{T_1} = \frac{P_2 \cdot V_2}{T_2}$$

siendo: P_1, V_1, T_1: condiciones iniciales.
P_2, V_2, T_2: condiciones finales.
Las temperaturas deben estar en Kelvins.

Ejemplo 13: tenemos 20 litros de un gas a 60 ºC y 1'5 atm. Calcula la nueva presión si se calienta hasta 80 ºC y se comprime hasta 12 litros.

$$P_2 = \frac{P_1 \cdot V_1 \cdot T_2}{V_2 \cdot T_1} = \frac{1'5 \cdot 20 \cdot (273+80)}{12 \cdot (273+60)} = \frac{1'5 \cdot 20 \cdot 353}{12 \cdot 333} = 2'65 \text{ atm}$$

Ejercicio 13: se comprime isotérmicamente un gas desde 50 litros hasta 3 litros. Si la presión inicial es de 2 atm, calcula la presión final. Solución: 33'3 atm.

* Densidad de un gas:

$$d = \frac{P \cdot M}{R \cdot T}$$

Ejemplo 14: calcula la densidad del aire en condiciones normales si su masa molecular media es de 28'96 g/mol.

$$d = \frac{P \cdot M}{R \cdot T} = \frac{1 \cdot 28'96}{0'082 \cdot 273} = 1'29 \quad \frac{g}{L}$$

Ejercicio 14: calcula la densidad del CO_2 a 20 ºC y 1'5 atm. C: 12, O: 16.
Solución: 2'75 g/L.

* Presión parcial de un gas en una mezcla de gases:

$$p_i = x_i \cdot P_T \quad ; \quad x_i = \frac{n_i}{n_T} \quad ; \quad P_T = p_1 + p_2 + \ldots + p_i$$

Ejemplo 15: un recipiente contiene 3 moles de oxígeno, 2 moles de nitrógeno y 4 moles de CO_2 . Si la presión total es de 2 atm. Calcula las presiones parciales.

$$n_T = 3 + 2 + 4 = 9 \text{ mol} \quad ; \quad x_i = \frac{n_i}{n_T} \quad ; \quad x_{O2} = \frac{3}{9} = 0'333 \quad ; \quad x_{N2} = \frac{2}{9} = 0'222$$

$$x_{CO2} = \frac{4}{9} = 0'444 \quad ; \quad p_i = x_i \cdot P_T$$

$$p_{O2} = 0'333 \cdot 2 = 0'666 \text{ atm} \quad ; \quad p_{N2} = 0'222 \cdot 2 = 0'444 \text{ atm} \quad ; \quad p_{CO2} = 0'444 \cdot 2 = 0'888 \text{ atm}$$

Ejercicio 15: una mezcla de gases tiene 2 mol de CO_2, 4 mol de N_2 y 7 mol de H_2O. Si la presión total es de 1200 mm Hg, calcula las presiones parciales.
Solución: CO_2: 185 mm Hg, N_2: 369 mm Hg, H_2O: 646 mm Hg.

* Masa molecular media de una mezcla de gases: en una mezcla de gases, el porcentaje en moles coincide con el porcentaje en volumen. Por consiguiente, la fracción molar coincide con la fracción volumétrica.

$$\bar{M} = \sum x_i \cdot M_i = x_1 \cdot M_1 + x_2 \cdot M_2 + \ldots$$

Ejemplo 16: calcula la masa molecular media del aire si está compuesta por un 78 % en volumen de N_2, un 21 % de O_2 y un 1 % de argón. N: 14, O: 16, Ar: 39'95.

$$\bar{M} = \sum x_i \cdot M_i = x_1 \cdot M_1 + x_2 \cdot M_2 + \ldots = 0'78 \cdot 28 + 0'21 \cdot 32 + 0'01 \cdot 39'95 = 28'96 \quad \frac{g}{mol}$$

Ejercicio 16: calcula la masa molecular media de una mezcla que contiene en volumen: 80 % de aire, 15 % de CO_2 y 5 % de vapor de agua. N: 14, O: 16, Ar: 39'95, H: 1, C: 12. Solución: 30'67 g/mol.

5. Reacciones químicas

* Ley de Lavoisier o de conservación de la masa: En una reacción química, la masa total permanece constante. Es decir, la masa total de los reactivos iguala a la de los productos.

* Ley de las proporciones definidas: las sustancias químicas que participan en una reacción química lo hacen en una proporción constante.

Ejemplo 17: para la siguiente reacción química: $6\ HCl + 2\ Al \rightarrow 2\ AlCl_3 + 3\ H_2$
completa la siguiente tabla:

Masa de HCl	**Masa de Al**	**Masa de $AlCl_3$**	**Masa de H_2**
219 g	54 g	267 g	a
b	c	30 g	d

$$(m_T)_{reactivos} = (m_T)_{productos} \rightarrow 219 + 54 = 267 + a \rightarrow a = 6\ g$$

$$b = \frac{219 \cdot 30}{267} = 24'6\ g;\ c = \frac{54 \cdot 30}{267} = 6'07\ g;\ d = \frac{30 \cdot 6}{267} = 0'674\ g$$

Ejercicio 17: para la siguiente reacción química: $2\ A + 3\ B + C \rightarrow 3\ D$
completa la siguiente tabla:

Masa de A	**Masa de B**	**Masa de C**	**Masa de D**
300 g	85 g	120 g	a
b	c	40 g	d

Solución: a = 505 g, b = 100 g, c = 28'3 g, d = 168 g.

* Ley de los volúmenes de combinación:
En una reacción en la que intervienen gases, los volúmenes de los gases guardan las proporciones de la ecuación química ajustada.

Ejemplo 18: para esta reacción química: $2\ H_2S\ (g) + 3\ O_2\ (g) \rightarrow 2\ SO_2\ (g) + H_2O\ (l)$
completa esta tabla:

Volumen de H_2S	**Volumen de O_2**	**Volumen de SO_2**	**Volumen de H_2O**
4 litros	a	b	c

$$a = \frac{4 \cdot 3}{2} = 6\ L\ ;\quad b = \frac{4 \cdot 2}{2} = 4\ L\ ;\quad c = ?$$

Ejercicio 18: para esta reacción: $2\ A(g) + 3\ B(s) + C(g) \rightarrow 3\ D(l)$
completa la tabla:

Volumen de A	**Volumen de B**	**Volumen de C**	**Volumen de D**
20 litros	a	b	c
d	60 cm^3	e	f
g	h	50 ml	i

* Ajuste de ecuaciones químicas por tanteo:
Consiste en hacerlo a ojo, directamente, por intuición y recordando que se tiene que conservar el número de átomos de cada elemento.

Ejemplo 19: ajusta estas ecuaciones por tanteo:
a) $H_2 + O_2 \rightarrow H_2O$
b) $FeS_2 + O_2 \rightarrow Fe_2O_3 + SO_2$
c) $Al + HCl \rightarrow AlCl_3 + H_2$

a) 2, 1, 2. b) 4, 11, 2, 8. c) 2, 6, 2, 3.

Ejercicio 19: ajusta estas ecuaciones por tanteo:
a) $Fe_3(PO_4)_2 + H_2SO_4 \rightarrow FeSO_4 + H_3PO_4$
b) $C_5H_{12} + O_2 \rightarrow CO_2 + H_2O$

* Ajuste de ecuaciones químicas por coeficientes: consiste en resolver un sistema de ecuaciones con incógnitas.

Ejemplo 20: ajusta por coeficientes: $FeS_2 + O_2 \rightarrow Fe_2O_3 + SO_2$

$$a\,FeS_2 + b\,O_2 \rightarrow c\,Fe_2O_3 + d\,SO_2$$

$$Fe: a = 2 \cdot c \quad ; \quad S: 2 \cdot a = d \quad ; \quad O: 2 \cdot b = 3 \cdot c + 2 \cdot d$$

$$a = 1 \rightarrow c = \frac{a}{2} = \frac{1}{2} \; ; \; d = 2 \cdot a = 2 \cdot 1 = 2 \; ; \; b = \frac{3 \cdot c + 2 \cdot d}{2} = \frac{3 \cdot \frac{1}{2} + 2 \cdot 2}{2} = \frac{11}{4}$$

Multiplicando por 4: a = 4 ; b = 11 ; c = 2 ; d = 8

Ejercicio 20: ajusta por coeficientes: $C_5H_{12} + O_2 \rightarrow CO_2 + H_2O$. Solución: 1, 8, 5, 6.

* Estequiometría:
Consiste en calcular cantidades de sustancia que reaccionan o se obtienen en una reacción química. Se utilizan factores de conversión.

Ejemplo 21: $2\ H_2 + O_2 \rightarrow 2\ H_2O$
¿Cuántos gramos de H_2O se obtienen a partir de 80 g de O_2?

$$M_{O2} = 32 \quad ; \quad M_{H2O} = 18 \quad ; \quad n = \frac{m}{M} = \frac{80}{32} = 2'5 \text{ mol } O_2$$

$$m_{H2O} = 2'5 \text{ mol } O_2 \cdot \frac{2\,mol\,H_2O}{1\,mol\,O_2} \cdot \frac{18\,g\,H_2O}{1\,mol\,H_2O} = 90 \text{ g } H_2O$$

Ejercicio 21: sea esta reacción: $Cu + 3\ HCl + NaHSO_4 \rightarrow CuCl_2 + SO_2 + 2\ H_2O + NaCl$. Si tenemos 50 g de HCl, calcula: a) Los moles de $CuCl_2$ que se obtendrán. b) El volumen de agua en condiciones normales si está como vapor. Masas atómicas: Cu: 63'54, H: 1, Cl: 35'45, Na: 23, S: 32, O: 16. Solución: a) 61'4 g $CuCl_2$. b) 20'5 L H_2O.

* Reactivo limitante:
Es aquel que está en defecto. Si nos dan cantidades de dos o más reactivos, hay que averiguar cuál es el limitante. En los cálculos estequiométricos interviene el reactivo limitante.

Ejemplo 22: 2 H_2 + O_2 → 2 H_2O
Si tenemos 3 moles de H_2 y 2 moles de O_2, ¿cuál es el limitante? ¿Cuántos gramos de agua se obtienen?

$$\frac{2\,mol\,H_2}{1\,mol\,O_2} = \frac{3\,mol\,H_2}{x} \rightarrow x = \frac{3}{2} = 1'5 \text{ mol } H_2 \text{ reaccionarían} < 2 \text{ mol } O_2 \rightarrow$$

→ El O_2 está en exceso y el H_2 es el limitante.

$$M_{H2O} = 3 \text{ mol } H_2 \cdot \frac{2\,mol\,H_2O}{2\,mol\,H_2} \cdot \frac{18\,g\,H_2O}{1\,mol\,H_2O} = 54 \text{ g } H_2O$$

> Ejercicio 22: sea esta reacción: 2 CuS + 3 O_2 → 2 CuO + 2 SO_2
> Si mezclamos 4 moles de CuS con 5 moles de O_2, ¿cuántos moles de CuO se obtendrán?
> Solución: 3'33 mol CuO.

* Rendimiento de una reacción química:

$$\text{Rendimiento} = \frac{cantidad\ real\ obtenida\ de\ producto \cdot 100}{cantidad\ teórica\ de\ producto} \quad (\%)$$

Ejemplo 23: en una reacción se obtienen 60 g de un producto, cuando la cantidad teórica es de 62 g. Calcula el rendimiento.

$$\text{Rendimiento} = \frac{cantidad\ real\ obtenida\ de\ producto \cdot 100}{cantidad\ teórica\ de\ producto} = \frac{60 \cdot 100}{62} = 96'8\ \%$$

> Ejercicio 23: para esta reacción: 3 Cu + 8 HNO_3 → 3 $Cu(NO_3)_2$ + 2 NO + 4 H_2O
> A partir de 40 g de HNO_3 se obtienen 42 g de $Cu(NO_3)_2$.
> a) ¿Cuál es el rendimiento de la reacción?
> b) Si necesitamos 100 g de $Cu(NO_3)_2$, ¿qué masa de HNO_3 hace falta?
> Masas atómicas: Cu: 63'55, H: 1, N: 14, O: 16. Solución: a) 94 %. b) 95'3 g.

PROBLEMAS PROPUESTOS

El átomo

1) El plomo presenta cuatro isótopos: ^{204}Pb, ^{207}Pb, ^{208}Pb y ^{209}Pb. Si la abundancia isotópica de los tres primeros es, respectivamente: 2, 28'2 y 57'8 %, calcula la masa atómica del plomo.
Solución: 207'76.

2) Calcula la energía de un fotón: a) De 500 nm. b) De $670\cdot10^{12}$ Hz.
$h = 6'62\cdot10^{-34}$ J·s, $c = 3\cdot10^{8}$ m/s.
Solución: a) $3'97\cdot19^{-19}$ J. b) $4'44\cdot10^{-19}$ J.

3) Calcula la energía del fotón emitido por un átomo al pasar un electrón de un orbital 5p a otro 3s. R = 10967758 m^{-1}.
Solución: $1'55\cdot10^{-19}$ J.

4) Calcula la longitud de onda de un electrón que se mueve a la mitad de la velocidad de la luz. $h = 6'62\cdot10^{-34}$ J·s, $c = 3\cdot10^{8}$ m/s, $m = 9'1\cdot10^{-31}$ kg.
Solución: $4'85\cdot10^{-12}$ m.

5) Calcula la longitud de onda de un neutrón que tiene una energía cinética de 12 eV.
$h = 6'62\cdot10^{-34}$ J·s, $m = 1'67\cdot10^{-27}$ kg, 1 eV = $1'6\cdot10^{-19}$ J.
Solución: $8'26\cdot10^{-12}$ m.

Moles y fórmulas

6) Tenemos 40 g de $(NH_4)_2SeO_3$. Calcula: a) Los moles del compuesto. b) Las moléculas del compuesto. c) Los moles de cada elemento. d) La masa de cada elemento. e) Los átomos de cada elemento. Masas atómicas: N: 14, H: 1, Se: 78'96, O: 16.
Solución: a) 0'245 mol. b) $1'48\cdot10^{23}$ moléculas. c) N: 0'49 mol, H: 1'96 mol, Se: 0'245 mol, O: 0'735 mol. d) N: 6'86 g, H: 1'96 g, Se: 19'4 g, O: 11'8 g.
e) N: $2'96\cdot10^{23}$, H: $1'18\cdot10^{24}$, Se: $1'48\cdot10^{23}$, O: $4'44\cdot10^{23}$.

7) La fórmula empírica de un compuesto orgánico es C_4H_8S. Si su masa molecular es 176, determina: a) Su fórmula molecular. b) El número de átomos de hidrógenos que hay en 25 g de dicho compuesto. c) La presión que ejercerá 2 g del compuesto en estado gaseoso a 120 ºC, en un recipiente de 1'5 L.
Datos: A_r (C) = 12 u; A_r (H) = 1 u; A_r (S) = 32 u; R = 0'082 atm·L·mol^{-1}·K^{-1}.
Solución: a) $C_8H_{16}S_2$. b) $1'37\cdot10^{24}$ átomos. c) 0'244 atm.

8) Calcule: a) La masa de un átomo de calcio, expresada en gramos. b) El número de moléculas que hay en 5 g de BCl_3. c) El número de iones cloruro que hay en 2'8 g de $CaCl_2$. Masas atómicas Ca: 40, B: 11, Cl: 35'5.
Solución: a) $6'64\cdot 10^{-23}$ g. b) $2'56\cdot 10^{22}$ moléculas. c) $3'04\cdot 10^{22}$ iones.

9) Un tubo de ensayo contiene 25 mL de agua. Calcula: a) El número de moles de agua. b) El número total de átomos de hidrógeno. c) La masa en gramos de una molécula de agua.
Datos: d(agua) = 1 $g\cdot mL^{-1}$; A_r (H) = 1 u; A_r (O) = 16 u.
Solución: a) 1'39 mol. b) $1'67\cdot 10^{24}$ átomos. c) $2'99\cdot 10^{-23}$ g.

10) La fórmula del tetraetilplomo, conocido antidetonante para gasolinas, es $Pb(C_2H_5)_4$. Calcule: a) El número de moléculas que hay en 12'94 g. b) El número de moles de $Pb(C_2H_5)_4$ que pueden obtenerse con 1'00 g de plomo. c) La masa, en gramos, de un átomo de plomo.
Masas atómicas: Pb: 207, C: 12, H: 1.
Solución: a) $2'41\cdot 10^{22}$ moléculas. b) $4'83\cdot 10^{-3}$ mol. c) $3'44\cdot 10^{-22}$ g.

11) Un compuesto gaseoso tiene una fórmula empírica de C_2H_5. Averigua su fórmula molecular si 30 g de ese compuesto ocupan 6'64 L a 40 ºC y 2 atm. C: 12, H: 1.
Solución: C_4H_{10}.

12) Averigua la composición centesimal del $Cu(NH_3)_2Cl$.
Masas atómicas: Cu: 63'54, N: 14, H: 1, Cl: 35'5.
Solución: Cu: 47'8 %, N: 21'1 %, H: 4'51 %, Cl: 26'7 %.

13) La composición centesimal de un compuesto es: C: 30'3 %, H: 4'2 %, O: 53'8 % y el resto, N. Averigua su fórmula empírica. Si su masa molecular es 476, averigua su fórmula molecular. C: 12, H: 1, O: 16, N: 14.
Solución: $C_3H_5O_4N$, $C_{12}H_{20}O_{16}N_4$

14) Averigua el número de átomos de hierro que hay en 1 ton de hematites (Fe_2O_3) si la pureza del mineral es del 80 %. Fe: 55'85, O: 16.
Solución: $6'03\cdot 10^{27}$ átomos.

Disoluciones

15) Una disolución tiene 80 g de H_2SO_4 y 187 g de agua. Averigua todos los tipos de concentración si la densidad es 1'175 g/cm^3 a 25 ºC.
Solución: 30 %, 17'6º, 352 g/L, 3'6 M, 4'36 m, 0'0728.

16) Una disolución 2 M de ácido sulfúrico (H_2SO_4) tiene una densidad de 1'11 kg/L. Averigua los demás tipos de concentración. H: 1, S: 32, O: 16.
Solución: 17'7 %, 8'65º, 196 g/L, 2'2 m, 0'038.

17) Se dispone de 500 mL de una disolución acuosa de ácido sulfúrico 10 M y densidad 1'53 g/mL. a) Calcule el volumen que se debe tomar de este ácido para preparar 100 mL de una disolución acuosa de ácido sulfúrico 1'5 M. b) Exprese la concentración de la disolución inicial en tanto por ciento en masa y en fracción molar del soluto. H: 1, S: 32, O: 16.
Solución: a) 15 ml. b) 64'1 %, 0'247.

18) Se dispone de 300 mL de una disolución acuosa de ácido nítrico 12 M y densidad 1'3 g/mL. a) Calcule el volumen que se debe tomar de este ácido para preparar 100 mL de una disolución acuosa de ácido nítrico 0'75 M. b) Exprese la concentración de la disolución inicial en tanto por ciento en masa y en fracción molar del soluto.
Masas atómicas H: 1, O: 16, N: 14.
Solución: a) 6'25 ml. b) 58'2 %, 0'285.

19) En una botella de ácido clorhídrico (HCl) concentrado figuran los siguientes datos: 36 % en masa, densidad 1'18 $g \cdot mL^{-1}$. Calcula: a) La molaridad de la disolución y la fracción molar del ácido. b) El volumen de este ácido concentrado que se necesita para preparar 250 ml de disolución 2 M. Datos: A_r (Cl) = 35,5 u; A_r (O) = 16 u; A_r (H) = 1 u.
Solución: a) 11'6 M, 0'217. b) 43'1 ml.

Gases

20) Averigua la masa que tienen 40 L de dioxígeno en condiciones normales. O: 16.
Solución: 57'2 g.

21) Tenemos un gas a 30 ºC y 1'5 atm. Averigua la temperatura final al comprimirlo a la mitad del volumen y 5 atm.
Solución: 505 K.

22) Averigua la densidad de un gas si su masa molecular es 108, su temperatura – 10 ºC y la presión 740 mm Hg.
Solución: 4'88 g/L.

23) Averigua la densidad de un gas en condiciones normales si su composición en volumen es: 30 % CO_2, 20 % SO_2, 35 % O_2 y, el resto, N_2. Masas atómicas: C: 12, O: 16, S: 32, N: 14.
Solución: 1'85 g/L.

24) Calcula la presión final de un gas si se comprime isotérmicamente desde 10 L hasta 7 L si la presión inicial es de 1'2 atm.
Solución: 1'71 atm.

Reacciones químicas

25) Ajusta por tanteo:

a) $ZnS + O_2 \rightarrow ZnO + SO_2$

b) $HCl + O_2 \rightarrow Cl_2 + H_2O$

c) $FeS_2 + O_2 \rightarrow Fe_2O_3 + SO_2$

d) $HCl + MnO_2 \rightarrow MnCl_2 + Cl_2 + H_2O$

e) $KNO_3 + C \rightarrow KNO_2 + CO_2$

f) $H_2S + SO_2 \rightarrow S + H_2O$

g) $KClO \rightarrow KCl + KClO_3$

h) $HIO_3 + HI \rightarrow I_2 + H_2O$

i) $H_2S + H_2SO_3 \rightarrow S + H_2O$

j) $H_2O_2 + HBr \rightarrow Br_2 + H_2O$

k) $NH_3 + CuO \rightarrow N_2 + Cu + H_2O$

l) $ZnS + O_2 \rightarrow ZnO + SO_2$

Solución: a) 2, 3, 2, 2. b) 4, 1, 2, 2. c) 4, 11, 2, 8. d) 4, 1, 1, 1, 2. e) 2, 1, 2, 1. f) 2, 1, 3, 2. g) 3, 2, 1. h) 1, 5, 3, 3. i) 2, 1, 3, 3. j) 1, 2, 1, 2. k) 2, 3, 1, 3, 3. l) 2, 3, 2, 2

26) Ajusta por tanteo:

a) $NH_4NO_3 \rightarrow N_2O + H_2O$

b) $Na_2SO_4 + C \rightarrow CO_2 + Na_2S$

c) $Na_2S_2O_3 + I_2 \rightarrow Na_2S_4O_6 + NaI$

d) $C_3H_8 + O_2 \rightarrow CO_2 + H_2O$

e) $H_3PO_4 + Ca(OH)_2 \rightarrow Ca_3(PO_4)_2 + H_2O$

f) $Fe_2O_3 + HCl \rightarrow FeCl_3 + H_2O$

g) $N_2 + O_2 \rightarrow N_2O_5$

h) $KClO_3 \rightarrow KClO_4 + KCl$

i) $H_2S + O_2 \rightarrow H_2O + SO_2$

j) $Na_2O_2 + H_2O \rightarrow NaOH + O_2$

k) $Ca + NH_3 \rightarrow Ca_3N_2 + H_2$

l) $Ca_3(PO_4)_2 + SiO_2 + C \rightarrow CaSiO_3 + CO + P_4$

Solución:

a) 1, 1, 2. b) 1, 2, 2, 1. c) 2, 1, 1, 2. d) 1, 5, 3, 4. e) 2, 3, 1, 6. f) 1, 6, 2, 3. g) 2, 5, 2. h) 4, 3, 1. i) 2, 3, 2, 2. j) 2, 2, 4, 1. k) 3, 2, 1, 3. l) 2, 6, 10, 6, 10, 1.

27) Ajusta por coeficientes:

a) $C_8H_{18} + O_2 \rightarrow CO_2 + H_2O$

b) $H_2SO_4 + S \rightarrow SO_2 + H_2O$

c) $Ag + HNO_3 \rightarrow AgNO_3 + NO + H_2O$

d) $HNO_3 + Cu \rightarrow Cu(NO_3)_2 + N_2O + H_2O$

e) $Cu + HNO_3 \rightarrow Cu(NO_3)_2 + NO + H_2O$

f) $KClO_3 + H_2SO_4 + FeSO_4 \rightarrow KCl + Fe_2(SO_4)_3 + H_2O$

g) $HNO_3 + H_2S \rightarrow NO + S + H_2O$

h) $KI + KClO_3 + H_2O \rightarrow I_2 + KCl + KOH$

i) $HNO_3 + Hg + HCl \rightarrow HgCl_2 + NO + H_2O$

j) $Ag_2S + HNO_3 \rightarrow AgNO_3 + NO + S + H_2O$

k) $K_2Cr_2O_7 + HCl + NaNO_2 \rightarrow NaNO_3 + CrCl_3 + H_2O + KCl$

l) $MnO_2 + HCl \rightarrow Cl_2 + MnCl_2 + H_2O$

Solución:

a) 2, 25, 16, 18. b) 2, 1, 3, 2. c) 3, 4, 3, 1, 2. d) 10, 4, 4, 1, 5. e) 3, 8, 3, 2, 4. f) 1, 3, 6, 1, 3, 3. g) 2, 3, 2, 3, 4. h) 6, 1, 3, 3, 1, 6. i) 2, 3, 6, 3, 2, 4. j) 3, 8, 6, 2, 3, 4. k) 1, 8, 3, 3, 2, 4, 2. l) 1, 4, 1, 1, 2.

28) Ajusta por coeficientes:
a) $NaClO + As + NaOH \rightarrow Na_3AsO_4 + NaCl + H_2O$
b) $CaS + HNO_3 \rightarrow NO + SO_2 + Ca(NO_3)_2 + H_2O$
c) $K_2Cr_2O_7 + HI + H_2SO_4 \rightarrow K_2SO_4 + Cr_2(SO_4)_3 + I_2 + H_2O$
d) $HIO_3 + HI \rightarrow I_2 + H_2O$ e) $S + HNO_3 \rightarrow SO_2 + H_2O + NO$
f) $HNO_3 + PbS \rightarrow PbSO_4 + NO_2 + H_2O$ g) $HNO_3 + Fe \rightarrow Fe(NO_3)_2 + NH_4NO_3 + H_2O$
h) $P_4 + KOH + H_2O \rightarrow KH_2PO_2 + PH_3$ i) $HNO_3 + H_2S \rightarrow NO + H_2SO_4 + H_2O$
j) $CoCl_2 + KClO_3 + KOH \rightarrow Co_2O_3 + KCl + H_2O$
k) $KI + KClO_3 + H_2O \rightarrow I_2 + KCl + KOH$
l) $HNO_3 + HCl \rightarrow Cl_2 + NO + H_2O$
Solución:
a) 5, 2, 6, 2, 5, 3. b) 1, 4, 2, 1, 1, 2. c) 1, 6, 4, 1, 1, 3, 7. d) 1, 5, 3, 3. e) 3, 4, 3, 2, 4.
f) 8, 1, 1, 8, 4. g) 10, 4, 4, 1, 3. h) 1, 3, 3, 3, 1. i) 8, 3, 8, 3, 4. j) 6, 1, 12, 3, 13, 6.
k) 6, 1, 3, 3, 1, 6. l) 2, 6, 3, 2, 4.

29) A partir de esta reacción: $8\ HNO_3 + 3\ H_2S \rightarrow 8\ NO + 3\ H_2SO_4 + 4\ H_2O$
completa la siguiente tabla:

m_{HNO3}	m_{H2S}	m_{NO}	m_{H2SO4}	m_{H2O}
504 g	a	240 g	294 g	72 g
b	c	d	500 g	e

Solución: a = 102 g, b = 857 g, c = 173 g, d = 408 g, e = 122 g.

30) A partir de esta reacción: $2\ A(g) + 5\ B(g) \rightarrow 3\ C(g) + 7\ D(s) + 8\ E(v)$
completa la siguiente tabla:

V_A	V_B	V_C	V_D	V_E
40 L	a	b	c	d
e	f	2 cm^3	g	h

Solución: a = 100 L, b = 60 L, c = ?, d = 160 L, e = 1'33 cm^3, f = 3'33 cm^3, g = ?, h = 5'33 cm^3

31) El clorato de potasio se descompone a alta temperatura para dar cloruro de potasio y oxígeno molecular. a) Escriba y ajuste la reacción. ¿Qué masa de clorato de potasio puro debe descomponerse para obtener 5 L de oxígeno medidos a 20 ºC y 2 atmósferas? b) ¿Qué masa de cloruro de potasio se obtendrá al descomponer 60 g de clorato de potasio del 83 % de riqueza si el rendimiento es del 70 %? Datos: $R = 0'082\ atm \cdot L \cdot K^{-1} \cdot mol^{-1}$.
Masas atómicas: Cl: 35'5, K: 39, O: 16.
Solución: a) 34 g. b) 21'2 g.

32) En la reacción del carbonato de calcio con el ácido clorhídrico se producen cloruro de calcio, dióxido de carbono y agua. Calcule: a) La masa de caliza con un contenido del 92% en carbonato de calcio que se necesita para obtener 2'5 kg de cloruro de calcio. b) El volumen que ocupará el dióxido de carbono desprendido a 25 ºC y 1'2 atm.
Datos: Masas atómicas Ca: 40, C: 12, O: 16, Cl: 35'5. R = 0'082 $atm \cdot L \cdot mol^{-1} \cdot K^{-1}$
Solución: a) 2'45 kg. b) 458 L.

33) El carbonato de sodio se puede obtener por descomposición térmica del hidrogenocarbonato de sodio según la siguiente reacción:

$$2NaHCO_3(s) \rightarrow Na_2CO_3(s) + CO_2(g) + H_2O(g)$$

Suponiendo que se descomponen 50 g de hidrogenocarbonato de sodio, calcule: a) El volumen de CO_2 medido a 25 ºC y 1'2 atm de presión. b) La masa en gramos de carbonato de sodio que se obtiene, en el caso de que el rendimiento de la reacción fuera del 83%.
Datos: Masas atómicas Na: 23, C: 12, H: 1, O: 16. R = 0'082 $atm \cdot L \cdot mol^{-1} \cdot K^{-1}$.
Solución: a) 6'07 L. b) 26'2 g.

34) La descomposición térmica de 5 g de $KClO_3$ del 95% de pureza da lugar a la formación de KCl y $O_2(g)$. Sabiendo que el rendimiento de la reacción es del 83%, calcule: a) Los gramos de KCl que se formarán. b) El volumen de $O_2(g)$, medido a la presión de 720 mmHg y temperatura de 20 ºC, que se desprenderá durante la reacción.
Datos: Masas atómicas: K: 39, Cl: 35'5, O: 16. R = 0'082 $atm \cdot L \cdot mol^{-1} \cdot K^{-1}$.
Solución: a) 2'4 g. b) 1'23 L.

35) El ácido nítrico reacciona con el sulfuro de hidrógeno dando azufre elemental (S), monóxido de nitrógeno y agua. Escriba y ajuste la ecuación. Determine el volumen de sulfuro de hidrógeno, medido a 60 ºC y 1 atm, necesario para que reaccione con 500 mL de ácido nítrico 0'2 M. Dato: R = 0'082 $atm \cdot L \cdot mol^{-1} \cdot K^{-1}$.
Solución: 4'10 L.

36) El cloruro de sodio reacciona con nitrato de plata precipitando totalmente cloruro de plata y obteniéndose además nitrato de sodio. Calcula: a) La masa de cloruro de plata que se obtiene a partir de 100 mL de disolución de nitrato de plata 0'5 M y de 100 mL de disolución de cloruro de sodio 0'4 M. b) Los gramos del reactivo en exceso.
Datos: A_r (O) = 16 u, A_r (Na) = 23 u, A_r (N) = 14, A_r (Cl) = 35,5 u, A_r (Ag) = 108 u.
Solución: a) 5'74 g. b) 1'7 g.

37) Para determinar la riqueza de una partida de cinc se tomaron 50 g de muestra y se trataron con ácido clorhídrico del 37 % en peso y 1'18 g/mL de densidad, consumiéndose 126 mL de ácido. La reacción de cinc con ácido produce hidrógeno molecular y cloruro de cinc. Calcule: a) La molaridad de la disolución de ácido clorhídrico. b) El porcentaje de cinc en la muestra. Masas atómicas: H: 1; Cl: 35'5, Zn: 65'4.
Solución: a) 12 M. b) 98'8 %.

38) Se mezclan 20 g de cinc puro con 200 mL de disolución de HCl 6 M. Cuando finalice la reacción y cese el desprendimiento de hidrógeno: a) Calcule la masa del reactivo que queda en exceso. b) ¿Qué volumen de hidrógeno, medido a 27 ºC y 760 mm Hg se habrá desprendido? R = 0'082 $atm \cdot L \cdot K^{-1} \cdot mol^{-1}$. Masas atómicas: Zn: 65'4, Cl: 35'5, H: 1.
Solución: a) 21'5 g. b) 7'53 L.

Miscelánea

39) Se tiene una mezcla de 10 g de hidrógeno y 40 g de oxígeno. a) ¿Cuántos moles de hidrógeno y de oxígeno contiene la mezcla? b) ¿Cuántas moléculas de agua se pueden formar al reaccionar ambos gases? c) ¿Cuántos átomos del reactivo en exceso quedan?
Masas atómicas: H: 1, O: 16.
Solución: a) 5 mol H_2 y 1'25 mol O_2. b) $1'51 \cdot 10^{24}$ moléculas. c) $3'01 \cdot 10^{24}$ átomos.

40) a) ¿Qué volumen de HCl del 36 % en peso y de densidad 1'17 $g \cdot mL^{-1}$ se necesitan para preparar 50 mL de una disolución de HCl del 12 % de riqueza en peso y de densidad 1'05 $g \cdot mL^{-1}$? b) ¿Qué volumen de una disolución de $Mg(OH)_2$ 0'5 M sería necesario para neutralizar 25 mL de la disolución de HCl del 12 % en riqueza y de densidad 1'05 $g \cdot mL^{-1}$?
Datos: A_r (H) = 1 u, A_r (Cl) = 35'5 u.
Solución: a) 15 ml. b) 86'3 ml.

41) Al tratar 5 g de mineral galena con ácido sulfúrico se obtienen 410 mL de H_2S gaseoso, medidos en condiciones normales, según la ecuación: $PbS + H_2SO_4 \rightarrow PbSO_4 + H_2S$. Calcule: a) La riqueza en PbS de la galena. b) El volumen de ácido sulfúrico 0'5 M gastado en esa reacción. Datos: Masas atómicas Pb: 207, S: 32.
Solución: a) 87'6 %. b) 36'6 ml.

42) Una disolución acuosa de ácido clorhídrico de densidad 1'19 g/mL contiene un 37 % en masa de HCl. Calcule: a) La fracción molar de HCl. b) El volumen de dicha disolución necesario para neutralizar 600 mL de una disolución 0'12 M de hidróxido de sodio.
Masas atómicas: Cl: 35'5, H: 1.
Solución: a) 0'225. b) 5'95 ml.

43) Se dispone de ácido nítrico concentrado de densidad 1'505 g/mL y riqueza 98% en masa. a) ¿Cuál será el volumen necesario de este ácido para preparar 250 mL de una disolución 1 M? b) Se toman 50 mL de la disolución anterior, se trasvasan a un matraz aforado de 1 L y se enrasa posteriormente con agua destilada. Calcula los gramos de hidróxido de potasio que son necesarios para neutralizar 30 ml de la disolución ácida preparada.
H: 1, N: 14, O: 16, K: 39'1.
Solución: a) 10'7 ml. b) 0'0842 g.

44) a) Se desea preparar 1 L de una disolución de ácido nítrico 0'2 M a partir de un ácido nítrico comercial de densidad 1'5 g/mL y 33'6% de riqueza en peso. ¿Qué volumen de ácido nítrico comercial se necesitará? b) Si 40 mL de esta disolución de ácido nítrico 0'2 M se emplean para neutralizar 20 mL de una disolución de hidróxido de calcio, escriba y ajuste la reacción y determine la molaridad de esta disolución. H: 1, N: 14, O: 16.
Solución: a) 25 ml. b) 0'2 M.

45) El ácido sulfúrico (H_2SO_4) puede obtenerse industrialmente a partir de la pirita (FeS_2) según esta cadena de reacciones:
$FeS_2 + O_2 \rightarrow Fe_2O_3 + SO_2$; $SO_2 + O_2 \rightarrow SO_3$; $SO_3 + H_2O \rightarrow H_2SO_4$
El hierro se puede obtener así: $Fe_2O_3 + C \rightarrow Fe + CO_2$
Disponemos de 1 ton de pirita del 90 % de pureza. a) Ajusta las reacciones. b) Averigua la masa de H_2SO_4 obtenida. c) Averigua la masa de hierro si el rendimiento de la última reacción es del 80 %. Fe: 55'85, O: 16, S: 32, H: 1, C: 12
Solución: b) 1470 kg. c) 335 kg.

46) Sea esta reacción:

$$3\ H_2S + K_2Cr_2O_7 + 4\ H_2SO_4 \rightarrow Cr_2(SO_4)_3 + 3\ S + 7\ H_2O + K_2SO_4$$

A partir de 40 g de H_2S, calcula: a) La masa de $Cr_2(SO_4)_3$ obtenida. b) Los moles de S. c) El volumen de agua líquida obtenida. d) El volumen de agua gaseosa a 30 ºC y 2 atm.
H: 1, S: 32, K: 39, Cr: 52, O: 16.
Solución: a) 154 g. b) 1'18 mol. c) 49'6 ml. d) 34'2 L.

47) Sea esta reacción:

$$2\ NaIO_3 + 5\ NaHSO_3 \rightarrow 3\ NaHSO_4 + 2\ Na_2SO_4 + H_2O + I_2$$

A partir de 70 g de $NaHSO_3$ del 80 % de pureza, calcula: a) La masa de $NaHSO_4$. b) Los moles de Na_2SO_4. c) Las moléculas de I_2. d) El volumen de agua gaseosa en condiciones normales. Na: 23, I: 127, O: 16, H: 1, S: 32.
Solución: a) 38'8 g. b) 0'216 mol. c) $6'49 \cdot 10^{22}$ moléculas. d) 2'42 L.

48) Sea esta reacción:

$$2\ KMnO_4 + 5\ H_2O_2 + 3\ H_2SO_4 \rightarrow 2\ MnSO_4 + 5\ O_2 + K_2SO_4 + 8\ H_2O$$

A partir de 90 g de $KMnO_4$, calcula: a) La masa de $MnSO_4$. b) Los moles de H_2O. c) El número de moléculas de K_2SO_4. d) El volumen de O_2 a 80 ºC y 0'5 atm.
K: 39, Mn: 54'94, O: 16, H: 1, S: 32.
Solución: a) 86 g. b) 2'28 mol. c) $1'72 \cdot 10^{23}$ moléculas. d) 82'8 L.

49) Sea esta reacción:

$$10\ FeSO_4 + 2\ KMnO_4 + 8\ H_2SO_4 \rightarrow 2\ MnSO_4 + 5\ Fe_2(SO_4)_3 + K_2SO_4 + 8\ H_2O$$

Si el rendimiento es del 75 %, calcula: a) La masa de $MnSO_4$ obtenida a partir de 120 g de mineral de $FeSO_4$ con un 90 % de pureza. b) La masa de mineral necesaria para obtener 100 kg de $MnSO_4$. Fe: 55'85, S: 32, O: 16, K: 39, Mn: 54'94, H: 1.
Solución: a) 16'1 g. b) 746 kg.

50) Sea esta reacción:

$$6\ KMnO_4 + KI + 6\ KOH \rightarrow 6\ K_2MnO_4 + KIO_3 + 3\ H_2O$$

Si el rendimiento es del 65 %, calcula: a) La masa de K_2MnO_4 obtenida a partir de 120 g de mineral de $KMnO_4$ con un 80 % de pureza. b) La masa de mineral necesaria para obtener 100 g de K_2MnO_4. K: 39, Mn: 54'94, O: 16, I: 127, H: 1.
Solución: a) 77'8 g. b) 154 g.

TEMA 13: TERMOQUÍMICA

Esquema

1. Conceptos previos
2. Cálculo de funciones de estado
3. Ley de Hess
4. Espontaneidad de las reacciones químicas
5. Formulario

1. Conceptos previos

- La Termoquímica es la rama de la Química que estudia los intercambios de energía en las reacciones químicas.
- La energía se puede medir en julio (J), kilojulios (kJ), calorías (cal) y kilocalorías (kcal). La equivalencia fundamental es: 1 cal = 4'18 J
- Desde el punto de vista energético, las reacciones pueden ser endotérmicas o exotérmicas.
- Una reacción endotérmica es aquella que transcurre con absorción de calor. Resultado: el recipiente de reacción se enfría o la reacción no ocurre hasta que se calienta el recipiente.
- Una reacción exotérmica es aquella que transcurre con desprendimiento de calor. Resultado: el recipiente de reacción se calienta.
- Si la energía de los reactivos es mayor que la de los productos, se desprende calor. Si la energía de los productos es mayor que la de los reactivos, se absorbe calor.

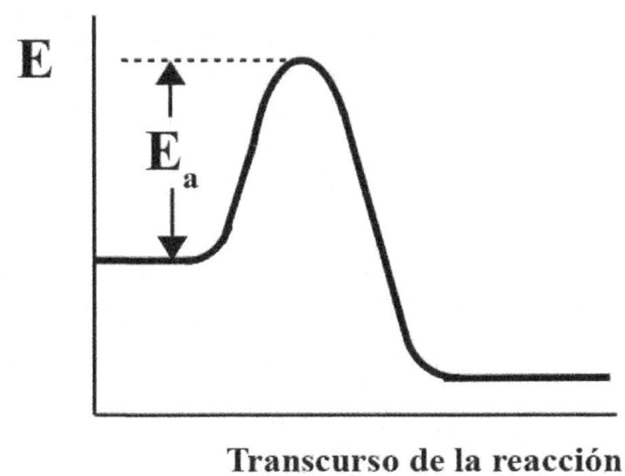

Reacción exotérmica

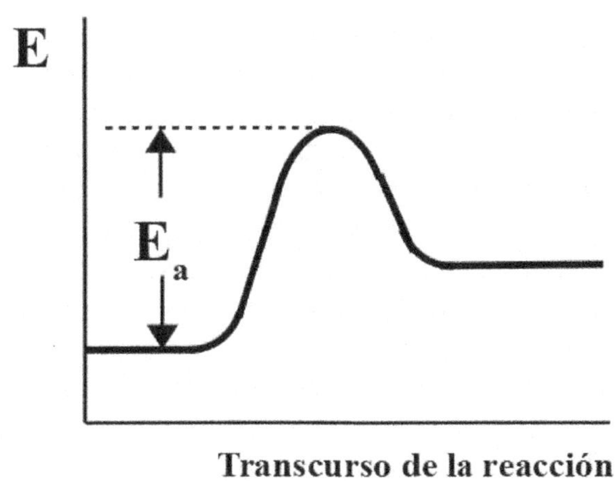

Reacción endotérmica

- Las reacciones que más aparecen en Termoquímica son de combustión y de síntesis o formación.
- En las ecuaciones termoquímicas, sí pueden aparecer coeficientes fraccionarios. La regla es que el coeficiente de la sustancia principal debe ser uno.

Ejemplo 1: escribe las siguientes ecuaciones:
a) Formación del butano. b) Combustión del butano.

a) $4\ C(s) + 5\ H_2(g) \rightarrow C_4H_{10}(g)$ b) $C_4H_{10}(g) + \frac{13}{2}\ O_2(g) \rightarrow 4\ CO_2(g) + 5\ H_2O(l)$

Ejercicio 1: escribe estas ecuaciones: a) Formación del ácido nítrico. b) Combustión de la glucosa, $C_6H_{12}O_6$.

2. Cálculo de funciones de estado

- Existen muchas magnitudes termodinámicas. Hay dos tipos: las funciones de estado y las magnitudes que no son función de estado.
- Una magnitud es función de estado cuando su cambio sólo depende de los estado inicial y final.
- Las principales magnitudes que son función de estado son: la entalpía (H), la energía interna (U), la entropía (S) y la energía libre de Gibbs (G).
- La entalpía, H, representa el calor de reacción (absorbido o desprendido) a presión constante.
- La energía interna, U, representa el calor de reacción (absorbido o desprendido) a volumen constante.
- La entropía, S, es una magnitud termodinámica relacionada con el desorden del sistema.
- La energía libre de Gibbs, G, es una magnitud termodinámica que nos indica si un proceso o reacción química es espontáneo o no. Espontáneo significa posible en determinadas condiciones de P y T, es decir, que ocurre por sí solo, sin la intervención de agentes externos.
- De las funciones de estado no se suelen medir sus valores absolutos, sino que se miden sus incrementos: ΔH, ΔU, ΔS y ΔG.
- Las condiciones estándar en Termoquímica son 25 ºC y 1 atm. Llamamos estado normal o estándar de un elemento o compuesto a la forma física más estable del elemento o compuesto en condiciones estándar.
- La entalpía estándar de formación de un elemento en su estado habitual es cero.
- Las funciones de estado estándar se representan con el superíndice cero:
ΔH^0, ΔU^0, ΔS^0 y ΔG^0.

- Las funciones de estado se calculan de esta forma:

$$\Delta H = \sum n \cdot H_{productos} - \sum n \cdot H_{reactivos}$$

$$\Delta S = \sum n \cdot S_{productos} - \sum n \cdot S_{reactivos}$$

$$\Delta G = \sum n \cdot G_{productos} - \sum n \cdot G_{reactivos}$$

Ejemplo 2: las plantas verdes sintetizan glucosa mediante la fotosíntesis según la reacción:

$$6\ CO_2(g) + 6\ H_2O(l) \rightarrow C_6H_{12}O_6(s) + 6\ O_2(g)$$

a) Calcula la entalpía de reacción estándar, a 25ºC, indicando si es exotérmica o endotérmica.
b) ¿Qué energía se desprende cuando se forman 500 g de glucosa a partir de sus elementos?
$\Delta H_f^o\ [C_6H_{12}O_6(s)] = -\ 673'6\ kJ \cdot mol^{-1}$; $\Delta H_f^o[CO_2(g)] = -\ 393'5\ kJ \cdot mol^{-1}$;
$\Delta H_f^o[H_2O(l)] = -\ 285'8\ kJ \cdot mol^{-1}$.

a) $\Delta H = \sum n \cdot H_{productos} - \sum n \cdot H_{reactivos} = 1 \cdot (-\ 673'6) + 6 \cdot 0 - 6 \cdot (-\ 393'5) - 6 \cdot (-\ 285'8) =$

$= +\ 3402$ kJ/mol. Es endotérmica, pues el signo es positivo.

b) $E = -\ 673'6\ \dfrac{kJ}{mol\ glucosa} \cdot \dfrac{1\ mol\ glucosa}{180\ g\ glucosa} \cdot 500\ g\ glucosa = -\ 1871\ kJ$

> Ejercicio 2: calcula la entalpía de combustión del benceno a partir de estos datos:
> $\Delta H_f^0\ [C_6H_6(l)] = 82'8$ kJ/mol; $\Delta H_f^0\ [CO_2(g)] = -\ 393'5$ kJ/mol;
> $\Delta H_f^0\ [H_2O(l)] = -\ 285'5$ kJ/mol. Solución: – 3300 kJ/mol.

- La energía de enlace es la energía necesaria para romper un enlace químico.
- La entalpía también puede calcularse a partir de las energías de enlace.

$$\Delta H = \sum n \cdot E_{rotos} - \sum n \cdot E_{formados} = \sum n \cdot E_{reactivos} - \sum n \cdot E_{productos}$$

Ejemplo 3: calcula la entalpía estándar de formación del HCl a partir de las energías de enlace:
E (H-H) = 436 kJ, E (Cl-Cl) = 244 kJ, E (H-Cl) = 430 kJ

La reacción es: $H_2\ (g) + Cl_2\ (g) \rightarrow 2\ HCl\ (g)$

$$\Delta H = \sum n \cdot E_{rotos} - \sum n \cdot E_{formados} = \sum n \cdot E_{reactivos} - \sum n \cdot E_{productos} =$$

$= 436 + 244 - 2 \cdot 430 = 680 - 860 = -\ 180$ kJ

$$\Delta H_f = \frac{\Delta H}{2} = \frac{-180}{2} = -\ 90\ \frac{kJ}{mol}$$

Ejercicio 3: calcula la entalpía estándar de formación del octano a partir de estas energías de enlace: E(C – C) = 347 kJ/mol, E(C – H) = 415 kJ/mol, E(H – H) = 436 kJ/mol.
Solución: – 5975 kJ/mol.

- Una ecuación termoquímica es una reacción del tipo:

$$N_2 (g) + 3\ H_2 (g) \rightarrow 2\ NH_3 (g) \quad \Delta H = -22'0 \text{ Kcal}$$

- Cuando a una ecuación química se le da la vuelta, el signo de la entalpía cambia:

$$2\ NH_3 (g) \rightarrow N_2 (g) + 3\ H_2 (g) \qquad \Delta H = +22'0 \text{ Kcal}$$

- Las reacciones químicas pueden ser: exotérmicas/endotérmicas, reversibles/irreversibles, posibles/imposibles o lo que es lo mismo espontánea/no espontánea.
- Dependiendo del tipo de reacción, las entalpías pueden ser: de formación, de combustión, etc.

Ejemplo 4: la entalpía de formación estándar del agua líquida es la correspondiente a este proceso:

$$H_2(g) + \frac{1}{2}\ O_2(g) \rightarrow H_2O(l) \qquad \Delta H_f^0 = -285'8 \text{ KJ}$$

- Y la del vapor de agua:

$$H_2(g) + \frac{1}{2}\ O_2(g) \rightarrow H_2O(g) \qquad \Delta H_f^0 = -241'9 \text{ KJ}$$

Ejercicio 4: si la entalpía de combustión del benceno (C_6H_6) es – 6534'8 kJ, escribe la ecuación termoquímica correspondiente.

3. Ley de Hess

- Ley de Hess: La variación de entalpía que tiene lugar en una reacción química es siempre la misma, tanto si la reacción se lleva a cabo en una etapa, como si transcurre en varias.
- Según esta ley, podemos combinar varias ecuaciones termoquímicas para obtener la entalpía desconocida de una determinada reacción.

Ejemplo 5: calcula la entalpía estándar de formación del CO a partir de estos datos:
ΔH_c^0 (grafito) = – 94'05 kcal, ΔH_c^0 (CO) = – 67'63 kcal
El proceso que nos piden es:
C (grafito) + ½ O_2 (g) → CO (g)
Y los datos que nos dan son:
a) C (grafito) + O_2 (g) → CO_2 (g) ΔH^0 = – 94' 05 kcal
b) CO (g) + ½ O_2 (g) → CO_2 (g) ΔH^0 = – 67'63 kcal
Si la primera reacción la dejamos igual y a la segunda le damos la vuelta:
C (grafito) + O_2 (g) → CO_2 (g) ΔH^0 = – 94'05 kcal
CO_2 (g) → CO (g) + ½ O_2 (g) ΔH^0 = + 67'63 kcal
Y si sumamos las dos:
C (grafito) + ½ O_2 (g) → CO (g) ΔH^0 = – 94'05 + 67'63 = – 26'42 kcal

Ejercicio 5: teniendo en cuenta que las entalpías estándar de formación a 25ºC del butano, C_4H_{10}, dióxido de carbono y agua líquida son, respectivamente, – 125'7, – 393'5 y – 285'8 kJ·mol^{-1}, calcula el calor de combustión estándar del butano a esa temperatura.
Solución: – 2877 kJ/mol.

- Hay que saber predecir el signo de la entropía de reacciones. La regla general es que:

$$S_{gases} > S_{líquidos} > S_{sólidos}$$

Si la reacción tiene sólidos, líquidos y gases, nos fijamos en los números de moles de las sustancias en estado gaseoso:

$$\text{Si } \Delta n > 0 \rightarrow \Delta S > 0$$
$$\text{Si } \Delta n < 0 \rightarrow \Delta S < 0$$

4. Espontaneidad de las reacciones químicas

- Una reacción química es espontánea cuando su $\Delta G < 0$.

$$\Delta G = \Delta H - T \cdot \Delta S$$

Es decir, el signo de ΔG depende de los signos de ΔH y de ΔS.
- Estudio teórico de la espontaneidad de las reacciones:

ΔH	**ΔS**	**ΔG**	**Proceso**
Negativo	Positivo	Siempre negativo	Siempre espontáneo
Negativo	Negativo	Negativo a baja T Positivo a alta T	Espontáneo a baja T
Positivo	Positivo	Negativo a alta T Positivo a baja T	Espontáneo a alta T
Positivo	Negativo	Siempre positivo	Nunca es espontáneo

Ejemplo 6: una reacción libera 3200 kJ y su variación de entropía es – 4'2 kJ. Calcula a qué temperaturas la reacción es espontánea.

$\Delta G = \Delta H - T\cdot\Delta S = -3200 - T\cdot(-4'2) < 0 \rightarrow 4'2\cdot T < 3200 \rightarrow$

$$\rightarrow T < \frac{3200}{4'2} = 762\ K = 489\ ºC$$

Ejercicio 6: una reacción absorbe 4800 kJ y su variación de entropía es 5400 J. Determina a qué temperatura la reacción es espontánea. Solución: T > 616 ºC.

5. Formulario

- Entalpía de reacción: $\Delta H = \sum n\cdot H_{productos} - \sum n\cdot H_{reactivos}$

- Entalpía de reacción: $\Delta H = \sum n\cdot E_{rotos} - \sum n\cdot E_{formados} = \sum n\cdot E_{reactivos} - \sum n\cdot E_{productos}$

- Energía interna: $\Delta U = \Delta H - R\cdot T\cdot\Delta n$

- Entropía: $\Delta S = \sum n\cdot S_{productos} - \sum n\cdot S_{reactivos}$

- Energía libre de Gibbs: $\Delta G = \sum n\cdot G_{productos} - \sum n\cdot G_{reactivos}$

PROBLEMAS Y CUESTIONES PROPUESTOS

Problemas

Funciones de estado

1) Calcula la entalpía de esta reacción: $2\ C_8H_{18}(l) + 25\ O_2(g) \rightarrow 16\ CO_2(g) + 18\ H_2O(l)$ a partir de estas entalpías de formación:
$C_8H_{18}(l)$: – 268 kJ/mol ; $CO_2(g)$: – 393'5 kJ/mol ; $H_2O(l)$: – 285'84 kJ/mol
Solución: – $1'09 \cdot 10^4$ kJ.

2) El propano (C_3H_8) es uno de los combustibles fósiles más utilizados. a) Formule y ajuste su reacción de combustión y calcule la entalpía estándar de combustión. b) Calcule los litros de dióxido de carbono que se obtienen, medidos a 25 ºC y 760 mmHg, si la energía intercambiada ha sido de 5990 kJ. $R = 0'082\ atm \cdot L \cdot mol^{-1} \cdot K^{-1}$. Energías de enlace:
E(C–C) = 347; E(C–H) = 415; E(O–H) = 460; E(O=O) = 494 y E(C=O) = 730 (kJ/mol).
Solución: a) – 1576 kJ. b) 279 L.

3) Cuando se queman 2'35 g de benceno líquido (C_6H_6) a volumen constante y a 25 ºC se desprenden 98'53 kJ. Sabiendo que el agua formada se encuentra en estado líquido, calcule: a) El calor de combustión del benceno a volumen constante y a esa misma temperatura. b) El calor de combustión del benceno a presión constante y a esa misma temperatura.
Datos: $R = 8'31\ J \cdot mol^{-1} \cdot K^{-1}$. Masas atómicas C: 12, H: 1.
Solución: a) – 3273 kJ. b) – 3277 kJ.

4) A partir de los siguientes valores de energías de enlace en kJ/mol:

C = O (707); O = O (498); H – O (464); C – H (414)

calcule: a) La variación de entalpía para la reacción:

$$CH_4(g) + 2\ O_2(g) \rightarrow CO_2(g) + 2\ H_2O(g)$$

b) ¿Qué energía se desprende al quemar un exceso de $CH_4(g)$ con 10'5 L de O_2 medidos a 1 atm y 125 ºC?
Dato: $R = 0'082\ atm \cdot L \cdot mol^{-1} \cdot K^{-1}$.
Solución: a) – 618 kJ. b) – 99'5 kJ.

5) Dada la ecuación termoquímica, a 25 ºC:

$$N_2(g) + 3\ H_2(g) \leftrightarrows 2\ NH_3(g) \qquad \Delta H^{o} = -\ 92'4\ kJ.$$

Calcula: a) El calor de la reacción a volumen constante. b) La energía libre de Gibbs a la temperatura de 25 ºC. S° [$NH_3(g)$] = 192'3 $J \cdot mol^{-1} \cdot K^{-1}$; S° [$N_2(g)$] = 191 $J \cdot mol^{-1} \cdot K^{-1}$; S° [$H_2(g)$] = 130'8 $J \cdot mol^{-1} \cdot K^{-1}$; $R = 8'31\ J \cdot mol^{-1} \cdot K^{-1}$.
Solución: a) – 87'4 kJ. b) – 33'1 kJ.

6) Calcula la variación de energía interna de esta reacción:

$$CH_4(g) + 2\ O_2(g) \rightarrow CO_2(g) + 2\ H_2O(l)$$

Entalpías estándar de formación:
$CH_4(g)$: – 74'87 kJ/mol; $CO_2(g)$: – 393'52 kJ/mol; $H_2O(l)$: – 285'84 kJ/mol.
$R = 8'31\ J \cdot mol^{-1} \cdot K^{-1}$
Solución: – 885 kJ.

7) Sabiendo que el calor de combustión estándar del butano a presión constante es – 2877'3 KJ/ mol, calcula el calor estándar a volumen constante. $R = 8'31\ J \cdot mol^{-1} \cdot K^{-1}$.
Solución: – 2869 kJ/mol.

8) Dada la ecuación termoquímica, a 25 ºC: $N_2\ (g) + 3\ H_2\ (g) \leftrightarrows 2\ NH_3\ (g)$, calcula la entropía de la reacción.
Datos: S° [$NH_3(g)$] = 192'3 $J \cdot mol^{-1} \cdot K^{-1}$; S° [$N_2(g)$] = 191 $J \cdot mol^{-1} \cdot K^{-1}$;
S° [$H_2(g)$] = 130'8 $J \cdot mol^{-1} \cdot K^{-1}$.
Solución: – 199 J/(mol·K).

9) Determina el signo de la entropía de las siguientes reacciones:
a) $2\ H_2(g) + O_2(g) \rightarrow 2\ H_2O(g)$ b) $CH_4(g) + 2\ O_2(g) \rightarrow CO_2(g) + 2\ H_2O(g)$
c) $C_8H_{18}(g) + \frac{25}{2}\ O_2(g) \rightarrow 8\ CO_2(g) + 9\ H_2O(g)$
d) $N_2(g) + 3\ O_2(g) + H_2(g) \rightarrow 2\ HNO_3(ac)$ e) $S(s) + HNO_3(l) \rightarrow SO_2(g) + H_2O(l) + NO(g)$
Solución: a) Negativo. b) Sin signo. c) Positivo. d) Negativo. e) Positivo.

Ley de Hess

10) Escribe el proceso correspondiente a la formación del ácido sulfúrico y a la combustión del alcohol etílico.

11) Teniendo en cuenta que las entalpías estándar de formación a 25ºC del butano, C_4H_{10} , dióxido de carbono y agua líquida son, respectivamente, – 125'7, – 393'5 y – 285'8 $kJ \cdot mol^{-1}$, calcula el calor de combustión estándar del butano a esa temperatura:
a) A presión constante. b) A volumen constante. $R = 8'31\ J \cdot mol^{-1} \cdot K^{-1}$.
Solución: a) – 2877 kJ/mol. b) – 2868 kJ/mol.

12) A partir de las siguientes ecuaciones termoquímicas:

$$N_2(g) + 2\ O_2(g) \rightarrow 2\ NO_2(g) \qquad \Delta H = 67'6\ kJ$$

$$2\ NO(g) + O_2(g) \rightarrow 2\ NO_2(g) \qquad \Delta H = -112'8\ kJ$$

a) Calcule la entalpía de formación estándar, a 25ºC, del monóxido de nitrógeno. b) Calcule los litros de aire necesarios para convertir en dióxido de nitrógeno 50 L de monóxido de nitrógeno, todos ellos medidos en condiciones normales. ¿Qué calor se pone en juego?
Datos: Composición volumétrica del aire: 21% O_2 y 79% N_2 .
Solución: a) 90'2 kJ/mol. b) 119 L aire, – 116 kJ.

13) a) Calcule la entalpía de formación estándar, a 25ºC, de la sacarosa ($C_{12}H_{22}O_{11}$). b) Si nuestros músculos convierten en trabajo sólo el 30% de la energía producida en la combustión de la sacarosa, determine el trabajo muscular que podemos realizar al metabolizar 1 g de sacarosa.
ΔH°combustión ($C_{12}H_{22}O_{11}$) = − 5650 kJ/mol; ΔH_f° [$CO_2(g)$] = − 393'5 kJ/mol;
ΔH_f°[$H_2O(l)$] = − 285'8 kJ/mol; masas atómicas C: 12, O: 16, H: 1.
Solución: a) − 2216 kJ/mol. b) 4'96 kJ.

14) Determina: a) La entalpía de la reacción en la que se forma 1 mol de $N_2O_5(g)$ a partir de los elementos que lo integran. Utiliza los siguientes datos:

$N_2(g) + 3\ O_2(g) + H_2(g) \rightarrow 2\ HNO_3(ac)$ $\Delta H^\circ = -\ 414'70$ kJ

$N_2O_5(g) + H_2O(l) \rightarrow 2\ HNO_3(ac)$ $\Delta H^\circ = -\ 140'20$ kJ

$2\ H_2(g) + O_2(g) \rightarrow 2\ H_2O(g)$ $\Delta H^\circ = -\ 571'70$ kJ

Vaporización del agua: 540 cal/g.
b) La energía necesaria para la formación de 50 L de $N_2O_5(g)$ a 25 ºC y 1 atm de presión a partir de los elementos que lo integran. Datos: $R = 0'082\ atm \cdot L \cdot mol^{-1} \cdot K^{-1}$.
Solución: a) 51'95 kJ/mol. b) 106 kJ.

15) La entalpía de combustión del azufre rómbico es – 296'9 kJ/mol y la del azufre monoclínico es – 296'56 kJ/mol. Calcula la entalpía de transición del azufre rómbico al monoclínico.
Solución: – 0'34 kJ/mol.

16) Determina el calor desprendido cuando se forman 10 L de SO_3 a 25 ºC y 1 atm a partir de sus elementos partiendo de estos datos:

$$S(s) + O_2(g) \rightarrow SO_2(g) - 297'1\ kJ$$

$$SO_2(g) + \frac{1}{2}\ O_2(g) \rightarrow SO_3(g) - 98'28\ kJ$$

Solución: – 162 kJ.

17) Calcula el calor desprendido cuando se forman 20 g de CO(g) en esta reacción:

$$CO_2(g) + H_2(g) \rightarrow H_2O(l) + CO(g)$$

a partir de estos datos:

$$H_2(g) + \frac{1}{2}\ O_2(g) \rightarrow H_2O(l) - 285'76\ kJ$$

$$CO(g) + \frac{1}{2}\ O_2(g) \rightarrow CO_2(g) - 282'83\ kJ$$

Solución: – 2'09 kJ.

18) Calcula la entalpía de esta reacción: $4\ NH_3(g) + 5\ O_2(g) \rightarrow 4\ NO(g) + 6\ H_2O(g)$
a partir de estos datos:

$\Delta H_f^0[NH_3(g)] = -46'2$ kJ/mol ; $\Delta H_f^0[NO(g)] = +90'4$ kJ/mol

$\Delta H_f^0[H_2O(l)] = -285'85$ kJ/mol ; Calor de vaporización del agua: + 540 cal/g

Solución: – 925 kJ/mol.

19) Calcula el calor desprendido cuando se forman 30 L de $CO_2(g)$ a 25 ºC y 1 atm según:

$$Fe_2O_3(s) + 3\ CO(g) \rightarrow 2\ Fe(s) + 3\ CO_2(g)$$

a partir de estas reacciones:

$Fe(s) + CO_2(g) \rightarrow FeO(s) + CO(g)$ + 11'29 kJ

$Fe_2O_3(s) + CO(g) \rightarrow 2\ FeO(s) + CO_2(g)$ – 2'93 kJ

Solución: – 10'5 kJ.

Espontaneidad de las reacciones químicas

20) Determina si la siguiente reacción es espontánea o no a 25 ºC:

$$N_2(g) + 3\ H_2(g) \leftrightarrows 2\ NH_3(g)$$

S° [$NH_3(g)$] = 192'3 $J\cdot mol^{-1}\cdot K^{-1}$; S° [$N_2(g)$] = 191 $J\cdot mol^{-1}\cdot K^{-1}$;
S° [H_2 (g)] = 130'8 $J\cdot mol^{-1}\cdot K^{-1}$; R = 8'31 $J\cdot mol^{-1}\cdot K^{-1}$.

$\Delta H_f^0(NH_3) = -46'11$ kJ/mol

Solución: no.

21) Una reacción libera 4800 kJ y su variación de entropía es – 6'45 kJ. Calcula a qué temperaturas la reacción es espontánea.
Solución: por debajo de 471 ºC.

Cuestiones

1) Para la reacción siguiente: $2\ C_2H_6(g) + 7\ O_2(g) \rightarrow 4\ CO_2(g) + 6\ H_2O(g) \quad \Delta H < 0$.
Razona: a) Si a una misma temperatura, el calor desprendido a volumen constante es mayor, menor o igual que el desprendido si la reacción tuviera lugar a presión constante. b) Si la entropía en la reacción anterior aumenta o disminuye. c) Si la reacción será espontánea a cualquier temperatura.

2) Indique razonadamente si las siguientes afirmaciones son verdaderas o falsas:
a) Toda reacción exotérmica es espontánea.
b) En toda reacción química espontánea la variación de entropía es positiva.
c) En el cambio de estado $H_2O\ (l) \rightarrow H_2O\ (g)$ se produce un aumento de entropía.

3) Razona si las siguientes afirmaciones son verdaderas o falsas:
a) La entalpía no es una función de estado.
b) Si un sistema realiza un trabajo se produce un aumento de su energía interna.
c) Si $\Delta H < 0$ y $\Delta S > 0$, la reacción es espontánea a cualquier temperatura.

4) ¿De dónde proviene la energía que se absorbe o se desprende en una reacción química?

5) ¿Por qué una reacción es exotérmica desde el punto de vista de las energías de reactivos y productos? ¿Por qué una reacción es endotérmica?

AL CA LI NOS	ALCALI NO TÉRRE OS											TÉ RREOS	CARBO NOI DEOS	NITRO GENOI DEOS	ANFÍGE NOS O CALCÓ GENOS	HALÓ GENOS	GASES NOBLES

1 1.0079 **H** HIDRÓGENO

	1	2	3	4	5	6	7	8	9	10	11	12	13	14	15	16	17	18
1																		2 4.0026 **He** HELIO
2	3 6.941 **Li** LITIO	4 9.0122 **Be** BERILIO											5 10.811 **B** BORO	6 12.011 **C** CARBONO	7 14.007 **N** NITRÓGENO	8 15.999 **O** OXÍGENO	9 18.998 **F** FLÚOR	10 20.180 **Ne** NEÓN
3	11 22.990 **Na** SODIO	12 24.305 **Mg** MAGNESIO											13 26.982 **Al** ALUMINIO	14 28.086 **Si** SILICIO	15 30.974 **P** FÓSFORO	16 32.065 **S** AZUFRE	17 35.543 **Cl** CLORO	18 39.948 **Ar** ARGÓN
4	19 39.098 **K** POTASIO	20 40.078 **Ca** CALCIO	21 44.956 **Sc** ESCANDIO	22 47.867 **Ti** TITANIO	23 50.942 **V** VANADIO	24 51.996 **Cr** CROMO	25 54.938 **Mn** MANGANESO	26 55.845 **Fe** HIERRO	27 58.933 **Co** COBALTO	28 58.693 **Ni** NIQUEL	29 63.546 **Cu** COBRE	30 65.38 **Zn** ZINC	31 69.723 **Ga** GALIO	32 72.64 **Ge** GERMANIO	33 74.922 **As** ARSÉNICO	34 78.96 **Se** SELENIO	35 79.904 **Br** BROMO	36 83.798 **Kr** KRIPTÓN
5	37 85.468 **Rb** RUBIDIO	38 87.62 **Sr** ESTRONCIO	39 88.906 **Y** YTRIO	40 91.224 **Zr** CIRCONIO	41 92.906 **Nb** NIOBIO	42 95.96 **Mo** MOLIBDENO	43 (98) **Tc** TECNECIO	44 101.07 **Ru** RUTENIO	45 102.91 **Rh** RODIO	46 106.42 **Pd** PALADIO	47 107.87 **Ag** PLATA	48 112.41 **Cd** CADMIO	49 114.82 **In** INDIO	50 118.71 **Sn** ESTAÑO	51 121.76 **Sb** ANTIMONIO	52 127.60 **Te** TELURO	53 126.90 **I** YODO	54 131.29 **Xe** XENÓN
6	55 132.91 **Cs** CESIO	56 137.33 **Ba** BARIO	57 - 71 **La-Lu** Lantánidos	72 178.49 **Hf** HAFNIO	73 180.95 **Ta** TÁNTALO	74 183.84 **W** WOLFRAMIO	75 186.21 **Re** RENIO	76 190.23 **Os** OSMIO	77 192.22 **Ir** IRIDIO	78 195.08 **Pt** PLATINO	79 196.97 **Au** ORO	80 200.59 **Hg** MERCURIO	81 204.38 **Tl** TALIO	82 207.20 **Pb** PLOMO	83 208.98 **Bi** BISMUTO	84 (209) **Po** POLONIO	85 (210) **At** ASTATO	86 (222) **Rn** RADÓN
7	87 (223) **Fr** FRANCIO	88 (226) **Ra** RADIO	89 - 103 **Ac-Lr** Actínidos	104 (267) **Rf** RUTHERFORDIO	105 (268) **Db** DUBNIO	106 (271) **Sg** SEABORGIO	107 (272) **Bh** BOHRIO	108 (277) **Hs** HASSIO	109 (276) **Mt** MEITNERIO	110 (281) **Ds** DARMSTADTIO	111 (280) **Rg** ROENTGENIO	112 (285) **Cn** COPERNICIO	113 (284) **Nh** NIHONIO	114 (289) **Fl** FLEROVIO	115 (288) **Mc** MOSCOVIO	116 (292) **Lv** LIVERMORIO	117 (294) **Ts** TÉNESO	118 (294) **Og** OGANESÓN

Número atómico — Masa atómica — Nombre del elemento — Símbolo

5 10.811 **B** BORO

57 138.91 **La** LANTANO	58 140.12 **Ce** CERIO	59 140.91 **Pr** PRASEODIMIO	60 144.24 **Nd** NEODIMIO	61 (145) **Pm** PROMETIO	62 150.36 **Sm** SAMARIO	63 151.96 **Eu** EUROPIO	64 157.25 **Gd** GADOLINIO	65 158.93 **Tb** TERBIO	66 162.50 **Dy** DISPROSIO	67 164.93 **Ho** HOLMIO	68 167.26 **Er** ERBIO	69 168.93 **Tm** TULIO	70 173.05 **Yb** YTERBIO	71 174.97 **Lu** LUTECIO
89 (227) **Ac** ACTINIO	90 232.04 **Th** TORIO	91 231.04 **Pa** PROTACTINIO	92 238.03 **U** URANIO	93 (237) **Np** NEPTUNIO	94 (244) **Pu** PLUTONIO	95 (243) **Am** AMERICIO	96 (247) **Cm** CURIO	97 (247) **Bk** BERKELIO	98 (251) **Cf** CALIFORNIO	99 (252) **Es** EINSTEINIO	100 (257) **Fm** FERMIO	101 (258) **Md** MENDELEVIO	102 (259) **No** NOBELIO	103 (262) **Lr** LAWRENCIO

Made in United States
North Haven, CT
10 March 2023

33873558R00154